高等院校电子信息类规划教材

宁夏回族自治区自动化"十三五重点建设"专业项目

北方民族大学电子信息工程特色专业建设教材

电子设计技术

——Multisim 14.0 & Ultiboard 14.0

马宏兴　盛洪江　祝　玲　编著

U0282381

北京邮电大学出版社
www.buptpress.com

内 容 简 介

本书共分为两大部分。第一部分立足于 Multisim 14.0，主要介绍电路、电子线路、数字电路、单片机电路的设计、分析和仿真。第二部分立足于 Ultiboard 14.0，主要讲解 Ultiboard 14.0 的操作及 PCB 的布局和布线。

本书面向电子类本科生的电子设计教学及具有电路设计中级水平的读者，还可以作为一些职业教育院校的教材；同时该书也可以作为电路、电子线路、数字电路理论学习的辅助教材。

图书在版编目(CIP)数据

电子设计技术：Multisim 14.0 & Ultiboard 14.0 / 马宏兴，盛洪江，祝玲编著. -- 北京：北京邮电大学出版社，2020.10

ISBN 978-7-5635-5628-1

Ⅰ. ①电… Ⅱ. ①马… ②盛… ③祝… Ⅲ. ①电子电路—计算机辅助设计—应用软件②印刷电路—计算机辅助设计—应用软件 Ⅳ. ①TN702②TN410.2

中国版本图书馆 CIP 数据核字(2018)第 273814 号

策划编辑：刘纳新　姚　顺　　责任编辑：满志文　　封面设计：七星博纳

出版发行：北京邮电大学出版社
社　　　址：北京市海淀区西土城路 10 号
邮政编码：100876
发 行 部：电话：010-62282185　传真：010-62283578
E-mail：publish@bupt.edu.cn
经　　销：各地新华书店
印　　刷：保定市中画美凯印刷有限公司
开　　本：787 mm×1 092 mm　1/16
印　　张：20.25
字　　数：530 千字
版　　次：2020 年 10 月第 1 版
印　　次：2020 年 10 月第 1 次印刷

ISBN 978-7-5635-5628-1　　　　　　　　　　　　　　　　　定价：49.00 元

· 如有印装质量问题，请与北京邮电大学出版社发行部联系 ·

前 言

计算机和信息技术的发展以及人们对电子系统设计的需求，推动了电子设计技术的不断发展，传统的电子设计手段已经被电子设计自动化（EDA）所取代。

本书结合电子设计实际教学，使学生在掌握基础知识的同时，通过大量实例分析，掌握电路仿真方法，提高实际操作能力和电子设计能力。全书涉及的内容立足于电子信息类专业一些必修的相关课程来设计，包含的内容有电路仿真与分析、电子线路仿真与分析、数字电路仿真与分析、单片机电路仿真与分析等。学生不但可以通过本书的学习，提高相关专业课程的理论知识，也可以通过设计一些综合电路，拓宽和提高电路设计和分析能力。

全书共分为 12 章，两大部分。第一部分为 Multisim 14.0，主要介绍 Multisim 14.0 的基本操作方法和电路分析与仿真，基本操作方法主要包括 Multisim 14.0 的界面操作，虚拟仪器使用及电路、电子线路、数字电路、单片机电路的仿真和分析。第二部分为 Ultiboard 14.0，主要讲解 Ultiboard 14.0 的基本操作及 PCB 手动布线、自动布线等。

本书由马宏兴、盛洪江、祝玲编著，樊荣、张伶、丁黎明、王瑞东老师对本书的编写提供了一定帮助。

本书为宁夏回族自治区自动化"十三五重点建设"专业项目和"北方民族大学电子信息工程特色专业建设"教材。

本书是作者采用理论与实例相结合的方法，结合实际教学的经验编写而成。力求深入浅出，通俗易懂。但由于作者水平有限，书中不妥之处再所难免，希望广大读者批评指正。

作 者

目　　录

第1章 Multisim 14.0 简介

1.1 EDA 概述

20世纪90年代,国际上电子和计算机技术较为先进的国家,一直在积极探索新的电子电路设计方法,并在设计方法、工具等方面进行了彻底的变革,取得了巨大的成功。在电子技术设计领域,可编程逻辑器件(如 CPLD、FPGA)的应用,已得到广泛的普及,这些器件为数字系统的设计带来了极大的灵活性。这些器件可以通过软件编程对其硬件结构和工作方式进行重构,从而使得硬件的设计可以如同软件设计那样方便快捷。这一切极大地改变了传统的数字系统设计方法、设计过程和设计观念,促进了 EDA 技术的迅速发展。

人类社会已进入高度发达的信息化社会,信息化社会的发展离不开电子产品的进步。现代电子产品在性能提高、复杂度增大的同时,价格却一直呈下降趋势,而且产品更新换代的步伐也越来越快,实现这种进步的主要因素是生产制造技术和电子设计技术的发展。前者以微细加工技术为代表,目前已进展到深亚微米阶段,可以在几平方厘米的芯片上集成数千万个晶体管,后者的核心就是 EDA 技术,利用 EDA 相关技术,电子设计师可以从概念、算法、协议等开始设计电子系统,大量工作可以通过计算机完成,并可以将电子产品从电路设计、性能分析到设计出 IC 版图或 PCB 版图的整个过程在计算机上自动处理完成。EDA 技术的出现,极大地提高了电路设计的效率和可操作性,减轻了设计者的劳动强度。

1.2 EDA 概念及应用

EDA 是电子设计自动化(Electronic Design Automation)的缩写,在20世纪60年代中期从计算机辅助设计(CAD)、计算机辅助制造(CAM)、计算机辅助测试(CAT)和计算机辅助工程(CAE)的概念中发展而来的。

EDA 技术是指以计算机为工作平台,融合了应用电子技术、计算机技术、信息处理及智能化技术的最新成果,进行电子产品的自动设计。EDA 技术是以计算机为工具,设计者在 EDA 软件平台上,用硬件描述语言 VHDL 完成设计文件,然后由计算机自动地完成逻辑编译、化简、分割、综合、优化、布局、布线和仿真,直至对于特定目标芯片的适配编译、逻辑映射和编程下载等工作。

EDA 在教学、科研、产品设计与制造等各方面都发挥着巨大的作用。在教学方面,几乎所有理工科(特别是电子信息)类的高校都开设了 EDA 课程。主要是让学生了解 EDA 的基本概念和基本原理、掌握 HDL 语言的编写规范、掌握逻辑综合的理论和算法、使用 EDA 工具进行电子电路课程的实验验证并从事简单系统的设计,简要学习电路仿真工具(如 Multisim、PSPICE)和 PLD 开发工具(如 Altera/Xilinx 的器件结构及开发系统),为今后工作打下基础。

在科研方面主要利用电路仿真工具(Multisim 或 PSPICE)进行电路设计与仿真、利用虚拟仪器进行产品测试、将 CPLD/FPGA 器件应用到实际仪器设备中、从事 PCB 设计和 ASIC 设计等。

在产品设计与制造方面,包括计算机仿真,产品开发中的 EDA 工具应用、系统级模拟及测试环境的仿真,生产流水线的 EDA 技术应用、产品测试等各个环节。如 PCB 的制作、电子设备的研制与生产、电路板的焊接、ASIC 的制作过程等。

从应用领域来看,EDA 技术已经渗透到各行各业,在机械、电子、通信、航空航天、化工、矿产、生物、医学、军事等各个领域,都有 EDA 应用。另外,EDA 软件的功能日益强大,原来功能比较单一的软件,现在增加了很多新用途。如 AutoCAD 软件可用于机械及建筑设计,也可扩展到建筑及汽车、飞机模型、电影特技等领域。

1.2.1　EDA 技术的发展趋势

从目前的 EDA 技术来看,其发展趋势是政府重视、使用普及、应用广泛、工具多样、软件功能强大。

中国 EDA 市场已渐趋成熟,不过大部分设计工程师面向的是 PCB 制板和小型 ASIC 领域,仅有小部分(约 11%)的设计人员开发复杂的片上系统器件。

在信息通信领域,要优先发展高速宽带信息网、深亚微米集成电路、新型元器件、计算机及软件技术、第三代移动通信技术、信息管理、信息安全技术,积极开拓以数字技术、网络技术为基础的新一代信息产品,发展新兴产业,培育新的经济增长点。要大力推进制造业信息化,积极开展计算机辅助设计(CAD)、计算机辅助工程(CAE)、计算机辅助工艺(CAPP)、计算机辅助制造(CAM)、产品数据管理(PDM)、制造资源计划(MRPII)及企业资源管理(ERP)等。有条件的企业可开展"网络制造",便于合作设计、合作制造,参与国内和国际竞争。开展"数控化"工程和"数字化"工程。自动化仪表的技术发展趋势的测试技术、控制技术与计算机技术、通信技术进一步融合,形成测量、控制、通信与计算机(M3C)结构。在 ASIC 和 PLD 设计方面,向超高速、高密度、低功耗、低电压方面发展。外设技术与 EDA 工程相结合的市场前景被看好,如组合超大屏幕的相关连接,多屏幕技术也有所发展。

中国自 1995 年以来加速开发半导体产业,先后建立了几所设计中心,推动系列设计活动以应对亚太地区其他 EDA 市场的竞争。

在 EDA 软件开发方面,目前主要集中在美国。但各国也正在努力开发相应的设计工具。日本、韩国都有 ASIC 设计工具,但不对外开放。中国华大集成电路设计中心,也提供 IC 设计软件,但性能不是很强。相信在不久的将来会有更多更好的设计工具在各地开花并结果。据最新统计显示,中国和印度正在成为电子设计自动化领域发展最快的两个市场,年复合增长率分别达到了 50% 和 30%。

现在对 EDA 的概念或范畴用得很宽,包括机械、电子、通信、航空航天、化工、矿产、生物、医学、军事等领域,都有 EDA 的应用。目前 EDA 技术已在各大公司、企业单位和科研教学部门广泛使用。例如在飞机制造过程中,从设计、性能测试及特性分析直到飞行模拟,都可能涉及 EDA 技术。本文所指的 EDA 技术,主要针对电子电路设计、PCB 设计。

1.2.2　EDA 软件 Multisim

NI Multisim 电路仿真软件最早是加拿大图像交互技术公司(Interactive Image Technologies,IIT)于 20 世纪 80 年代末推出的一款专门用于电子线路仿真的虚拟电子工作平台(Electronics Workbench,EWB),它可以对数字电路、模拟电路以及模拟/数字混合电路进行仿真,克服了传统电子产品设计受实验室客观条件限制的局限性,用虚拟元件绘制各种电路,用虚拟仪表进行各种参数和性能指标的测试。1996 年 IIT 公司推出 EWB 5.0 版本,由于其操作界面直观、操作方便、分析功能强大、易学易用等突出优点,在我国高等院校得到迅速推广,也受到电子行业技术人员的青睐。

从 EWB 5.0 版本以后,IIT 公司对 EWB 进行了较大的变动,将专门用于电子电路仿真的模块改名为 Multisim,将原 IIT 公司的 PCB 制板软件 Electronics Workbench Layout 更名为 Ultiboard,为了增强布线能力,开发了 Ultiroute 布线引擎。另外,还推出了用于通信系统的仿真软件 Commsim。至此,Multisim、Ultiboard、Ultiroute 和 Commsim 构成现在 EWB 的基本组成部分,能完成从系统仿真、电路仿真到电路板图生成的全过程。其中,最具特色的仍然是电路仿真软件 Multisim。

2001 年,IIT 公司推出了 Multisim 2001,重新验证了元件库中所有元件的信息和模型,提高了数字电路仿真速度,开设了 EdaPARTS.com 网站,用户可以从该网站得到最新的元件模型和技术支持。

2003 年,IIT 公司又对 Multisim 2001 进行了较大的改进,并升级为 Multisim 7,其核心是基于带 XSPICE 扩展的伯克利 SPICE 的强大的工业标准 SPICE 引擎来加强数字仿真的,提供了 19 种虚拟仪器,尤其是增加了 3D 元件以及安捷伦的万用表、示波器、函数信号发生器等仿实物的虚拟仪表,将电路仿真分析增加到 19 种,元件增加到 13 000 个。提供了专门用于射频电路仿真的元件模型库和仪表,以此绘制射频电路并进行实验,提高了射频电路仿真的准确性。此时,电路仿真软件 Multisim 7 已经非常成熟和稳定,是加拿大 IIT 公司在开拓电路仿真领域的一个里程碑。随后 IIT 公司又推出 Multisim 8,增加了虚拟 Tektronix 示波器,仿真速度有了进一步的提高,仿真界面、虚拟仪表和分析功能则变化不大。

2005 年以后,加拿大 IIT 公司隶属于美国 NI 公司,并于 2005 年 12 月推出 Multisim 9。Multisim 9 在仿真界面、元件调用方式、绘制电路、虚拟仿真、电路分析等方面沿袭了 EWB 的优良特色,但软件的内容和功能有了很大不同,将 NI 公司的最具特色的 LabVIEW 仪表融入 Multisim 9,可以将实际 I/O 设备接入 Multisim 9,克服了原 Multisim 软件不能采集实际数据的缺陷。Multisim 9 还可以与 LabVIEW 软件交换数据,调用 LabVIEW 虚拟仪表。增加了 51 系列和 PIC 系列的单片机仿真功能,还增加了交通灯、传送带、显示终端等高级外设元件。

NI 公司于 2007 年 8 月 26 日发行 NI 系列电子电路设计套件(NI Circuit Design Suite 10),该套件含有电路仿真软件 NI Multisim 10 和 PCB 板制作软件 NI Ultiboard 10 两个软件。安装 NI Multisim 10 时,会同时安装 NI Ultiboard 10 软件,且两个软件位于同一路径下,给用户的使用带来极大方便。NI Multisim 10 的启动画面也在 Multisim 前冠以 NI,还出现了

NI 公司的徽标和"NATIONAL INSTRUMENTS™"字样。增加了交互部件的鼠标单击控制、虚拟电子实验室虚拟仪表套件(NI ELVIS II)、电流探针、单片机的 C 语言编程以及 6 个 NI ELVIS 仪表。

2010 年年初,NI 公司正式推出 NI Multisim 11,其引入了全新的设计原理图系统,改进了虚拟接口,以创建更明确的原理图;通过更快地操作大型原理图,缩短文件加载时间,并且节省打开用户界面时间,提高了与 Ultiboard 11 布局之间的设计同步化。

2012 年,NI 公司正式推出 NI Multisim 12,其与 LabVIEW 进行了前所未有的紧密集成,可实现模拟和数字系统的闭环仿真。

2013 年,NI 公司正式推出 NI Multisim 13,其提供了针对模拟电子、数字电子及电力电子的全面电路分析工具,这一图形化互动环境可帮助教师巩固学生对电路的理解,将课堂学习与动手实验学习有效地衔接起来。

2015 年,NI 公司正式推出 NI Multisim 14,进一步增强了仿真技术,可帮助教学、科研和设计人员分析模拟电子、数字电子及电力电子电路。

1.3 NI Multisim 14.0 的安装

NI Multisim 14 可以在 Windows XP/Vista(64 位)、Windows 7、Windows 10 下安装与运行,安装步骤如下所述。

(1) 运行 NI 公司提供的 NI Circuit Design Suite 14 目录下的 Setup.exe,如图 1.1 所示。

(2) 选择 Install NI Circuit Design Suite 14.0 选项,会依次出现 Install NI Circuit Design Suite 的安装界面。

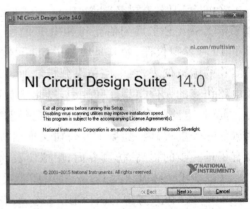

图 1.1 NI Circuit Design Suite 14.0 安装选择界面　　图 1.2 NI Circuit Design Suite 14.0 安装界面

(3) 在用户信息界面应输入用户信息及 NI 公司提供的序列号。

(4) 安装功能部件界面可自己定义,一般选择默认设置。

(5) 安装成功后重新启动计算机,在"开始→所有程序→National Instruments→Circuit Design Suite 14.0"下出现电路仿真软件 Multisim 14.0 和 PCB 板制作软件 Ultiboard 14.0,选择 Multisim 14.0 选项就会启动 NI Multisim 14.0。

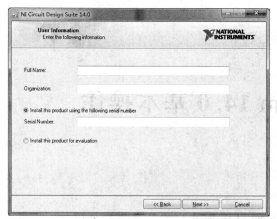
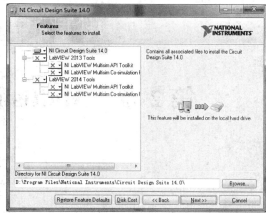

图 1.3　NI Circuit Design Suite 14.0 用户界面　　　　图 1.4　选择安装功能部件界面

第2章 Multisim 14.0 基本操作

本章主要介绍 Multisim 14.0 的基本工作界面,认识 Multisim 14.0 操作环境。

2.1 Multisim 14.0 用户界面

2.1.1 基本界面

安装 NI Circuit Design Suite 14.0 软件后,在 Windows 窗口的"开始→所有程序→National Instruments→Circuit Design Suite 14.0"下出现电路仿真软件 Multisim 14.0 和 PCB 板制作软件 Ultiboard 14.0,选择 Multisim 14.0 选项就会启动 NI Multisim 14.0,其界面如图 2.1 所示。

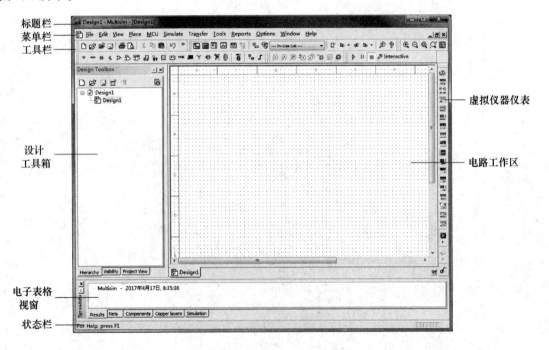

图 2.1 NI Multisim 14.0 界面

在 NI Multisim 14.0 界面中,主要包括标题栏、菜单栏、工具栏、设计工具箱、电路工作区、电子表格视窗、状态栏等组成。

标题栏:显示当前软件所打开文件的名称及路径。在图 2.1 中,标题栏显示为:Design1-Multisim - [Design1]。

菜单栏:与常用 Windows 软件一样,采用下拉式菜单。菜单栏分别有 File、Edit、View、Place、MCU、Simulate、Transfer、Tools、Reports、Options、Window、Help。

工具栏:显示 Multisim 常用功能快捷工具栏。工具栏分别有:元件栏(Component Toolbar)、标准工具栏(Standard Toolbar)、主要工具栏(Main Toolbar)、放置探针工具栏(Place Probe Toolbar)、正在使用的元件栏(In-Use Toolbar)、仿真工具栏(Simulation Toolbar)、视窗栏(View Toolbar)等。

设计工作箱(Design Toolbox):由 Hierarchy、Visibility 和 Project View 三部分组成,用于操作设计项目中各种类型的文件(如原理图文件、PCB 文件、报告清单等),用户可根据需要打开和关闭文件,或者显示工程项目的层次结构。

电路工作区(Workspace):是用户绘制、编辑电路的区域,用户可在此绘制、编辑电路并进行仿真,查看仿真结果等。

仪器仪表栏(Instruments Toolbar):仪表栏显示了 NI Multisim 14.0 能够提供的各种虚拟仪器仪表,如万用表、函数信号发生器、示波器等。

电子表格视窗(Spreadsheet View):电子表格视窗主要用于显示电路仿真工作区所用各元件的参数,如封装、参考值、属性和设计约束条件等。

状态栏(Status bar):在进行各种操作时状态栏会实时显示一些相关信息,所以在设计过程中应注意查看状态栏的一些相关信息,以便于进行下一步的操作。

需要注意的是,各种工具栏是浮动窗口,不同用户显示会有所不同,用户可用鼠标右键来选择不同工具栏,在工具栏不锁定的情况下,用户用鼠标左键按住工具栏不要放,便可以随意拖动到其他位置。

2.1.2　菜单栏

NI Multisim 14.0 的菜单栏(Menu Bar)包括 File、Edit、View、Place、MCU、Simulate、Transfer、Tools、Reports、Options、Window 和 Help 共 12 个菜单。

(1) File 菜单:用于对 NI Multisim 14.0 所创建电路文件的管理,如图 2.2 所示。

- New:新建一个项目文件。下面有三个选项,Blank and Recent 为建立新的项目文件或者打开最近工作的项目文件等;Installed Templates 为使用自带的电路模板,可以加快电路开发;My Templates 为自己所保存的电路模板,该功能对于经常从事电子设计的开发者非常有用,用户可保存自己常用的模板,以方便设计电路。
- Open:打开一个电路文件。
- Open samples:打开样本电路文件。
- Close:关闭一个项目文件。
- Close all:关闭所有项目文件。
- Save:保存文件。
- Save as:保存为一个文件,文件需要重命名。

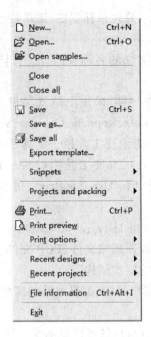

图 2.2　File 菜单

- Save all：保存所有已打开的文件。
- Export template：将当前文件保存为模板文件。
- Snippets：片段操作。有四个选项，将所选内容保存为片段；将有效设计保存为片段；粘贴片段；打开片段文件等。
- Project and packing：项目和打包。可选内容有新建项目、打开项目、保存项目、关闭项目、项目打包、项目解包、项目升级、版本控件等。新建项目中可对项目的原理图、PCB、仿真、文档、报告等进行管理。
- Print：打印。
- Print preview：打印预览。
- Print options：打印选项，有电路图打印设置和打印仪器选择等。
- Recent designs：选择打开最近操作的设计文件。
- Recent projects：选择打开最近操作的项目文件。
- File information：文件信息，选择该命令时，弹出"File Information"对话框，其中显示文件名称、软件名称、应用程序版本、创建程序版本、创建日期、用户信息、设计内容等。
- 退出：打印。

（2）Edit 菜单：主要对电路窗口中的电路或元件进行剪切、复制或选择等操作，如图 2.3 所示。

- Undo：撤销前一次操作。
- Redo：恢复前一次操作。
- Cut：剪贴所选择的元器件，放在剪贴板中。
- Copy：将所选元器件复制到剪贴板中。
- Paste：将剪贴板中的内容粘贴到所指定的位置。
- Paste special：选择性粘贴，此命令不同于 Paste 命令，是将所复制的电路作为子电路进行粘贴。

- Delete：删除所选择的元器件。

图 2.3　Edit 菜单

- Delete Multi-Page：删除多页面。
- Select All：选择电路工作区域中所有的内容，包括元器件、导线和仪器仪表。
- Find：查找。
- Merge Selected Buses：合并所选择的总线。
- Graphic Annotation：图形的设置，在其中可设置填充色、画笔颜色、画笔样式、填充样式、箭头等。
- Order：次序。
- Assign to Layer：指定图层，该选项可对图层进行 ERC 错误标记、写注释、文本图形等。
- Layer Settings：图层设置。
- Orientation：元件放置方向（上下翻转、左右翻转或旋转）。
- Align：元件对齐方式。
- Title Block Position：标题块在电路仿真工作区的位置。
- Edit Symbol/Title Block：编辑符号/标题块。
- Font：改变所选择对象的字体。
- Comment：注释。
- Forms/Questions：表单/问题。
- Properties：显示所选择对象的属性。

（3）View 菜单：用于显示或隐藏电路窗口中的某些内容（如工具栏、栅格、纸张边界等），如图 2.4 所示。

图 2.4　View 菜单

- Full Screen：全屏显示电路仿真工作区。
- Parent Sheet：母电路图。
- Zoom In：放大电路窗口。
- Zoom Out：缩小电路窗口。
- Zoom Area：缩放区域。
- Zoom sheet：缩放页面。
- Zoom to Magnification：缩放到指定比例大小。
- Zoom selection：缩放所选内容。
- Grid：显示或隐藏网格。
- Border：电路边界设置。
- Print Page Border：打印边界设置。
- Ruler Bars：标尺。
- Status Bar：状态栏。
- Design Toolbox：设计工具箱。
- Spreadsheet View：电子表格视窗。
- SPICE Netlist Viewer：SPICE 网络查看器。
- LabVIEW Co-simulation Terminals：LabVIEW 协同仿真终端。
- Circuit Parameters：电路参数。
- Description Box：描述箱，用户利用此窗口可以添加电路的某些信息（如电路的功能描述等）。

- Toolbars：显示工具栏，用户在此可自定义所显示的快捷工具栏。
- Show Comment/Probe：显示注释/探针。
- Grapher：图示仪。

（4）Place 菜单：用于在电路窗口中放置元件、节点、总线、文本或图形等，如图 2.5 所示。

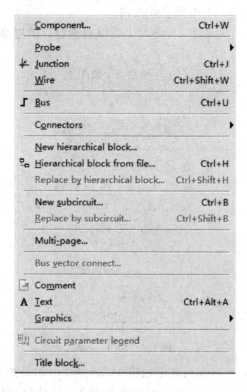

图 2.5　Place 菜单

- Component：放置元件。
- Probe：放置探针。用户可放置 Voltage、Current、Power、Differential voltage、Voltage and Current、Voltage reference、Digital 探针。
- Junction：放置节点。
- Wire：放置导线。
- Bus：放置总线。
- Connectors：连接器。连接器有页面连接器、全局连接器、HB/HC 连接器、输入连接器、输出连接器、总线 HB/HC 连接器等。
- New Hierarchical Block：新建层次块。此模块是只含有输入、输出节点的空白电路，用户可以自己设置输入、输出引脚个数。
- Hierarchical Block from File：来自文件的层次块，单击会调用一个 ∗.mp14.0 文件，并以子电路的形式放入当前电路。
- Replace by Hierarchical Block：电路窗口中所选电路将会被一个新的层次块替换。
- New Subcircuit：新建一个子电路。
- Replace by Subcircuit：用一个子电路替代所选择的电路。
- Multi-Page：多页。增加多页电路中的一个电路图。

- Bus Vector Connect：放置总线矢量连接。
- Comment：放置注释。
- Text：放置文本。
- Graphics：放置直线、折线、长方形、椭圆、圆弧、多变形等图形。
- Circuit parameter legend：电路参数图例。
- Title Block：放置一个标题块，标题块上可以对所设计的电路如开发者、电路功能等加以说明。

（5）MCU 菜单：提供 MCU 调试的各种命令，如图 2.6 所示。其菜单下各命令的功能如下所述。

图 2.6　MCU 菜单

- No MCU Component found：尚未创建 MCU 器件。如果在电路窗口中放置 MCU，如8051 后，会显示 MCU8051U1，用户可在此对 MCU 代码进行管理，或打开调试视窗、内存视图等。
- Debug view format：调试视图格式。用户可选择将源代码用作调试视图中的主语言、显示反汇编而不列出文件汇编代码、在调试视图中显示的次要语言（做为诠释）、在调试视频显示源代码的行号、在调试视图显示源代码的内容地址、在列表汇编/反汇编代码中显示内容地址、在列表汇编/反汇编代码中显示十六进制操作码、在列表汇编/反汇编代码中显示跳/前往标签、在代码上方显示的标题等。
- MCU windows：显示 MCU 各种信息窗口。
- Line numbers：行号。
- Pause：暂停。
- Step into：步入。
- Step over：步过。
- Step out：步出。
- Run to cursor：运行到光标。
- Toggle breakpoint：切换断点。
- Remove all breakpoints：移除所有断点。

（6）Simulate 菜单：主要用于仿真的设置与操作，如图 2.7 所示。
- Run：运行。启动当前电路的仿真。

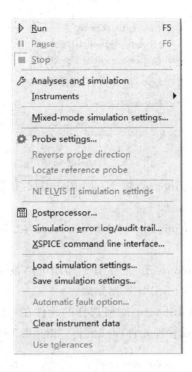

图 2.7　Simulate 菜单

- Pause:暂停当前电路的仿真。
- Stop:停止当前电路的仿真。
- Analyses and simulation:对当前电路的分析和仿真方法进行选择,如选择直流分析或者参数扫描分析等。
- Instruments:在当前电路窗口中放置仪器仪表,可放置万用表、数字信号发生器等。
- Mixed-mode simulation settings:混合模式仿真参数设置。
- Probe settings:探针设置。
- Reverse Probe Direction:反转探针方向。
- Locate reference probe:定位参考探针。
- NI ELVIS Ⅱ simulation settings:NI ELVIS Ⅱ仿真参数设置。
- Postprocessor:后处理器。
- Simulation error log/audit trail:仿真错误记录/核查追踪。
- XSPICE command line interface:显示 XSPICE 命令行窗口。
- Load simulation settings:加载仿真设置。
- Save simulation settings:保存仿真设置。
- Auto fault option:自动故障设置。
- Clear instrument data:清除仪器数据。
- Use tolerances:使用容差。

（7）Transfer 菜单:用于将 NI Multisim 14.0 的电路文件或仿真结果输出到其他应用软件,如图 2.8 所示。

- Transfer to Ultiboard:转换到 Ultiboard 14.0 或低版本的 Ultiboard。

13

图 2.8　Transfer 菜单

- Forward annotate to Ultiboard：将 NI Mutisim 14.0 的网络表转换到 NI Ultiboard 14.0 或低版本的 Ultiboard。
- Backannotate annotate from file：将 NI Ultiboard 14.0 或低版本的网络表转换到 NI Mutisim 14.0 中。
- Export to other PCB layout file：产生其他印刷电路板设计软件的网络表文件。
- Export SPICE netlist：输出 SPICE 网络表。
- Highlight selection in Ultiboard：对所选择的元件在 Ultiboard 中以高亮度显示。

（8）Tools 菜单：用于编辑或管理元件库或元件，如图 2.9 所示。

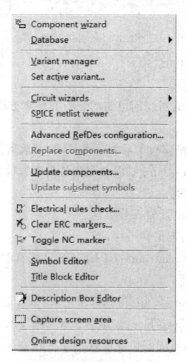

图 2.9　Tools 菜单

- Component wizard：元器件创建向导。
- Database：数据库。
- Variant manager：变量管理。
- Set active variant：设置活动变体。
- Circuit wizards：电路向导。

- SPICE netlist viewer：SPICE 网络表查看器，可对 SPICE 网络表视窗中的网络表文件进行保存、选择、复制、打印、再次产生等操作。
- Advanced RefDes configuration：元器件重命名/重新编号。
- Replace components：替换元件。
- Update components：更新电路图上的元器件。
- Update subsheet symbols：更新 HB/HC 符号。
- Electrical rules check：电气特性规则检查。
- Clear ERC markers：清除 ERC 标志。
- Toggle NC marker：切换 NC 标志。
- Symbol Editor：符号编辑器。
- Title Block Editor：标题块编辑器。
- Description Box Editor：描述框编辑器。
- Capture screen area：捕获屏幕区。
- Online design resources：在线设计资源。

（9）Reports 菜单：产生当前电路的各种报告，图 2.10 所示。

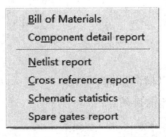

图 2.10　Reports 菜单

- Bill of Materials：材料单。
- Component detail report：元器件详情报表。
- Netlist report：网络报表。
- Cross reference report：交叉引用报表。
- Schematic statistics：原理图统计数据。
- Spare gates report：多余门电路报表。

（10）Opions 菜单：用于定制电路的界面和某些功能的设置，如图 2.11 所示。

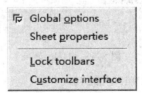

图 2.11　Opions 菜单

- Global options：全局参数设置。
- Sheet properties：电路图属性设置。
- Lock toolbars：锁定工具栏。
- Customize interface：自定义界面。

（11）Window 菜单：用于控制 NI Multisim 14.0 窗口显示的命令，列出所有被打开的文件，图 2.12 所示。

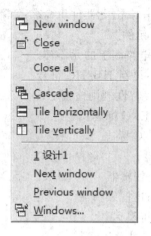

图 2.12　Window 菜单

- New window：新建窗口。
- Close：关闭。
- Close all：关闭所有窗口。
- Cascade：层叠。
- Title horizontal：电路窗口横向平铺。
- Title vertical：窗口纵向平铺排列。
- Next window：下一个窗口。
- Previous Window：上一个窗口。
- Windows：窗口。

（12）Help 菜单：为用户提供在线技术帮助和使用指导，如图 2.13 所示。

图 2.13　Help 菜单

- Multisimhelp：NI Multisim 14.0 帮助。
- NI ELVISmxhelp：NI ELVIS 帮助。
- New Features and Improvements：NI Multisim 14.0 新的特色与改进。
- Getting Srarted：入门。
- Patents：专利说明。
- Find examples：查找示例。
- About Multisim：关于 NI Multisim 14.0。

2.1.3　标准工具栏

标准工具栏如图 2.14 所示,分别为新建(New),打开(Open),打开样本(Open samples),保存(Save),打印(Print direct),打印预览(Print preview),剪切(Cut),复制(Copy),粘贴(Past),撤销(Undo),重做(Redo)。

图 2.14　标准工具栏

2.1.4　主工具栏

主工具栏(Main Toolbar)如图 2.15 所示,分别为显示或隐藏设计工具箱(Design Toolbox),显示或隐藏电子表格视窗(Spreadsheet View),显示或隐藏 SPICE 网表视窗(SPICE netlist viewer),显示或隐藏仿真结果的图表(Grapher),打开电路分析后处理对话框(postprocessor),是否显示父表(Parent sheet),打开元件向导(Component Wizard),打开元件库管理(Database manager),最近使用的元件列表(In-Use List);电气规则检查(Electrical rules check),转换到 Ultiboard 14.0 或低版本的 Ultiboard(Transfer to Ultiboard),将 NI Ultiboard 14.0 中电路元件注释的变动传送到 NI Mutisim 14.0 的电路文件中(Backward annotate from file),将 NI Mutisim 14.0 中电路元件注释的变动传送到 NI Ultiboard 14.0 或低版本的 Ultiboard 的电路文件中(Forward annotate from file),查找(Find examples),帮助(Help)。

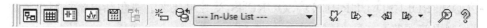

图 2.15　主要工具栏

2.1.5　视窗栏

视窗栏(View Toolbar)如图 2.16 所示,主要用来放大或缩小电路工作窗口。从左到右为:放大电路窗口(Zoom in),缩小电路窗口(Zoom out),放大所选择的区域(Zoom area),显示到页面(Zoom sheet),全屏(Full screen)。

图 2.16　视窗栏

2.1.6　元器件栏

元器件库工具栏如图 2.17 所示,从左到右分别为放置:信号源(Place Source),基本元器件(Place Basic),二极管(Place Diode),晶体管(Place Transistor),模拟元器件(Place Analog),TTL 数字集成电路(Place TTL),COMS 数字集成电路(Place CMOS),其他数字库(Place Misc Digital),混合元器件库(Place Mixed),指示元器件库(Place Indicator),电源类元器件库(Place Power Component),其他器件库(Place MISC),高级外围设备库(Place Advanced Peripherals),射频元器件库(Place RF),机电类器件库(Place Electromechanical),NI 元器件库(Place NI Component),连接元器库(Place Connector);微控制器(Place MCU);层次块(Place Hierarchical Block from file…),总线(Place Bus)。

图 2.17 元器件库工具栏

下面对各个重要的元器件进行一些说明。

(1) 信号源(Source)

电源/信号源库包含有接地端、直流电压源(电池)、正弦交流电压源、方波(时钟)电压源、压控方波电压源等多种电源与信号源。

- POWER_SOURCES:电源。其包括常用的交流电源、直流电源、数字地、地线、星形或三角形连接的三相电源、VCC、VDD、VEE、VSS 电压源等。
- SIGNAL_VOLTAGE_SOURCES:电压信号源。其包括交流电压、时钟电压、指数电压、FM、AM 等多种形式的电压信号源。
- SIGNAL_CURRENT_SOURCES:电流信号源。其包括交流、时钟、脉冲、指数、FM 等多种形式的电流源。
- CONTROLLED_VOLTAGE_SOURCES:受控电压源。其包括电压控制电压源、电压控制电流源等。
- CONTROLLED_CURRENT_SOURCES:受控电流源。其包括电流控制电流源、电压控制电流源等。
- CONTROL_FUNCTION_BLOCKS:控制功能模块。其包括除法器、乘法器、积分、微分等多种形式的模块。
- DIGITAL_SOURCES:数字源。其包括数字时钟、数字常数等。

(2) 基本元器件(Basic)

基本元器件库包含有电阻、电容等多种元件。基本元器件库中的虚拟元器件的参数是可以任意设置的,非虚拟元器件的参数是固定的,但是可以选择的。

- BASIC_VIRTUAL:基本虚拟元件。其包括一些常用的虚拟电阻、电容、电感、继电器、电位器、可调电阻、可调电容等。
- RATED_VIRTUAL:定额虚拟元件。其包括额定电容、电阻、电感、晶体管、电动机、继电器等。
- RPACK:排阻。相当于多个相同阻值的电阻并列封装在一起。
- SWITCH:开关。其包括电流控制开关、单刀双掷开关(SPDT)、单刀单掷开关(SPST)、时间延时开关、电压控制开关等。
- TRANSFORMER:变压器。
- NON_IDEAL_RLC:非线性变压器。

- RELAY：继电器。
- SOCKETS：连接器。
- SCHEMATIC_SYMBOLS：电气符号。
- RESISTOR：电阻器。
- CAPACITOR：电容器。所有电容都无极性。
- INDUCTOR：电感器。
- CAP_ELECTROLIT：电解电容器。所有电容都有极性，连接时将＋极连接到高电位。
- VARIABLE_ RESISTOR：可调电阻器。
- VARIABLE_ CAPACITOR：可调电容器。
- VARIABLE_INDUCTOR：可调电感器。
- POTENTIOMETER：电位器。
- MANUFACTURER_ CAPACITOR：制造电容器。

（3）二极管（Diodes）

二极管库包含有二极管、晶闸管等多种器件。

- DIODES_VIRTUAL：虚拟二极管。
- DIODE：二极管。
- ZENER：齐纳二极管。
- SWITCHING_DIODE：交换二极管。
- LED：发光二极管。
- PHOTODIODE：光电二极管。
- PROTECTION_DIODE：保护二极管。
- FWB：全波桥式整流器
- SCHOTTKY_DIODE：肖特基二极管。
- SCR：晶闸管整流桥。
- DIAC：双向二极管开关。
- TRIAC：三端晶闸管开关。
- VARACTOR：变容二极管。
- TSPD：半导体放电管。
- PIN_DIODE：PIN 型二极管。

（4）晶体管（Transistor）

晶体管库包含有晶体管、FET 等多种器件。

- TRANSISTORS_VIRTUAL：虚拟晶体管。
- BJT_NPN：双极型 NPN 晶体管。
- BJT_PNP：双极型 PNP 晶体管。
- BJT_COMP：双极型晶体对管。
- DALINGTON_NPN：NPN 型达林顿管。
- DALINGTON_PNP：PNP 型达林顿管。
- BJT_NRES：带阻 NPN 晶体管。
- BJT_PRES：带阻 PNP 晶体管。
- BJT_CRES：带阻 CMOS 晶体管。

- IGBT：绝缘栅双极型晶体管。
- MOS_DEPLETION：耗尽型 MOS 管。
- MOS_ENH_N：N 沟道增强 MOS 管。
- MOS_ENH_P：P 沟道增强 MOS 管。
- MOS_ENH_COMP：增强 MOS 对管。
- JFET_N：N 沟道耗尽型场效应管。
- JFET_P：P 沟道耗尽型场效应管。
- POWER_MOS_N：N 沟道 MOS 功率管。
- POWER_MOS_P：P 沟道 MOS 功率管。
- POWER_MOS_COMP：MOS 功率对管。
- UJT：可编程单结型晶体管。
- THERMAL_MODELS：温度模型 NMOSFET 管。

（5）模拟元件（Analog）

模拟集成电路库包含有多种运算放大器。

- ANALOG_VIRTUAL：模拟虚拟元件。
- OPAMP：运算放大器。
- OPAMP_NORTON：诺顿运算放大器。
- COMPARATOR：比较器。
- DIFFERENTIAL_AMPLIFIERS：差分放大器。
- WIDEBAND_AMPS：宽带运放。
- AUDIO_AMPLIFIER：音频放大器。
- CURRENT_SENSE_AMPLIFIERS：电流检测放大器。
- INSTRUMENTATION_AMPLIFIERS：仪表放大器。
- SPECIAL_FUNCTION：特殊功能运放。

（6）TTL 数字集成电路（TTL）

TTL 数字集成电路库包含有 74×× 系列和 74LS×× 系列等 74 系列数字电路器件。

- 74STD：74TD 系列。
- 74STD_IC：74STD 系列。
- 74S：74S 系列。
- 74S_IC：74S_IC 系列。
- 74LS：74LS 系列。
- 74LS_IC：74LS_IC 系列。
- 74F：74F 系列。
- 74ALS：74ALS 系列。
- 74AS：74AS 系列。

（7）CMOS 数字集成电路（CMOS）

CMOS 数字集成电路库包含有 40×× 系列和 74HC×× 系列多种 CMOS 数字集成电路系列器件。

- CMOSE_5V：CMOSE_5V 系列。
- CMOSE_5V_IC：CMOSE_5V_IC 系列。

- CMOSE_10V:CMOSE_10V 系列。
- CMOSE_10V_IC:CMOSE_10V_IC 系列。
- CMOSE_15V:CMOSE_15V 系列。
- 74HC_2V:74HC_2V 系列。
- 74HC_4V:74HC_4V 系列。
- 74HC_4V_IC:74HC_4V_IC 系列。
- 74HC_6V:74HC_6V 系列。
- TinyLogic_2V:TinyLogic_2V 系列。
- TinyLogic_3V:TinyLogic_3V 系列。
- TinyLogic_4V:TinyLogic_4V 系列。
- TinyLogic_5V:TinyLogic_5V 系列。
- TinyLogic_6V:TinyLogic_6V 系列。

（8）其他数字集成电路（Misc Digital）

其他数字集成电路（Misc Digital）说明如下。

- TIL:单逻辑元件。
- DSP:数字信号处理器。
- FPGA:现场可编程逻辑阵列。
- PLD:可编程逻辑器件。
- CPLD:复杂可编程逻辑器件。
- MICROCONTROLLERS:微控制器。
- MICROCONTROLLERS_IC:微控制器集成电路。
- MICROPROCESSORS:微处理器。
- MEMORY:存储器。
- LINE_DRIVER:线路驱动器。
- LINE_RECEIVER:线路接收器。
- LINE_TRANSCEIVER:线路收发器。
- SWITCH_DEBOUNCE:去抖动开关。

（9）混合元器件（Mixed）

混合元器件（Mixed）说明如下。

- MIXED_VIRTUAL:虚拟混合芯片。
- ANALOG_SWITCH:模拟开关。
- ANALOG_SWITCH_IC:模拟开关集成电路。
- TIMER:定时器。
- ADC_DAC:模数转换器_数模转换器。
- MULTIVIBRATORS:多谐振荡器。
- SENSOR_INTERFACE:传感器接口。

（10）指示类元件（Indicators）

指示器件库包含有电压表、电流表、七段数码管等多种器件。

- VOLTMETER:电压表。
- AMMETER:电流表。

- PROBE:电压探测器。
- BUZZER:蜂鸣器。
- LAMP:灯泡。
- VIRTUAL_LAMP:虚拟灯泡。
- HEX_DISPLAY:数码管。
- BARGRAPH:多式指示器。

(11) 电源类元件(Power component)

电源器件库包含有三端稳压器、PWM 控制器等多种电源器件。

- POWER_CONTROLLERS:电源控制器。
- SWITCHES:开关。
- SWITCHING_CONTROLLER:开关控制器。
- HOT_SWAP_ CONTROLLER:热插拔控制器。
- BASSO_SMPS_CORE:数字开关电源芯。
- BASSO_SMPS_AUXILIARY:数字开关电源辅助。
- VOLTAGE_MONITOR:电压监视器。
- VOLTAGE_REFERENCE:基准电压。
- VOLTAGE_REGULATOR:电压调节器。
- VOLTAGE_SUPPRESSOR:电压抑制器。
- LED_DRIVER:LED 驱动器。
- MOTOR_DRIVER:电动机驱动。
- RELAY_DRIVER:继电器驱动。
- PROTECTION_ISOLATION:保护性隔离器。
- FUSE:熔断器。
- THERMAL_NETWORKS:热网络。
- MISCPOWER:微电源。

(12) 其他元件(MISC)

其他器件库包含有晶体、滤波器 等多种器件。

- MISC_VIRTUAL:其他虚拟元件。
- TRANSDUCERS:传感器。
- OPTOCOUPLER:光电三极管型光耦合器。
- CRYSTAL:晶振。
- VACUUM_TUBE:真空电子管。
- BUCK_CONVERTER:降压变换器。
- BOOST_CONVERTER:升压变换器。
- BUCK_BOOST_CONVERTER:降压变换器/升压变换器。
- LOSSY_TRANSMISSION_LINE:有损耗佳传输线。
- LOSSLESS_LINE_TYPE1:有损耗佳传输线 1。
- LOSSLESS_LINE_TYPE2:有损耗佳传输线 2。

- FILTERS:滤波器。
- MOSFET_DRIVER:MOSFET 驱动器。
- MISC:其他元件。
- NET:网络

(13) 高级外围设备库(Advanced Peripherals):包含键盘显示器库包含有键盘、LCD 等多种器件。

- KEYPADS:键盘。
- LCDS:液晶显示器。
- TERMINALS:串口虚拟终端。
- MISC_PERIPHERALS:其他外围设备。

(14) 射频元件(RF):在电路进行高频仿真时,Spice 模型的仿真结果与实际电路结果有较大的差别,此时可用一些专门用于进行 RF 分析的元件模型进行仿真。

- RF_CAPACITOR:射频电容器。
- RF_INDUCTOR:射频电感器。
- RF_BJT_NPN:射频双极型 NPN 管。
- RF_BJT_PNP:射频双极型 PNP 管。
- RF_MOS_3TDN:射频 N 沟道耗尽型 MOS 管。
- TUNNEL_DIODE:射频隧道二极管。
- STRIP_LINE:射频传输线。
- FERRITE_BEADS:铁氧体磁珠。

(15) 机电类元件(Electromechanical):机电类元件库包含有开关、继电器等多种机电类器件。

- MACHINES:电动机。
- MOTION_CONTROLLERS:运动控制器。
- SENSORS:传感器。
- MECHANICAL_LOADS:力负荷。
- TIMED_CONTACHS:定时开关。
- COILS_RELAYS:线圈及继电器。
- SUPPLEMENTARY_SWITCHES:辅助开关。
- PROTECTION_DEVICES:保护器件。

(16) NI 元件(NI Component):提供了定制的 NI myDAQ 等元件库。

(17) 连接元器件(Connector):提供了音视频连接器、以太网通信接口、射频同轴电缆接口、信号输入输出接口、接线端子、USB 接口等。

(18) 微控制器(MCU):微控制器件库包含有 8051、PIC 等多种微控制器。

2.1.7　探针工具栏

探针工具栏(Place Probe Toolbar)如图 2.18 所示,从左到右分别为放置:电压探针(Place voltage probe),电流探针(Place current probe),电源探针(Place power probe),不同电压探针

（Place differential voltage probe），电流电压探针（Place voltage and current probe），参考电压探针（Place voltage reference probe），数字信号探针（Place digital probe），探针设置（Probe settings）。

图 2.18　探针工具栏

2.1.8　仿真工具栏

仿真工具栏（Simulation Toolbar）如图 2.19 所示，从左到右分别为：开始仿真（Run），暂停仿真（Pause），停止仿真（Stop），互动（Interactive，在此用户可打开分析对话框，显示最近的一次分析方法，如果不需要分析时，需要将其选择为 Interactive）。

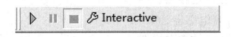

图 2.19　仿真工具栏

2.1.9　仪表栏

Multisim14.0 在仪器仪表栏（Instruments Toolbar）如图 2.20 所示，从左至右依次为数字万用表（Multimeter）、函数发生器（Function Generator）、瓦特表（Wattmeter）、双通道示波器（Oscilloscope）、四通道示波器（Four-channel Oscilloscope）、波特图仪（Bode Plotter）、频率仪（Frequency Counter）、字信号发生器（Word Generator）、逻辑分析仪（Logic Anlyzer）、逻辑转换器（Logic Converter）、IV 分析仪 IV Analyzer）、失真分析仪（Distortion Analyzer）、频谱分析仪（Spectrum Analyzer）、网络分析仪（Network Analyzer）、Agilent 信号发生器（Agilent Function Generator）、Agilent 万用表（Agilent Multimeter）、Agilent 示波器（Agilent Oscilloscope）、泰克示波器（Tektronix Oscilloscope）、LabVIEW 仪器（LabVIEW Insturment）、NI ELVISmx 仪器（NI ELVISmx Insturment）、电流钳（Current clamp）。有关这些仪表的详细使用将在后面章节进行详细讲解。

图 2.20　仪器仪表栏

2.1.10　设计工具栏

设计工具栏（Design Toolbox）用于管理原理图中的各种元器件，由 Hierarchy、Visibility 和 Project View 三个选项卡组成，如图 2.21 所示。

（1）Hierarchy 选项卡

Hierarchy 选项卡主要用于文件的操作，有新建文件、打开文件、保存文件、关闭文件等。

当需要对某个文件进行操作时只需要选中该文件即可。

（2）Visibility 选项卡

Visibility 选项卡用于设置工作区当前设计需要显示的层，包括 Schematic Capture（原理图捕获）和 Fix Annotations（固定注释）两部分，如图 2.22 所示。

图 2.21　设计工具栏　　　　　　　图 2.22　Visibility 选项卡

Schematic Capture 包含如下选项，分别为是否显示。

- RefDes：是否显示元器件的参考注释。
- Label and value：是否显示元器件的标注文字和参考值。
- Attribute and value：是否显示元器件的特性与变体。
- Net name：是否显示元器件的网络名称。
- Symbol pin name：是否显示元器件的符号引脚名称。
- Footprint pin name：是否显示元器件的引脚序号。
- Bus entry label：是否显示元器件的总线入口标签名称。
- On-page connector name：是否显示在页连接器名称。
- Global connector name：是否显示全局连接器名称。
- Off- page connector name：是否显示离页连接器名称。
- Hierarchy connector name：是否显示层次连接器名称。

Fix Annotations 包含如下选项。

- ERC error mark：是否显示 ERC 错误标记。
- Probe：是否显示探针。
- Comment：是否显示说明。
- Text/Graphics：是否显示文本/图形。

（3）Project View 选项卡

Project View 选项卡主要用于工程文件查看等。

2.1.11　数据表格视图

数据表格视图(Spreedsheet View)主要用于查看运行结果、网络节点信息、元器件统计信息、仿真结果等,如图 2.23 所示。例如当用户需要元件清单时,只需要选中 Components,就可以查看当前电路原理图中所用的元器件详细清单。用户也可以将其导出成 Excel 表格。

RefDes	Sheet	S.	Family	Value	Tolerance	Manufacturer	Footprint	Description	Label	Coordinate X/Y	Rotation	Flip	Color	Part sp
Ground	三相三线制|Δ...		POWE...			Generic			E1		Unrotated	Unflipped	Default	
R1	三相三线制|Δ...		RESIST...	2kΩ					A6		Unrotated	Unflipped	Default	
R2	三相三线制|Δ...		RESIST...	2kΩ					B6		Unrotated	Unflipped	Default	
R3	三相三线制|Δ...		RESIST...	2kΩ					D6		Unrotated	Unflipped	Default	
U1	三相三线制|Δ...		AMMETER	AC 1e-...		Generic			A5		Unrotated	Unflipped	Default	
U2	三相三线制|Δ...		AMMETER	AC 1e-...		Generic			B5		Unrotated	Unflipped	Default	
U3	三相三线制|Δ...		AMMETER	AC 1e-...		Generic			D5		Unrotated	Unflipped	Default	
U4	三相三线制|Δ...		VOLTM...	AC 10...		Generic			B2		Rotated 90	Unflipped	Default	
U5	三相三线制|Δ...		VOLTM...	AC 10...		Generic			C2		Rotated 90	Unflipped	Default	
U7	三相三线制|Δ...		VOLTM...	AC 10...		Generic			C4		Rotated 90	Unflipped	Default	

Results | Nets | Components | Copper layers | Simulation

For Help, press F1

图 2.23　数据表格视图

2.1.12　自定义工具栏

选择菜单中的 Options 下的 Customize interface,就可以打开自定义对话框,在 Toolbars 选项卡中可以选择所需要显示的工具,如图 2.24 所示,就可以自定义工具栏。

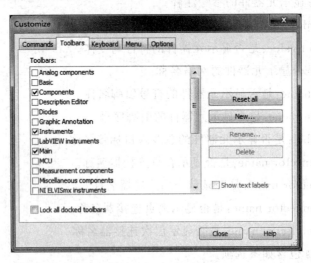

图 2.24　自定义工具栏对话框

2.2　Multisim 界面设置

Multisim 14.0 在进行电路设计和仿真前,可以根据自己的喜好,自行设置软件的界面,如工具栏、页面尺寸、电路颜色等。对基本界面进行一些必要的设置,可以方便电路原理图的绘制以及元器件的调用。

2.2.1　界面设置

安装后初次使用 Multisim 14.0 前,应该对 Multisim 14.0 基本界面进行设置。设置完成后可以将设置内容保存,以后再次打开 Multisim 14.0 时就不必再次设置。

基本界面设置是通过主菜单中"Options"(选项)的下拉菜单进行。单击主菜单中"Options",选其中的第一项"Global Options",打开后会弹出 Global Options 对话框,有 7 个选项卡,分别为:Paths、Message prompts、Save、Components、General、Simulation、Preview。

(1) Paths 选项卡

Paths 选项卡主要设置文件的默认存放路径以及数据库的文件路径等,用户可以对这些路径进行设置与修改。

Paths 选项卡参数说明如下所述。

- Design default path:电路默认路径。
- Templates default path:电路实例默认路径。
- User button images path:用户按钮图像路径。
- Configuration file:配置文件路径。
- New user configuration file:新用户文件设置。
- Master database:主数据库路径。
- Corporate database:公司数据库路径。
- User datebase:用户数据库路径。
- User LabVIEW instruments path:用户 LabVIEW 设备路径。
- Code models path:代码示例路径。

(2) Message prompts 选项卡

在 Message prompts 选项卡中可对信息提示进行一些设置。

(3) Save 选项卡

通过 Save 选项卡,用户通可以对设计进行自动保存以及仪器仿真的数据保存等进行设置,Save 选项卡说明如下所述。

- Create a security copy:在保存文档时,是否创建一个安全的副本。
- Auto-backup:是否对文档进行自动备份,用户可以设置备份时长。
- Save simulation data with instruments:是否在电路仿真时仪器仪表的数据会进行保存。

(4) Components 选项卡

Components 选项卡主要用于元器件设置,有三部分内容:Place components mode、Symbol standard、View,如图 2.25 所示。

Components 选项卡说明如下所述。

- Return to Component Browser after placement:是否在放置元器件后返回元器件浏览框。
- Place single component:放置单个元器件。

图 2.25　Components 选项卡

- Continuous placement for multi-section component only(ESC to quit)：连续放置多个所选择的元器件，按 ESC 键退出放置。
- Continuous placement(ESC to quit)：连续放置元器件，按 ESC 键退出放置。
- ANSI Y 32.2：ANSI Y 32.2 标准。
- IEC 60617：IEC 60617 标准。
- Show line to component when movingits text：在移动文本时显示通往元器件的路线。
- Show line to original location when moving parts：在移动部件时显示通往原位置的路线。

　　一般在设置时，建议在 Place component mode(放置元件方式)栏中建议选中 Continuous placement(连续放置元件)。Symbol standard(符号标准)栏中建议选中"IEC60617"，即选取元件符号为欧洲标准模式，我国常用。其他选项默认即可。

　　(5) General 选项卡

　　General 选项卡主要用于通用设置，General 选项卡说明如下所述。

- Intersecting：交叉选择。
- Fully enclosed：全包围。
- Scroll workspace：滚动工作区。
- Zoom workspace：缩放工作区。
- Automatically connect component when pins are touching：当引脚接触时自动连接组件。
- Autowire when wiring components：当元器件的引脚碰到线时，自动进行连接。
- Autowire component on move,if number of connections is fewer than：如果连接数少于所设定数值时，元器件移动时自动连线。
- Delete associated wires when deleting component：当删除元器件时，同时删除与配线相关联的导线。

（6）Simulation 选项卡

Simulation 选项卡主要用来设置仿真时网络节点出错是否提示，是否用仿真及分析进行处理，以及图形和仪器仪表分析结果显示时的背景颜色，还有正相位方向等，在此不再详细说明。

（7）Preview 选项卡

Preview 选项卡主要用来设置选项卡、设计工具箱中是否显示缩略图，及一些重门预览设置等，Preview 选项卡说明如下所示。

- Show thumbnail previews for tabbed windows：为选项卡窗口显示缩略图。
- Show thumbnail previews in Design Toolbox：在设计工具箱中显示缩略图。
- Show parent/multi-page previews：显示总/多页预览。
- Show subcircuit/hierarchical block previews：显示子电路/层次块预览。

2.2.2　工作页面设置

工作页面属性用于设置与页面相关的自属性，在主菜单中"Options（选项）"下拉菜单中，选中其第二项"Sheet Properties"，将出现工作页面设置对话框，如图 2.26 所示。工作页面设置也可以将鼠标放在工作区中右击鼠标选中 Properties 打开。

图 2.26　Sheet visibility 选项卡

工作页面属性包含 7 部分选项卡，分别为：Sheet visibility、Colors、Workspace、Wiring、Font、PCB、Layer settings。

（1）Sheet visibility 选项卡

Sheet visibility 选项卡各参数说明如下所述。

Component 包含如下选项，分别为是否显示。

- Labels：是否显示元器件的标注文字。
- RefDes：是否显示元器件的参考定义。
- Values：是否显示元器件的参考值。
- Initial conditions：是否显示元器件的初始条件。
- Tolerance：是否显示元器件的公差。
- Variant data：是否显示元器件变量数据。
- Attributes：是否显示元器件的属性。
- Symbol pin names：是否显示元器件的引脚名称。
- Footprint pin names：是否显示元器件的印迹引脚名称。

Net names 包含如下选项。

- Show all：选择显示所有的网络名称。
- Use net-specific setting：选择显示某个具体的网络设置。
- Hide all：选择隐藏所有的网络名。

Connectors 包含如下选项。

- On-page names：在页名称。
- Global names：全局名称。
- Hierarchical names：HB 名称。
- Off-page names：离页名称。

Bus entry 包含如下选项。

- Labels：是否显示总线标签名称。
- Bus entry net names：是否显示总线入口名称。

（2）Colors 选项卡

Colors 选项卡中的 Color scheme（配色方案）说明如下。

- Custom：用户自定义的本色方案，选此方案时，用户要设置背景、选中区域、连接线等的颜色。
- Black background：系统默认的黑底配色方案。
- White background：系统默认的白底配色方案。
- White $ black：系统默认的白底黑白配色方案。
- Black $ white：系统默认的黑底黑白配色方案。

（3）Workspace 选项卡

Workspace 选项卡说明如下所述。

- Show grid：是否显示栅格。
- Show page bounds：是否显示图纸的边界。
- Show border：是否显示图纸的标题栏。
- Sheet size：设置图纸的规格和方向。
- Custom size：用户自定义大小，其中有 Inches（英寸）和 Centimeter（厘米）。

（4）Wiring 选项卡

Wiring 选项卡用于设置连接导线和总线的宽度。

（5）Font 选项卡

Font 选项卡用于设置图纸中的元器件参数、标识等的文字属性。在设置文字的字体、字型和尺寸时，用户可以通过 Preview 来预览所设置的文字格式，并通过 Change all 来设定文字格式的应用范围。

（6）PCB 选项卡

PCB 选项卡用于导出 PCB 布局数据的设置，各参数说明如下所述。

- Connect digital ground to analog ground：当导出 PCB 布局包装时，是否将数字地和模拟地连接在一起。
- Unit settings：单位设置。
- Copper layers：铜层数设置。
- PCB settings：PCB 设置。

（7）Layer settings 选项卡

Layer settings 选项卡中用户可以在 Multisim 14.0 中增加定义的标注层。

2.3　Multisim 基本操作

2.3.1　创建原理图文件

运行 Multisim 14.0 之后，系统会自动创建一个名称为 Design1.14ms 的原理图文件，此时，用户可以在该空白的电路原理图文件上放置所需要元器件，设计电路并进行电路仿真。

另外，用户还可通过在菜单栏 File 选择 New 命令来创建原画图文件，也可进行诸如 Open（打开）、Save（保存）、Save As（另存为）、Print（打印）、Print Setup（打印设置）和 Exit（退出）等相应的文件操作。

另外，也可通过标准工具栏（Standard）和设计工具条箱（Design Toolbox）来创建原理图文件。

无论采用上面那种方法，都可打开如图 2.27 所示界面。

该图有以下三个选项。

Blank and recent：空白文件，单击"Create"创建后，会在右侧创建空白的原理图文件。

Installed templates：会显示系统安装的 7 种模板，单击右侧 NI 9683GPIC 后，会在电路工作区中创建模板的原理图文件，如图 2.28 所示。Multisim 14.0 自带的模板有 NI 9683 GPIC、NI ELVIS II＋、NI myRIO Dual MXP 等，用户可以选择这些标准模板来加快电路的开发。

My templates：选择自定义模板，该模板需要自己创建，可以方便不同用户针对不同需求来设计自己的模板电路。

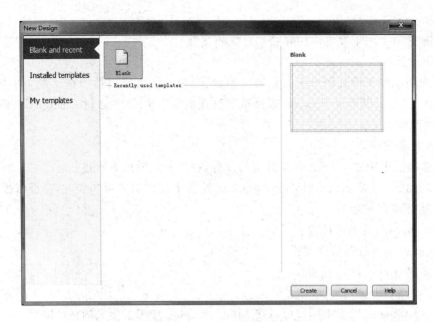

图 2.27　创建空白原理图对话框

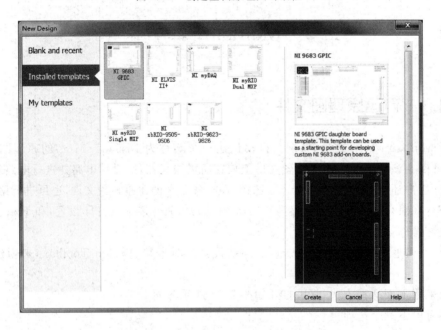

图 2.28　Installed templates 对话框

2.3.2　元器件的选择

　　元器件的选取最直接的方法是通过元器件栏，单击元器件栏中所要选择的元器件库图标，就可打开该元器件库，在屏幕出现的元器件库对话框中选择所需的元器件。例如要打开晶体管元器件，在元器件栏（Components）中单击放置晶体管元器件（Place Translator），就可打开如图 2.29 所示的元器件选择对话框，用户通过单击 Family 下的元器件图标，就可以选择相应元器件。

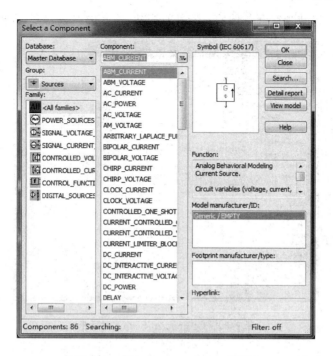

图 2.29　Select a component 对话框

在图 2.29 中,在 Database 下拉式菜单中可选择数据库类型,一般选择 Master Database (主数据库);Group 为组,可在其中选择元器件组;Family 为系列,可在其中选择系列,这时, 在元器件 Component 中会列出元器件列表,从中单击某一元器件加以选取;Symbol 显示的是 元器件的符号,标准不同,元器件符号不同;Function 为元器件功能的介绍;Model manufac- turer/ID 为制造模型,即封装类型,当用户建立、仿真完电路后需要制作 PCB 时,需要对当前 的电路进行修改和封装,以便转换到 Ultiboard 中,制作 PCB;Hyperlink 为超级链接。

Multisim 14.0 常用元器件库有 17 个(信号源、基本元器件、二极管、晶体管、模拟元器件、 TTL 数字集成电路、COMS 数字集成电路、混合元器件库、指示元器件库、电源类元器件库、其 他器件库、高级外围设备库、射频元器件库、电动机类器件库、NI 元器件库、连接元器件、微控 制器),用户可在这 17 个元器件库中选择需要的元器件。

由于元器件非常多,如果用户不熟悉这些元器件的组与系列时,就很难快速找到需要的元 器件。Multisim 14.0 提供了元器件搜索功能,能够使用户快速找到所需要的元器件。

在图 2.29 所示的"Select a component"对话框中,单击"Search"按钮,会弹出如图 2.30 所 示的 Component Search(元器件搜索)对话框,在其中可以搜索需要的元器件。

图 2.30 中的各参数说明如下所述。

- Group:选择查找元器件所在组。
- Family:选择查找元器件所在系列。
- Function:输入需要查找的函数关键词。
- Component:输入需要查找的元器件对应的模型关键词。
- Model manufacturer:输入需要查找的元器件模型制造商关键词。
- Footprint type:输入需要查找的元器件的引脚类型关键词。

查找时,用户可只对其中一个参数输入查询条件,但有时符合条件的元器件会较多,这时可多输入几个参数,以减少符合条件的元器件。当然,输入的参数越多,查找越精确。

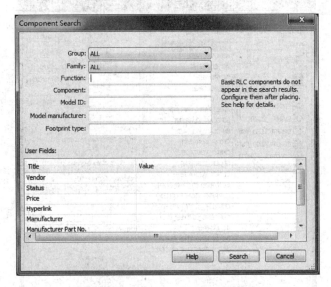

图 2.30 Component Search 对话框

2.3.3　元器件的放置

鼠标单击图 2.18 所示 Family 下的某系列元器件图标后,可在 Components 中选择所需要的元器件,单击"OK"按钮后就可以在原理图中放置该元器件。用户可连续放置同一元器件,如不需要放置时,右击鼠标即可取消放置,或者按 ESC 键退出元器件放置状态,结束元器件的放置。

完成元器件的放置后,可对元器件的位置、方向进行调整,如果有不需要的元器件,可选中后按 Delete 键删除,或者选中元器件后单击菜单"Edit"下的"Delete"命令进行删除。

2.3.4　元器件的位置调整

元器件放在电路原理图上时,为了满足布局和连接要求,经常需要对元器件的位置及方向进行调整。移动元器件时,移动光标到需要调整的元器件上单击鼠标左键选中,然后拖动到需要放置的位置即可。元器件的方向调整可在选中元器件后单击鼠标左键进行选取下面 Flip Horizontal(水平翻转),Flip Vertical(垂直翻转),Rotate 90 °Clockwise(顺时针旋转 90 °),(Rotate 90 °Counter Clockwise)逆时针旋转 90 °等进行操作。当熟练掌握后,这些操作也可以应用快捷键进行快捷操作。图 2.31 所示为元器件 BCR108 进行相应旋转操作的示例结果。

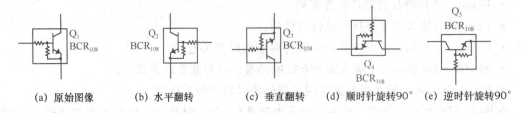

(a) 原始图像　　(b) 水平翻转　　(c) 垂直翻转　　(d) 顺时针旋转90°　　(e) 逆时针旋转90°

图 2.31　元器件的方向调整

2.3.5　元器件的对齐

在放置元器件时,为使电路图显的美观的同时,还需要连线方便,此时需要将元器件摆放整齐,图 2.32 所示为菜单栏中的 Edit 下的 Align 子菜单,使用这些命令,可快速摆放元器件。

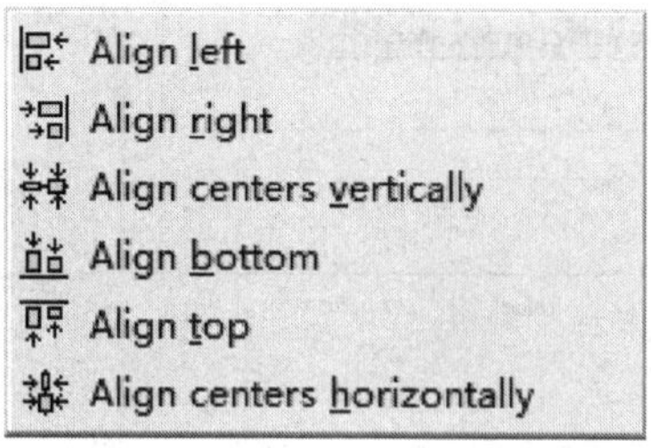

图 2.32　Align 子菜单

图 2.32Align 子菜单中各命令说明如下所述。

- Align left:左对齐。将所选定的元器件向左边的元器件对齐。
- Align right:右对齐。将所选定的元器件向右边的元器件对齐。
- Align centers vertically:垂直对齐。将所选定的元器件向最上面元器件和最下面元器件的中间位置对齐。
- Align bottom:下对齐。将所选定的元器件向最下面的元器件对齐。
- Align top:顶对齐。将所选定的元器件向最上面的元器件对齐。
- Align centers horizontally:水平对齐。将所选定的元器件与最左面元器件和最右面元器件之间等间距对齐。

2.3.6　元器件的属性设置

选中某一元器件并双击,在弹出的元器件特性对话框中,可以设置或编辑元器件的各种特性参数,图 2.33 所示为电阻的属性设置对话框,其由 Label(标签)、Display(显示)、Value(值)、Fault(故障)、Pins(引脚)、Variant(变体)、User fields(用户字段)选项卡组成。需要注意的是元器件不同,其选项卡中所显示与设置的参数会有所不同,但基本上来说,除元器件的Value 选项卡外,其他选项卡的设置基本上是大同小异。

(1) Label 选项卡

Label 选项卡中可以对元器件的编号、标志等进行修改,如图 2.33 所示,其详细参数说明如下。

- RefDes:参考注释。可设置标志和编号,编号由系统自动分配,用户可以修改,但需要在本电路中保持唯一性。
- Label:标签。
- Advanced RefDes configuration:进一步设置元器件参数。单击会弹出 Advanced RefDes configuration 对话框,在其中可以设置元器件编号。
- Attributes:属性列表。可输入修改元器件的属性。
- Replace:替换。会打开"Select a component(选择一个元器件)"对话框,在其中可选择更

　　换的元器件对象,这个功能在电路设计过程中,当需要调换相似元器件时,非常有用。

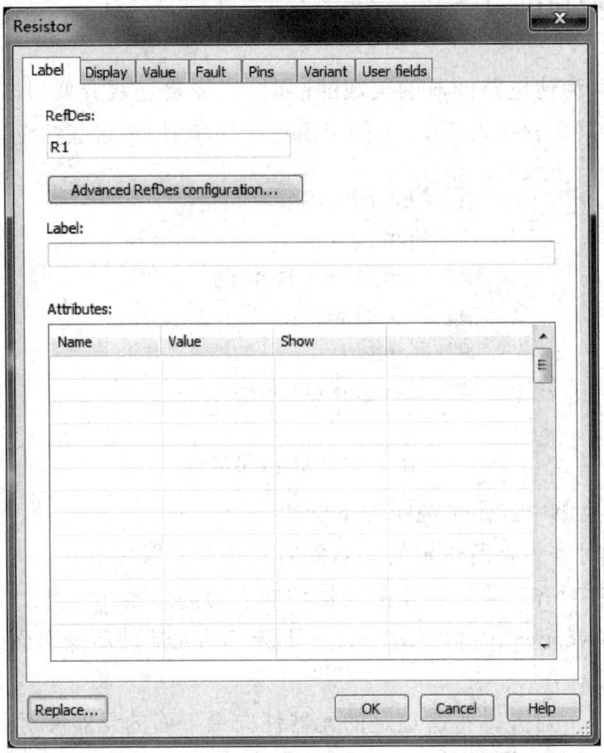

图 2.33　电阻属性对话框

（2）Display 选项卡

在 Display 选项卡其中可对元器件要显示的一些参数加以选择,其详细参数说明如下所述。

- Use sheet visibility settings:使用电路图可见性设置。
- Use component specific visibility settings:使用具体元器件可见性设置。选中该选项之后,可在其下面的一些显示参数加以选择,从而改变电路图中的元器件是否显示相关参数。
- Show labels:显示标签。
- Show value:显示值。
- Show initial conditions:显示初始条件。
- Show tolerance:显示容差。
- Show RefDes:显示 RefDes。
- Show attributes:显示特性。
- Show footprint pin names:显示印迹引脚名称。
- Show symbol pin names:显示符号引脚名称。
- Show variant:显示变体。
- Use symbol pin name font global setting:使用符号引脚名称字体全局设置。
- Use footprint pin name font global setting:使用印迹引脚名称全局设置。
- Reset text position:重置文本位置。

（3）Value 选项卡

Value 选项卡所显示内容因所选元器件不同而不同,在此不再赘述。

（4）Fault 选项卡

Fault 选项卡为故障设置选项卡,如图 2.34 所示。在其中可以设置元器件的隐含故障,经过该选项卡的设置,可为电路的故障分析提供方便。其中 None 为无故障,Open 为开路,Short 为短路,Leakage 为泄漏。

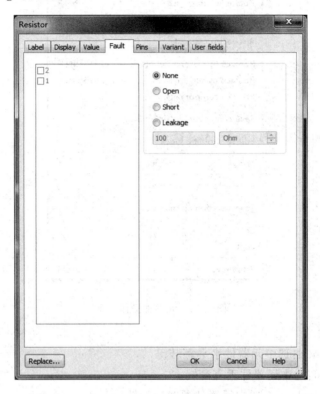

图 2.34　Fault 选项卡

（5）Pins 选项卡

该选项卡显示元器件引脚名称、类型、网络、ERC 状态、NC,用户可根据需要加以设置。

（6）Variant 选项卡

该选项卡为变体设置选项卡,变体状态包括 Include(含)和 Excluded(不含)两种。

（7）User fields 选项卡

User fields 选项卡可为用户提供元器件的一些字段信息,一般情况下不予以修改。

2.3.7　元器件的右键功能

选中元器件,单击鼠标右键,在菜单中会出现下列操作命令,如图 2.35 所示。

元器件操作命令含义说明如下。

- Cut:剪切。
- Copy:复制。
- Paste:粘贴。

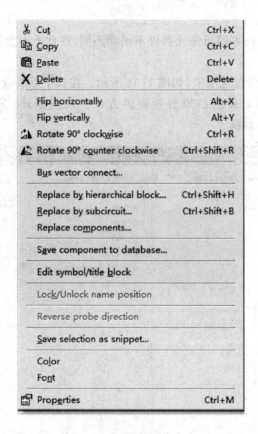

图 2.35　元器件操作命令

- Delete：删除。
- Flip Horizontal：选中元器件水平翻转。
- Flip Vertical：选中元器件垂直翻转。
- Rotate 90°Clockwise：选中元器件顺时针旋转 90°。
- Rotate 90°Counter Clockwise：选中元器件的逆时针旋转 90°。
- Bus vector connect：总线向量连接。
- Replace by hierarchical block：替换为层次块。
- Replace by subcircuit：用子电路替换。
- Replace by components：用元器件替换。
- Save component to database：保存元件到元件库。
- Edit symbol/title block：编辑为符号/题目块。
- Lock/Unlock name position：Lock/Unlock 名字的位置。
- Reverse probe direction：反向探针方向。
- Save selection as snippet：保存所选择的片段。
- Color：设置器件颜色。
- Font：设置字体。
- Properties：设置器件参数。

2.3.8　元器件的连接

元器件在电路窗口中放好之后,需要用线将其连接起来。所有的元器件都有引脚,可以选择自动连线或者手动连线,通过引脚用连线将元器件或仪器表连接起来。自动连线能够自动找到避免穿过其他元器件或覆盖其他连线的合适路径;手动连线允许用户控制连线的路径。设计电路时,手动连线和自动连线可以结合起来使用。

(1) 自动连线

在两个元器件之间自动连线,把光标放在第一个元器件的引脚上,此时光标变成"+",单击鼠标,移动鼠标,就会出现一根连线随着光标移动;在第二个元器件的引脚上单击鼠标,将会自动完成连接,自动根据元器件分布情况,放置导线。

自动连线时必须在"Global Preferences"对话框中的"General"选项卡中选中"Autowire when wiring components"复选框,如图 2.36 所示。

图 2.36　自动连线设置

(2) 手动连线

如果"Global Preferences"对话框中的"General"选项卡中的"Autowire when wiring components"复选框未选中,元器件就需要手动连线,在连线时,将鼠标放在某一引脚上,单击鼠标左键,移动鼠标,就会出现一根连线跟随鼠标延伸;在移动鼠标的过程中通过单击鼠标来控制连线的路径,直到在连线来到其他引脚上并单击鼠标完成连线。

(3) 设置连线属性

任何一个建立起来的电气连接都称为一个网络,每个网络都有一个自己唯一的名称,系统会为每一个网络设置默认的名称,用户自己也可修改。

　　如果要改变工作电路区中现有的连线的属性,选中连线后双击打开其属性对话框(Net Properties),或者右击鼠标,打开属性对话框,如图 2.37 所示,在其中可以设置导线的颜色、线宽等参数进行设置。

　　(4) 设置连线的颜色

　　连线的默认颜色可在"Options"菜单下的"Sheet Properties"对话框中的"Colors"选项卡中可以设置,如图 2.38 所示,单击 Wire 右边的红色图标,就可以重新设置连线颜色。

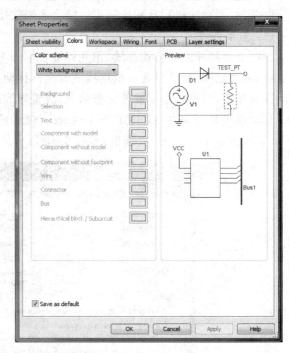

图 2.37　Net Properties 对话框　　　　　　　　　　图 2.38　导线颜色设置

　　如果要改变工作电路区中现有的连线颜色,选中连线后双击打开其属性对话框,或者右击鼠标,打开属性对话框,单击 Net color 选项中的红色图标,就可打开图 2.39 所示的 Colors 对话框,在其中可设置当前导线颜色。

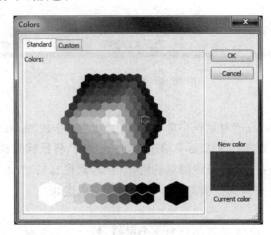

图 2.39　Colors 对话框

2.3.9　文本的基本编辑

对文字注释方式有两种:直接在电路工作区输入文字或者在文本描述框输入文字,两种操作方式有所不同。

(1) 电路工作区输入文字

单击"Place"菜单下的"Text"命令或使用 Ctrl+T 快捷操作,然后用鼠标单击需要输入文字的位置,输入需要的文字,如图 2.40 所示,在 Text 中可对当前文字的字体、大小、颜色等进行设置。

图 2.40　文本编辑

如果要改变当前文字块中的文字属性,再次选中即可。

(2) 文本描述框输入文字

利用文本描述框输入文字不占用电路窗口,可以对电路的功能、实用说明等进行详细的说明,可以根据需要修改文字的大小和字体。单击菜单"Tools"下的"Title Block Editor",可打开电路文本描述框,在其中输入需要说明的文字,如图 2.41 所示,也可以保存和打印输入的文本。当需要查看所写文本时,可在菜单"View"下的"Description Box"中查看,也可用快捷操作 Ctrl+D 查看。

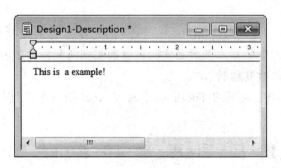

图 2.41　文本描述框

2.3.10　图纸标题栏的编辑

单击"Place"菜单下的"Title Block"命令,在打开对话框的查找范围处指向 Multisim→Titleblocks 目录,在该目录下选择一个 ＊.tb7 图纸标题栏文件,放在电路工作区右下角,并用鼠标指向文字块,右击鼠标,在弹出的菜单中选择"Properties"命令,如图 2.42 所示,确定后会修改电路工作区中的图纸信息。

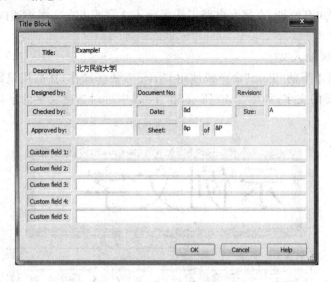

图 2.42　图纸标题栏

图 2.43　In Use List 列表

2.3.11　In Use List

在电路设计过程中,Multisim 14.0 会放置在电路图中的元器件记录到 In Use List 列表中,如图 2.43 所示,当用户在设计过程中,遇到相同的元器件时,可以方便地在 In Use List 列表中选择该元器件并放置到电路图中。

2.3.12　放置虚拟元器件

Multisim 14.0 的元器件有两大类别,即实际元器件和虚拟元器件,其中实际元器件的基本参数和实际可以购买到的元器件的参数一致;虚拟元器件的参数,用户可以自由地修改其参数。

用户可以通过菜单 View 下的 Toolbars 中的 Virtual 用来在工具栏中显示虚拟元器件工具条,如图 2.44 所示。

图 2.44　虚拟元器件

虚拟元器件图标所包含的虚拟元器件有:Analog Family(模拟元器件)、Basic Family(基本元器件)、Diode Family(二极管元器件)、Transistor Family(晶体管元器件)、Measurement Family(测量元器件)、Miscellaneous Family(混杂元器件)、Power source Family(电源元器件)、Rated Family(虚拟定值元器件)、Signal Source Family(信号源元器件)。

2.3.13　不选择元件时鼠标右键快捷菜单

在电路窗口中,不选择元件,直接右击鼠标,弹出如图 2.45 所示菜单,其详细功能说明如下所述。

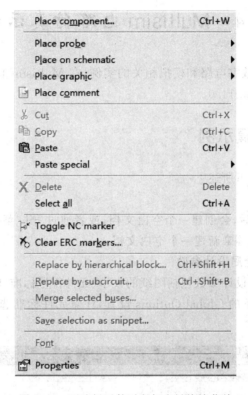

图 2.45　不选择元件时鼠标右键快捷菜单

- Place component:打开元件库,并在元件库中选择并放置各种元件。
- Place probe:放置各种探针。
- Place schematic:放置元件、节点、总线、子电路连接器、层次块、子电路等。
- Place graphic:绘制曲线图。
- Place comment:放置注释等。
- Cut:剪贴。
- Copy:复制。
- Paste:粘贴。
- Paste special:选择性粘贴。
- Delete:删除。
- Select all:选择全部。
- Toggle NC marker:切换 NC 标记。
- Clear ERC marker:从工作区中清除 ERC 标记。
- Replace by hierarchical block:用选中的层次块替换。
- Replace by subcircuit:用选中的子电路替换。

- Merger selected buses：合并所选择的总线。
- Save selection as snippet：将所选择的内容保存为片段。
- Font：显示用于设置电路字体信息的对话框。
- Properties：显示 Sheet 属性对话框。

2.4　Multisim 电路仿真示例

下面以选取与电路、数字电路和模拟相关的实例，在 Multisim 14.0 中加以设计并进行仿真，初步了解一下 Multisim 14.0。

2.4.1　电路仿真示例

电路仿真示例步骤如下所述。

1. 新建电路

启动 Multisim 14.0 后，会创建一个空白文档，或者通过 File 菜单下的 New，或者通过设计工具箱中的"新建"选项等来新建一个空白文档。

2. 设置电路原理图全局设计参数

设置电路原理图全局设计参数包括图纸的大小、元件符号标准、电路图中的元件的颜色等选项的设置，可通过选项下的 Global Options 设置，注意元件标准选择 IEC 60617，如图 2.46所示。

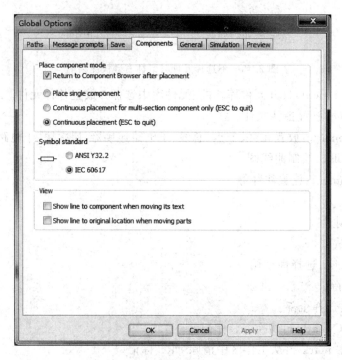

图 2.46　原理图环境设置

3. 元器件的选取

按表 2.1 来选取元器件。

表 2.1　元器件选择

元件	系列	参数
V_1	POWER_SOURCES	10 V
R_L	RESISTOR	200 Ω
R_3	RESISTOR	150 Ω
R_2	RESISTOR	100 Ω
R_1	RESISTOR	100 Ω

4. 元件布局

元件布局应合理,考虑便于走线和美观等,如图 2.47 所示布局各元器件。

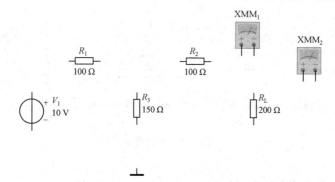

图 2.47　元件布局

5. 连接各元件

只需要将鼠标指针指向第 1 个元件的端点,单击鼠标左键,移动鼠标指针到需要连接的元器件端点,再次单击鼠标左键,就可以连接元器件的两个端点,依照图 2.48 连接各元器件。

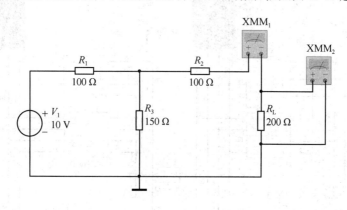

图 2.48　元器件连接图

6. 查看仿真结果

如图 2.48 连接各元器件后,单击"Simulate"菜单下的"Run"仿真运行后,双击万用表面板,就可以查看结果,如图 2.49 所示。在此注意需要万用表 XMM_1 测电流,XMM_2 测电压。

图 2.49 XMM₁、XMM₂ 设置及仿真结果

7. 生成报表

电路设计完成并仿真后,如果结果符合预期,就需要提供一个详细的元件清单,方便元器件的采购。用户可以通过在原理图下方的数据表格工具栏中选择 Components(元件),查看元件清单。查看内容用户可以自己调整,如图 2.50 所示。对报表也可进行其他操作,如保存、打印、输出文本文件、输出电子表格等。

图 2.50 实验报表

2.4.2 数字电路仿真示例

如图 2.51 所示设计电路并进行仿真,设计与仿真过程和前面示例类似。仿真运行后,该电路中数码管的输出变化为 29、28、27…00,注意,右边为高位,该电路功能为 30 秒倒计时电路。

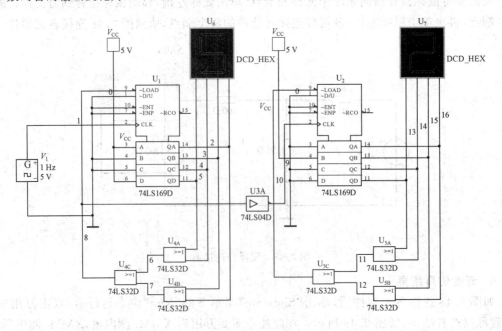

图 2.51 数字电路仿真

2.4.3　模拟电路仿真示例

如图 2.52 所示连接电路,进行仿真。

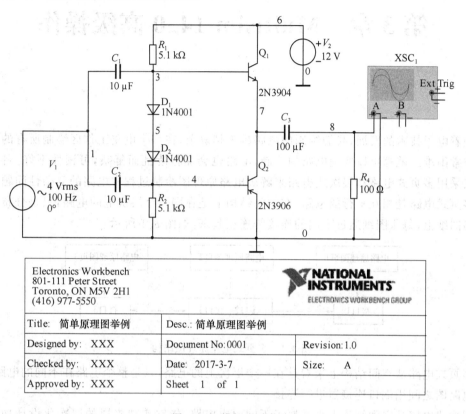

图 2.52　模拟电路仿真

注意,图 2.52 电路下方的信息为电路标题块,用户可以通过 Place 下的 Title block 来进行选择,在此用户可以填写电路的一些相关说明与信息。另外,用示波器可测 R_4 的输出波形,图 2.53 所示为从 Place 菜单下的 Grapher 中所取的波形结果。

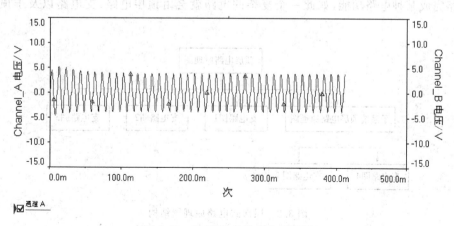

图 2.53　R_4 两边的输出电压波形

第3章　Multisim 14.0 高级操作

随着电子技术的发展,我们绘制的电路越来越复杂,在一个电路工作区绘制所有的电路会变得非常困难。就算可以实现电路的绘制,电路也会变得凌乱而复杂,可读性不好。目前,人们重点采用多页式电路和层次式电路来解决电路原理图绘制过程中电路的复杂性问题。

多页式电路是相互平行的电路,在空间结构上是在同一个层次上的电路,只是分布在不同的电路图纸上,每张图纸通过不同的连接符连接起来,如图3.1所示。

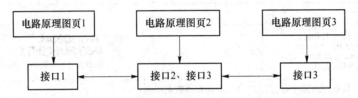

图 3.1　多页式电路原理图结构

多页式电路从空间结构上来看是在一个层次上的电路,只是整个电路在不同的电路图上,各个电路图之间用端口连接器进行连接。

层次式电路从空间结构上来看属于不同层次电路,能够实现多层的层次化设计功能。用户可以将复杂的电路系统划分为若干个子系统,每一个子系统可以划分为多个功能模块,每一个功能模块下又可加以划分,如此会将一个复杂的电路加以分解,使电路设计变得简单。

层次式电路原理图如图3.2所示,当电路比较复杂时,可以将电路划分成多个支电路,每个支电路完成某种电路功能,如此一个复杂的电路就会由顶层电路、支电路以及子顶层电路组成。

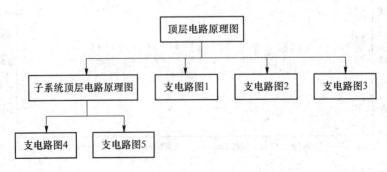

图 3.2　层次式电路原理图结构

在实际电路图绘制过程中,如果是简单的电路,可以只用单个电路绘制;如果电路比较复

48

杂,可以采用多页式电路原理图绘制,总电路将由多个电路拼接而成;对复杂的电路,也可以采用层次式电路原理图的绘制方法,将多个电路按一定层次关系组成。

　　Multisim 14.0 提供了诸如子电路、层次块、多页设计、总线、产品变种管理等技术来使复杂电路系统的设计能够进行模块化、层次化设计,增加设计电路的可读性、提高设计效率、缩短电路设计开发周期。

3.1　多页式电路设计

　　在很多场合下,电路设计比较复杂,不能在单一的电路图中放下所有的元件,或者因为逻辑关系需要将电路分开多页设计。为此,Multisim 14.0 提供了多页设计功能。多页设计中电路信号的传递用页连接器 Off-Page connector(离页连接器)、On-Page connector(在页连接器)及 Bus off-Page connector(总线离页连接器)等命令来实现。

　　首先需要区分的是在页连接器和离页连接器,在页连接器在同一电路图页面中使用,离页连接器在不同电路图页面间使用。

3.1.1　离页连接器

　　单击菜单"Place"下"Connector"中的"Off-Page connector"命令,此时离页连接器的图形附着在鼠标光标上,在适当位置放置离页连接器,如图 3.3 所示。

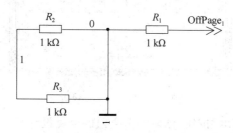

图 3.3　Off-Page connector 的放置

　　由于离页连接器是代表连接两个电路图页,因此,单个放置好的符号是不具有电器连接作用的,只有在同一设计下两个不同的电路设计页中放置同一名称的离页连接器才能起到电气连接作用。

　　在当前设计中增加一个新的电路设计页(参见 3.1.2 节),并在电路中绘制如图 3.4 所示电路,放置离页连接器 OffPage$_1$。

　　在图 3.4 中,在离页连接器左侧单击放大镜符号,则会显示其所连接的电路设计页的缩略图,如果该离页连接器没有连接到其他电路设计页,会显示提示信息"This connector is not connected to another page",表示该离页连接器未连接。

　　另外,如果需要放置总线离页连接器,则单击菜单"Place"下"connector"中的"Bus off-Page connector"命令,此时总线离页连接器的图形附着在鼠标光标上,在适当位置放置即可。

　　总线离页连接器的使用方法与普通的离页连接器类似。

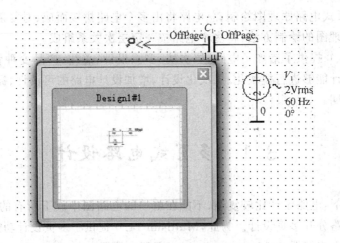

图 3.4　新电路设计页中离页连接器

3.1.2　电路设计页的添加

添加新的电路设计页到电路中的操作过程如下。

（1）单击菜单 Place 下的 Multi-Page 命令，弹出如图 3.5 所示的 Page name（页面名称）对话框。

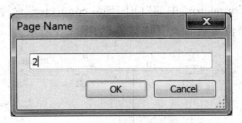

图 3.5　Page name 设置

（2）输入名称后单击"OK"按钮，创建一个空白的电路设计页。

（3）根据实际需要放置元器件并连线。

（4）单击菜单"Place"下的"Connector"中的"Off-Page connector"命令，此时离页连接器的图形附着在鼠标光标上。

（5）拖拽光标到目标位置并单击鼠标左键放置连接，可用一样的方法放置其他连接器。

（6）为离页连接器在电路中连线。

若要删除多页电路文件中的一页，单击菜单 Edit 下的 Delete Multi-Page（删除多页面）命令，从弹出的 Delete Multi-Page 对话框中选择希望删除的页面即可。

3.2　子　电　路

子电路是用户自己建立的一种单元电路，将子电路存放在用户器件库中，可以反复调用并使用子电路。

下面将以一个稳压电源的设计来说明如何利用子电路简化设计，使电路模块化。

3.2.1　整流电路子电路

创建子电路的过程与一般电路的过程类似。为了便于子电路与外围电路连接,需要添加输入/输出连接器(Input/Output Connectors)。

建立子电路的详细过程如下所述。

(1) 打开 Multisim 14.0,将当前电路工作区保存为"直流稳压电路"。

(2) 在菜单"Place"下单击"New Subcircuit"命令,可创建新的子电路,在弹出的对话框中输入子电路名"整流电路"。

(3) 单击"OK"按钮退出对话框。这时鼠标与放置元件一样,子电路图案随鼠标指针移动而移动,在需要放置子电路的地方单击鼠标左键,就可以将子电路放置在当前位置。同时,在"Design Toolbox"(设计工具箱)的"Hierarchy"(层次)选项卡中多了"整流电路(SC1)"这一项,用户可单击打开子电路,在子电路的工作区绘制整流电路,该电路如图 3.6 所示。

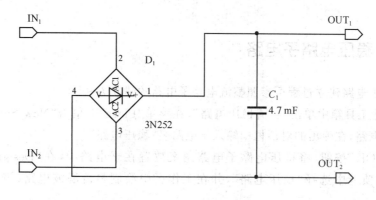

图 3.6　整流电路

图 3.6 所示电路中 IN_1、IN_2 为输入信号连接器(Input connector),OUT_1、OUT_2 为输出信号连接器(Output connector),用户可通过"Place"(编辑)菜单下的"Connectors"(连接器)放置输入信号连接器、输出信号连接器,然后双击图标重新命名,如图 3.7 所示。

注意,用户也可以在"直流稳压电源"主电路中绘制整流电路图 3.6 后,选取整流电路中所有的元器件及连线,执行"Place(放置)"菜单下的"Replace by Subcircuit"(用子电路取代)命令,或者右击鼠标,选取"Replace by Subcircuit",这时会弹出如图 3.8 所示的子电路命令对话框,用户在此输入相应的子电路名来创建子电路"整流电路"。

子电路的输入/输出脚可以像使用元件一样与其他元件进行连接,也可通过鼠标选取子电路对其进行移动操作。

修改子电路的内部电路时,可通过单击"Design Toolbox"(设计工具箱)的"Hierarchy"(层次)选项卡,打开子电路窗口,对子电路进行修改;也可选中子电路,单击子电路上方的图标 ![图标] ,打开子电路进行修改;也可通过主电路中的子电路图标,在打开的面板 label 标签中单击 Open subsheet,进入子电路的工作区域对子电路进行编辑。

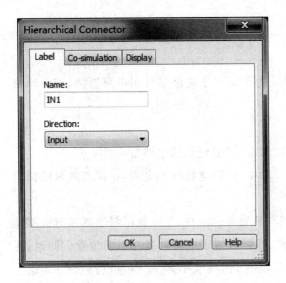

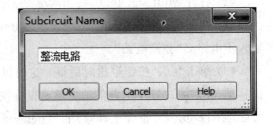

图 3.7　连接器属性设置　　　　　　　　　图 3.8　子电路命名对话框

3.2.2　稳压电路子电路

稳压电源子电路建立过程可参照整流电路子电路的建立方法。

(1) 在设计工具箱中单击"直流稳压电路",在菜单"Place"下单击"New Subcircuit"命令,可创建新的子电路,在弹出的对话框中输入子电路名"稳压电路"。

(2) 单击"OK"按钮,将稳压电路子电路图案放置在子电路中,在"Design Toolbox"的"Hierarchy"选项卡中选择"稳压电路",并在工作区中绘制整流滤波电路,该电路如图 3.9 所示。

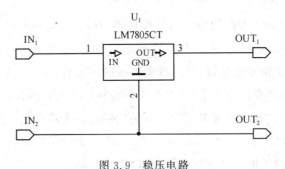

图 3.9　稳压电路

3.2.3　稳压电源总电路仿真

在设计工具箱中单击"直流稳压电路",基于整流滤波和稳压电源两个子电路,外加一些辅助元器件,可设计出直流稳压电路的总电路,总电路如图 3.10 所示。

为了便于查看稳压电路的输入、输出电压,可在输入电源 V_1 和输出电阻 R_L 两端接示波器,查看电压输出波形,如图 3.11 所示。

由图 3.11 可以看出,通过稳压电路,可以将 10 V 的交流电,变成稳定的 5 V 直流电,需要注意的是在电路初始运行时,输出电压有个渐变的过程。

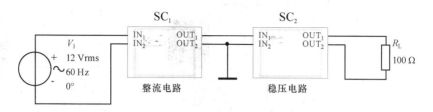

图 3.10　直流稳压电路

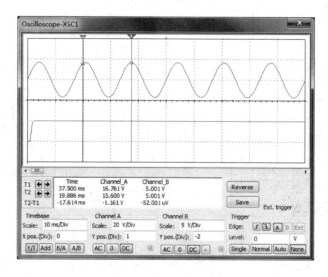

图 3.11　稳压电路输出

3.3　层　次　块

层次结构电路原理图的设计理念是将实际的总体电路进行模块化划分,使每个模块都有明确的特征和相对独立的结构,而且具有简单、单一、统一的接口,便于模块间的连接。

在 Multisim 14.0 中,将这些相对独立的电路称为层次块(Hierarchical Block),层次块代表完整的支电路。层次块的设计方法可以很方便地将各模块分给不同的工作人员,然后通过顶层文件合成到一起。由于将复杂电路分散到各个小规模的电路,修改小规模电路就可以将该电路变成其他功能的电路,因此,层次块的设计方法对于大规模电路的开发是非常有用的。

例如,我们在利用计数器 74LS169、译码器 74LS47、七段数码管及相应的门电路设计 60 秒倒计时电路时,参考电路如图 3.12 所示。

从图 3.12 我们可以看出,该电路由三部分组成:十进制减计数器,六进制减计数器,显示单元电路。这三部分都在一个电路工作区中布局,没有明确的分界,而且由于元器件较多,连线会显得凌乱而复杂,不易修改和它用。在此可以采用 Multisim 14.0 中的层次块来模块化该电路。

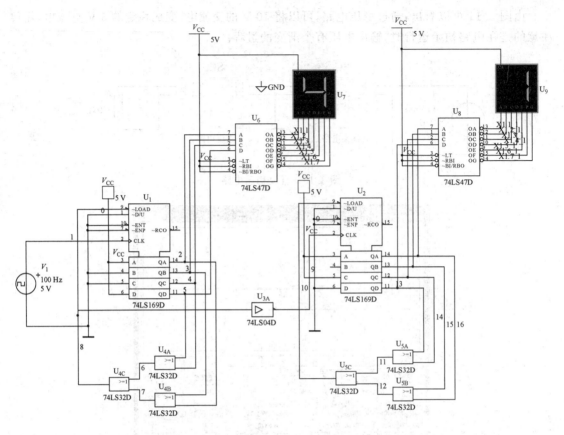

图 3.12 60 秒倒计时电路

3.3.1 层次块的创建

(1) 首先,创建一个新的电路,在新的电路中绘制如图 3.13 所示电路,并保存为"十进制减计数器",(注意,此电路采用了 AVSI Y32.2S 标准)。

层次块的创建过程就是新建原理图的过程,仅仅是在电路的输入/输出端放上 Hierarchical connector(层次连接器),在图 3.13 中 CLOCK、OUTA、OUTB、OUTC、OUTD、IO1 都为层次连接器。层次连接器可使用"Place"(放置)菜单下"Connectors(连接器)"中的"Hierarchical connector"放置。

(2) 其次,创建一个新的电路,在新的电路中绘制如图 3.14 所示电路,并保存为"六进制减计数器"。

(3) 再次,创建一个新的电路,在新的电路中绘制如图 3.15 所示电路,并保存为"显示单元"。

注意,上述三个电路都不能单独仿真运行。

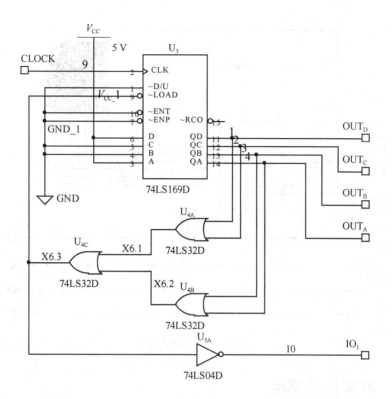

图 3.13 十进制减计数器

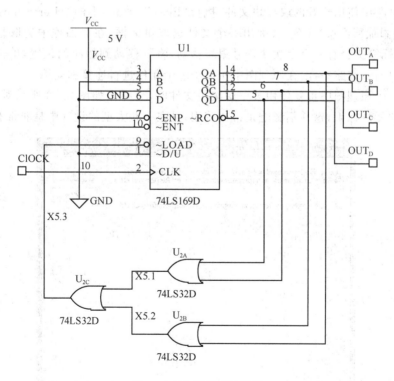

图 3.14 六进制减计数器

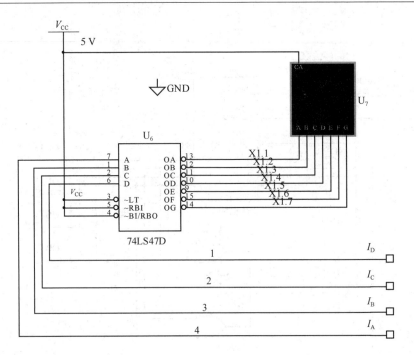

图 3.15　显示单元

3.3.2　层次块的调用

在现有电路中使用建好的层次块文件,执行"Place"(放置)下的"Hierarchical Block from File"(从文件添加层次块)命令,会弹出一个文件选取对话框,在对话框中选取相应的层次块文件,这时鼠标箭头会有一个层次块符号跟着移动,将其移动到相应的位置,单击鼠标就可以放置。层次块与子电路一样,在原理图中相当于一个元件进行连接和应用。

如果在一个原理图中重复使用某一层次块文件时,会弹出如图 3.16 所示对话框,此时会分配一个新的元件标识,这并不影响正常的使用,且在一些大型的设计中是非常有用的。

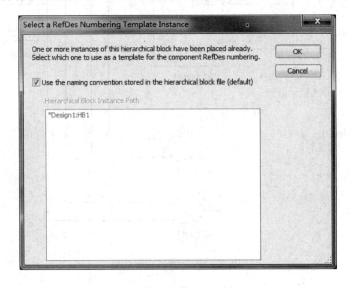

图 3.16　重复调用某一层次块的提示

3.3.3 层次块的电路仿真

新建一个电路并保存为"60 秒倒计时电路",将其做为主电路,在主电路中执行"Place"(放置)下的"Hierarchical Block from File"(从文件添加层次块)命令,这时会弹出一个文件选取对话框,在对话框中选取"十进制减计数器""六进制减计数器""显示单元",并在主电路安排其位置后进行连线,如图 3.17 所示。

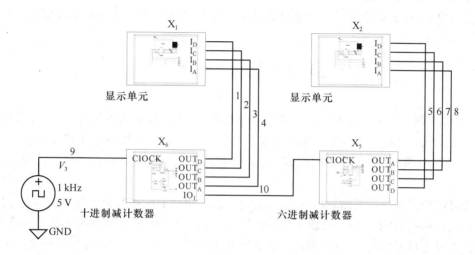

图 3.17　60 秒倒计时电路

电路仿真运行后,可单击"显示单元(X_1)"及"显示单元(X_2)"可查看运行结果,如图 3.18所示。

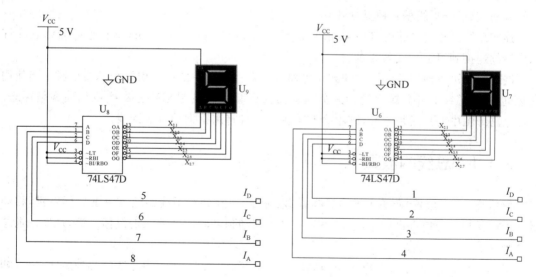

图 3.18　两个显示单元显示结果

需要说明的是,Multisim 14.0 层次设计功能允许设计人员建立相互连接的电路,用于增强电路的可用性和确保电路连接成为一个整体。例如,设计人员创建一个常规库,存储于中央位置,电路文件可以依次包含其中,如果去设计更为复杂的电路,则可以在电路设计中创建另一个层次电路。这些层次电路间相互联系,并自动更新,可以将一个大型复杂的项目划分为若干个小部分,然后通过不同的设计团队相互工作共同完成整个大项目。

层次块和子电路除了在保存时有所区别外,其他都很类似。子电路保存于原电路中,而层次块根据主电路的划分分别保存。它们的连接都使用"HB/SC Connector(层次/子电路连接器)"。子电路更加易于管理,因为它们不会被意外地分成不同的电路;层次块在重复使用和在电路多重设计中的嵌套电路应用中,以及在多个电路设计人员完成同一项目时显得非常便捷。当使用层次块时,这个块会保留一个单独的可编辑文件,块和电路之间通过激活链接连接。

3.4 总 线

总线(Bus)通常是一组具有相关性信号线的总称,如计算机中的控制总线、地址总线和数据总线三大总线。总线在绘制原理图时如果像普通导线一样进行绘制会比较费时且不美观。通常在原理图编辑软件中将总线用一根粗线来表示,这根粗线并不是一根导线,而是一组导线。

总线可以应用在一个页面,也可以跨越页面。总线可以通过两种模式进行操作:一种是网络标志模式;另一种是Busline(总线分支)模式。一条总线就是简单网络标志信息的集合,当配线通过总线入口连接时,设计人员可以选择在总线中连接新的配线到现有的网络中或添加网络到总线中。

使用Busline模式可以预定义包含在总线中Busline的数量和名称,当通过总线入口连接配线时,设计人员可以指定新的配置应该和哪个现有的总线分支线放在一起,如果所有配置和相同的总线分支放在一起,则将合并到一个相同的网络标志。网络标志模式是传统的设置总线的方法,总线分支线模式稍显现代化。

连接总线到相同电路的其他页面时,需要使用Off-Page connector(离页连接器),它允许总线继续连接到第2页或第3页。

嵌套电路可以使用总线层次块或子电路连接器指定其中的一个引脚为总线引脚。当使用嵌套电路时,总线引脚会提示设计人员在电路为嵌套电路绘制总线分支线或创建网络标志。若在电路母图中的总线是空的,则不会有该提示并且将用正常的方法配线。

3.4.1 总线的放置

使用"Place"(放置)菜单下的"Bus"(总线)命令,可在开始画线的地方单击鼠标左键,移动鼠标到需要拐弯的地方再单击鼠标左键,在光标移动到最后的地方双击鼠标左键,这样一根总线就画好了。

Multisim 14.0的总线可以水平、垂直或45°放置,图3.19所示为总线的几种走向,也可如导线一样自己定义走向。

如果要在多页电路设计中穿插放置总线,则可以按照下面的方法进行操作。

(1) 单击菜单"Place"下"Connectors"中的"Bus-Offpage Connector",在工作区中放置"Bus-Offpage Connector"(总线离页连接器)。

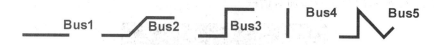

图 3.19　总线走向

（2）根据总线需要配置连接线。

（3）在多页电路中放置一条总线，并为另一个 Bus-Offpage Connector 配线到总线。

（4）在总线上双击鼠标左键修改名字，以达到匹配在主页面中总线的名称要求。

如果要将总线连接到 HB/SC，可以按照下面步骤进行操作。

（1）在工作区中放置一条总线。

（2）为总线配线。

（3）在工作区中放置一个层次块或子电路。

（4）在 HB/SC 中放置总线并配线。

（5）单击菜单"Place"下"Connectors"中的"Bus HB/SC Connector"，在 Bus HB 总线末尾放置连接器。

3.4.2　总线属性

总线是一组信号线的集合，需要对其分支线进行添加、删除或改名，这就是总线属性的内容。图 3.20 所示为总线属性对话框。

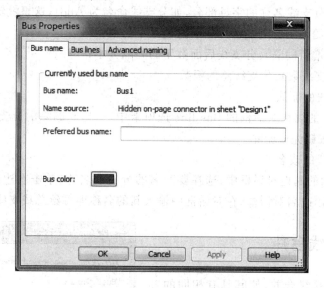

图 3.20　总线属性对话框

总线属性有三个选项卡：Bus name、Bus line、Advanced naming。

Bus name（总线名称）：在此选项卡中设置总线的名称、颜色等。

Bus line（总线分支线）：在此选项卡中对总线分支线进行添加、重命名、删除总线等操作。

Advanced naming（高级命名）：在此选项卡中可对总线名称进行修改。

添加分支线到总线的操作如下所述。

（1）在图 3.20 所示总线属性对话框中，选中 Bus line 选项卡，单击"Add"（添加）按钮，这时会弹出图 3.21 所示的分支线添加对话框。

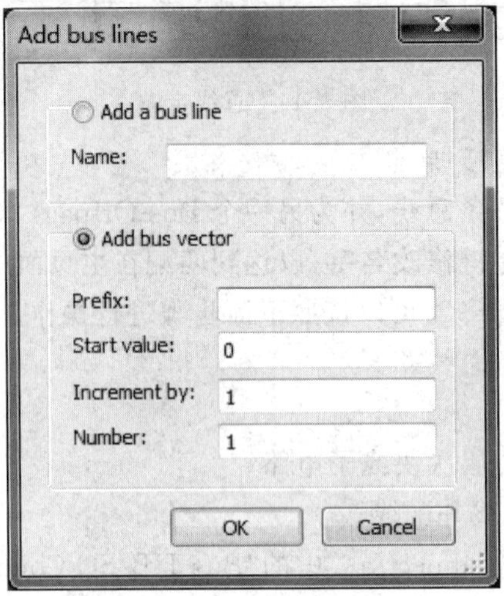

图 3.21　分支线添加对话框

用户如果添加一根分支线,这时选择"Add a busline"(添加一根分支线)项,并且在 Name (名称)栏输入分支线的标识就可以了。

用户如果需要添加一组分支线,这时选择"Add bus vector"(添加总线分支线)项,并且在下面对应项进行设置即可,其中各参数含义如下所述。

Prefix(前缀):分支线名称的字母部分,如分支线命名为 Add1,这里就输入 Add。

Start value(起始值):分支线字母后面数值最小的值。

Incerment by(增量间隔):分支线后面数字的间隔大小;

Number(总分支线数):分支线总的根数。

(2) 总线分支线的删除

在图 3.20 所示的属性对话框的 Bus line 选项卡中,选择要删除的分支线名称,单击右边的"Delete"(删除)按钮完成删除。

(3) 总线分支线的改名

在图 3.20 所示的属性对话框中,选择要改名的分支线名称,单击右边的"Rename…"(改名)按钮,这时会弹出改名对话框,在对话框中输入新的名称即可给总线支线改名。

3.4.3　总线合并

将两个不同的总线合并,使其具有相同的总线名称,这样的操作称为合并总线,操作步骤如下所述。

选中两条总线,并单击菜单"Edit"下的"Merge selected buses"命令,会弹出总线合并对话框,选择一个总线名称,单击"OK"按钮即可,如图 3.22 所示。

图 3.22　总线合并对话框

3.4.4　总线连接

总线是一组信号的组合,最终要与实际的元件连接。有两种总线连接方式:直接连接和矢量连接。

(1) 直接连接

从需要与总线连接的元件引脚向总线画线,这时会弹出如图 3.23 所示总线分支线连接对话框。用户可以根据具体情况来选择或添加分支线。

图 3.23　总线分支线连接对话框

如果在 Available Buslins(可用的总线分支线)栏列出了需要相连的分支线,用户就选择相应的分支线,然后单击"OK"按钮完成连接。

如果在 Available Buslins(可用的总线分支线)栏没有列出相应的分支线,用户就在 Busline(分支线)栏输入分支线名,单击"OK"按钮添加一个新的分支线。

(2) 矢量连接

对于有许多引脚的元件,并且该元件的众多引脚都需要与总线相连接,这时可以使用矢量连接的方法来实现与总线的连接。

下面以图 3.24 所示的总线与 4511BD_5V 的输出端相连来说明矢量连接的方法,同时总线 Bus1 已经定义了 $A_0 \sim A_7$ 共 7 根分支线。

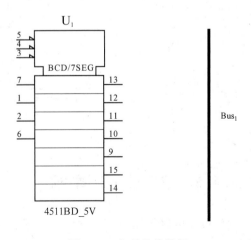

图 3.24　矢量连接举例

61

① 在 4511BT_5V 上单击鼠标执行"Place"(放置)菜单下的"Bus Vector Connect"(总线矢量连接)命令,这时弹出如图 3.25 所示总线矢量连接对话框。

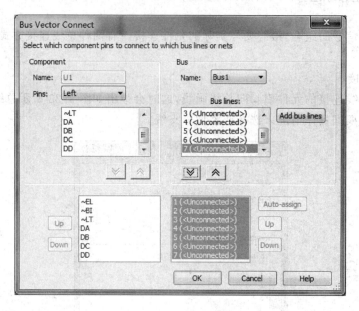

图 3.25　总线矢量连接对话框

② 在"Compnent"(元件)栏的"Pins"(引脚)项选择"Right"(右边)引脚;在"Bus"(总线)栏"Name"(名称)项选择 Bus1。

③ 分别全部选中左边的 QA、QB、QC、QD、QE、QF、QG 和右边的 1、2、3、4、5、6、7,然后分别单击下面的两个"⌄"按钮将其加入下面的方框内,单击"OK"按钮后,将总线连线标志移动到总线上单击,就会完成总线与元件的连接,图 3.26 所示为最终连接的效果图。

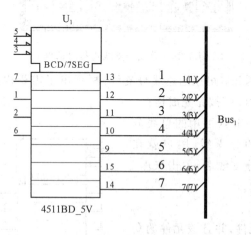

图 3.26　总线矢量连接的效果图

3.4.5　总线的应用举例

总线应用电路图如图 3.27 所示,利用总线,用 74LS169、4511BT_5V,7 段数码管设计十进制显示电路。

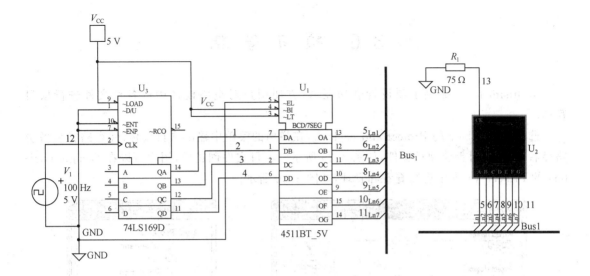

图 3.27 十进制显示电路

3.5 打印电路

Multisim 14.0 允许用户控制的打印命令有 Print、Print preview、Print options 等,可在打印选项中设置是否包括彩色输出或黑白输出、是否有打印框、打印是否有背景及电路图的比例等。这些功能必须安装打印机后才可用。图 3.28 所示为 Print Sheet Setup 对话框。

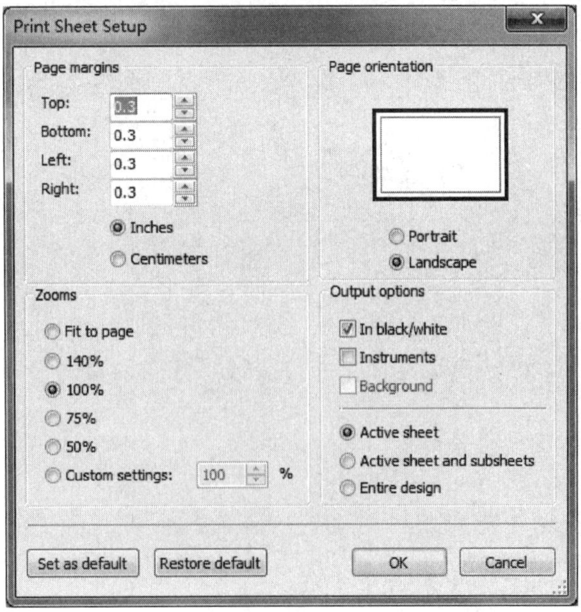

图 3.28 Print Sheet Setup 对话框

3.6 项目管理

Multisim 14.0 提供了项目管理功能,以方便用户对电路设计中的各种文件进行项目管理。

选择菜单 File 下的 Project and packing,在弹出的菜单中输出项目名称、保存路径和备份路径后确定,就可创建项目文件,如图 3.29 所示。项目文件创建后,用户可以在 Design Toolbox 的 Project View 中进行查看和管理,如图 3.30 所示。

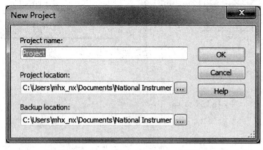

图 3.29 New Project 对话框

图 3.30 Design Toolbox 对话框

第4章　虚拟仪器仪表

Multisim 14.0 的虚拟仪器仪表大多和真实仪器仪表一样有相同的面板,用户可根据需要选择,并与所设计的电路连接,仿真运行时,可完成对电路的电压、电流、电阻及各种信号波形等物理量的测量。

在电路设计过程中,当需要对设计的电路进行实验和测量时,这就用到众多的仪器仪表,但这些仪器仪表往往价格昂贵且操作不当时会易损坏,给现实中的电路测量带来不便。Multisim 14.0 提供了众多的虚拟仪器仪表,可以对设计的电路进行测试与分析,从而提高电路设计的效率和准确性。

Multisim 14.0 执行"Simulate"菜单下的"Instruments"命令,就可弹出仪器仪表子菜单,如图 4.1 所示,通过菜单就可以查看 Multisim 14.0 提供的仪器仪表。

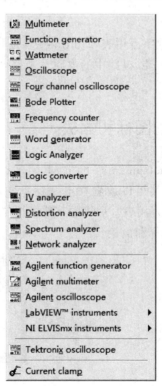

图 4.1　仪器仪表子菜单

另外,也可在 Multisim 14.0 工作界面最右边的一列图标中,选取需要的仪器仪表,如图

4.2所示。仪器仪表栏从左至右依次为:数字万用表(Multimeter)、函数信号发生器(Function Generator)、瓦特表(Wattmeter)、双通道示波器(Oscilloscope)、四通道示波器(Four-channel Oscilloscope)、波特图仪(Bode Plotter)、频率计(Frequency Counter)、字信号发生器(Word Generator)、逻辑转换器(Logic Converter)、逻辑分析仪(Logic Analyzer)、IV 分析仪(IV Analyzer)、失真分析仪(Distortion Analyzer)、频谱分析仪(Spectrum Analyzer)、网络分析仪(Network Analyzer)、Agilent 信号发生器(Agilent Function Generator)、Agilent 万用表(Agilent Multimeter)、Agilent 示波器(Agilent Oscilloscope)、泰克示波器(Tektronix Oscilloscope)、LabVIEW 仪器(LabVIEW Instrument)、NI ELVISmx 仪器(NI ELVISmx Instrument)、电流钳(Current clamp)。

图 4.2　仪器仪表栏

　　使用 Multisim 14.0 提供的虚拟仪器仪表时,只需在仪器仪表栏单击选用仪器的图标,按要求将其接至电路测试点,然后双击该图标,就可以打开仪器面板进行设置和测试。虚拟仪器在接入电路并启动仿真开关后,若改变其在电路中的接入点,则显示的数据和波形也相应改变,而不必重新启动电路,而波特图示仪和数字仪器则应重新启动电路。

4.1　数字万用表

　　Multisim 14.0 提供的虚拟数字万用表(Multimeter)是一种多功能的常用仪器,可用来测量直流或交流电压、直流或交流电流、电路中的电阻及电路两个节点的电压损耗分贝等,其量程可以自动调整。

4.1.1　数字万用表的图标和面板

　　单击“Simulate”菜单中的“Instruments”下的“Multimeter”命令后,就选中万用表,这时有一个万用表虚影跟随鼠标移动,其可以放置在电路窗口中所需要的位置,当然也可以通过图 4.2中所示的仪器仪表栏选中万用表。后续的其他虚拟仪器操作与此类似,不再赘述。

　　图 4.3 所示为数字万用表图标和面板。

(a) 数字万用表图标　　　　　　　　　　(b) 数字万用表面板

图 4.3　数字万用表的图标和面板

数字万用表图标上有两个输入端,“＋”为正极,“－”为负极。

数字万用表面板上部为显示窗口,可显示 5 位数字,其他功能按钮说明如下所述。

- A:电流挡。可测量电路中某支路的电流,测量时应将数字万用表串联在支路中。
- V:电压挡。测量电路两节点之间的电压。
- Ω:欧姆挡。可测量电路中两点之间的阻抗,被测节点之间的所有元件当作一个元件网络,测量时需要将万用表并联到被测元件网络两边。
- dB:电压损耗分贝挡。测量电路中两点之间的电压增益或损耗,测量时需要将万用表与两节点并联。

电压损耗分贝计算公式如下:

$$dB = 20 \times \log_{10}\left(\frac{V_o}{V_i}\right)$$

默认计算分贝的标准电压为 1 V,交流直流都可,其值也可以在设置面板中改变。式中,V_o 和 V_i 分别为输出电压和输入电压。

～:交流挡,测量交流电压或电流信号的有效值,测量电压或电流信号中的直流成分都将被虚拟数字万用表滤除,所以测量的结果仅是信号的交流成分。

—:直流挡,测量直流电压或者电流的大小。测量一个既有直流成分又有交流成分的电路的电压平均值时,将一个直流电压表同时并联到待测节点上,分别测量直流电压和交流电压的大小,其值为

$$RMSvoltage = \sqrt{V_{dc}^2 + V_{ac}^2}$$

4.1.2　数字万用表的设置

数字万用表在测量电路的参数时,可能与理论值相差较大或与实际测量的误差较大,这是由于虚拟仪器的参数与理论或实际参数因素相差较大所致。用户可以通过万用表的"set…(设置)"来修改其万用表的电流表内阻、电压表内阻、欧姆表电流及测量范围等参数。

从图 4.4 中可以看出参数设置分为电参数设置和显示设置。电参数设置主要设置电流挡、电压挡和电阻挡测量电流的大小;显示设置用来设置最大量程。图中显示数据均为默认值。

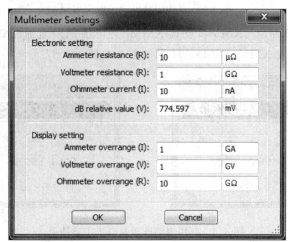

图 4.4　万用表参数设置

设置参数说明如下所述。

- Ammeter resistance(R)：电流挡内阻，测量电流时万用表的内阻，电阻越小，测量的电流越接近理论值。
- Voltmeter resistance(R)：电压挡内阻，测量电压时万用表的内阻，电阻越大，测量的电流越接近理论值。
- Ohmmeter current(I)：电阻挡内阻，测量电阻时施加在电路上的电流大小。
- dB relative value(V)：相对的 dB 电压值，设置电压与分贝的计算标准。
- Ammeter overrange(I)：电流表量程，万用表测量电流的最大范围，超过默认值时面板显示过量程错误。
- Voltmeter overrange(V)：电压表量程，万用表测量电压的最大范围，超过默认值时面板显示过量程错误。
- Ohmmeter overrange(R)：电阻挡量程，万用表测量电阻的最大范围，超过默认值时面板显示过量程错误。

4.1.3 数字万用表的应用示例

在 Multisim 14.0 中，在电路设计窗口区绘制如图 4.5 所示的电路图。

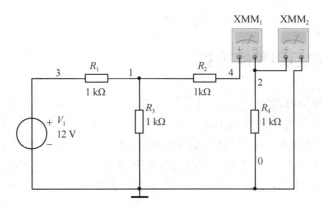

图 4.5 万用表测电压及电流电路

打开数字万用表 XMM_1、XMM_2，设置 XMM_1 为电流挡及直流测试，XMM_2 为电压挡及直流测试，仿真运行后表 XMM_1、XMM_2 结果如图 4.6 所示。

图 4.6 万用表测电压及电流实验结果

4.2　函数信号发生器

函数信号发生器(Function Generator)能产生正弦波、三角波和方波三种不同波形的电压信号源,可以为电路提供常规的交流信号,也可以产生音频和射频信号,并且可以调节输出信号的频率、振幅、占空比和直流分量等参数。

4.2.1　函数信号发生器的图标和面板

单击"Simulate"菜单中的"Instruments"下的"Function Generator"命令后,就会选中函数信号发生器,图 4.7 为函数信号发生器图标及其面板。

XFG₁

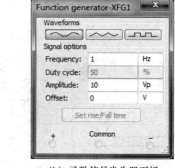

(a) 函数信号发生器图标　　　　　(b) 函数信号发生器面板

图 4.7　函数信号发生器的图标和面板

函数信号发生器面板说明如下所述。

(1) Waveforms(波形类型)区:该区为函数信号发生器所能提供的波形,有正弦波、三角波和方波三种波形的条形按钮,单击就可以选择相应波形。

(2) Signal options(信号参数)区:用于设置当前所选波形的一些相关参数。

- Frequency(频率):设置输出信号的频率,范围为 1 fHz~99 999 999 THz。
- Duty cycle(占空比):设置输出信号的占空比,范围为 1%~99%,正弦波时该选项无效。
- Amplitude(幅值):设置输出信号的幅度,范围为 1 fVp~999 999 TVp。
- Offset(偏置电压):设置偏置电压值,即把正弦波、三角波、方波叠加在设置的偏置电压上输出。
- Set rise/Fall time:设置所要产生信号的上升时间与下降时间,只在方波时有效。

4.2.2　函数信号发生器的连接

函数信号发生器图标有"＋""COM(公共端)""－"三个输出端子与外电路相连,输出电压信号,其连接规则是:

- 连接"＋""COM"端子,输出信号为正极信号,峰-峰值等于 2 倍幅值。

- 连接"COM""－"端子,输出信号为负极信号,峰-峰值等于 2 倍幅值。
- 连接 "＋""－"端子,输出信号的峰-峰值等于 4 倍幅值。
- 连接"＋""COM""－"端子,并将"COM"与公共地相连,输出两个幅度相等,极性相反的信号。

4.2.3 函数信号发生的应用示例

在 Multisim 14.0 中,在电路设计窗口区绘制如图 4.8 所示的电路图。注意,函数信号发生器的"COM"接地,分别从"＋""－"端子输出正弦波。

仿真时,函数信号发生器面板的参数设置如图 4.9 所示。

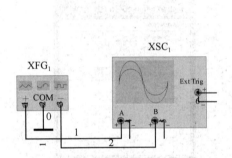

图 4.8 函数信号发生器示例电路图　　图 4.9 函数信号发生器面板的参数设置

打开示波器面板,电路仿真运行后,会发现"＋""－"端子输出波形是都是三角波,但其振幅相同,相位相反,如图 4.10 所示。

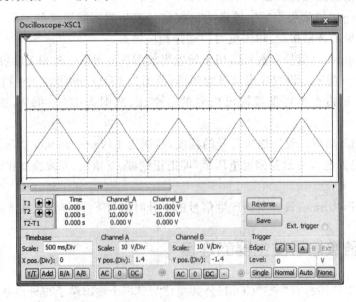

图 4.10 函数信号发生器 "＋""－"端子输出波形

4.3　瓦　特　表

瓦特表(Wattmeter)用来测量电路的功率,交流、直流电路均可测量,功率的大小是流过电路的电流和电压差的乘积,量纲是瓦特,因此瓦特表有 4 个引线端:电压正极和负极,电流正极和负极。

4.3.1　瓦特表的图标和面板

单击"Simulate"菜单中的"Instruments"下的"Wattmeter"命令后,就会选中函数信号发生器,图 4.11 为瓦特表的图标及面板。

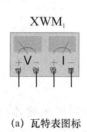

(a)　瓦特表图标　　　　　　　　　　(b)　瓦特表面板

图 4.11　瓦特表的图标和面板

瓦特表的图标中有两级端子,左边为电压端子,与被测量电路并联;右侧为电流端子,与被测量电路串联。

瓦特表的面板说明如下所述。

- 面板上长方形框内所显示的数据为瓦特表所测量电路的功率,其值按下式计算

$$P = UI$$

- Powerfactor(功率因数):显示功率因数,数值范围在 0~1,功率因子是电压与电流之间相位角的余弦值。
- Voltage(电压端子):电压端子有"+""-"两极,测量时,电压输入端与测量电路并联连接。
- Current(电流端子):电流端子有"+""-"两极,电流输入端与测量电路串联连接。

4.3.2　瓦特表的应用示例

在 Multisim 14.0 中的电路设计窗口区绘制如图 4.12 所示的电路图。

仿真运行结果如图 4.13 所示,从图上可以看出,瓦特表的面板不仅可以获取电路功率,还可以获取功率因子。

需要注意的是,在图 4.12 的实验中,如果供灯泡采用 100 V_100 W,供电电压会超出灯泡的额定电压,灯泡会一闪而灭,就如在实际电路中,当电压超过灯泡的额定电压时,灯泡会烧毁一样。

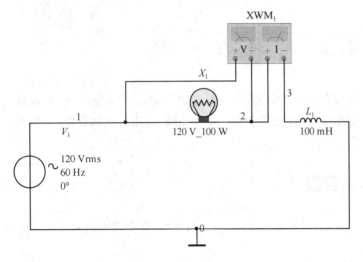

图 4.12　瓦特表用来测量电路的功率　　　　图 4.13　电路运行结果

4.4　示　波　器

示波器是理想的观测波形工具,Multisim 14.0 提供了双通道示波器(Oscilloscope)和四通道示波器(Four-channel Oscilloscope),用户可通过这两种示波器来观测电路中某个节点的瞬间响应波形。

4.4.1　双通道示波器的图标和面板

单击"Simulate"菜单中的"Instruments"下的"Oscilloscope"命令后,就会选中双通道示波器,图 4.14 所示为双通道示波器的图标及面板。

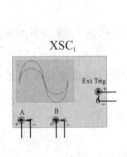

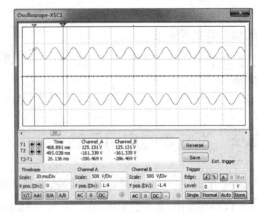

(a) 双通道示波器图标　　　　　　　　　(b) 双通道示波器面板

图 4.14　双通道示波器的图标和面板

由图 4.14(a)可见双通道示波器有通道 A 和通道 B,且两个通道都有正负极,连线时需要注意。

同图 4.14(b)可见双通道示波器的面板可分为波形显示窗口、通道设置、时基设置、触发设置和数值读取框等几个部分。在波形显示区有 2 个游标,通过鼠标可以左右移动游标。在波形显示窗口下面有 3 个数值显示窗口,分别显示 2 个游标与小型交叉点的时间刻度、幅度以及 2 个交叉点的时间间隔、幅度差值。

4.4.2　双通道示波器的使用

Multisim 14.0 提供的虚拟双通道示波器的使用与实际实验室用的双通道示波器有点类似,其操作也基本相同,用双通道示波器可以观测一路或两路信号的波形形状,分析被测信号的频率和幅值。

(1) 波形数据显示区

双通道示波器信号波形显示区位于其面板的上部窗口,如图 4.15 所示。

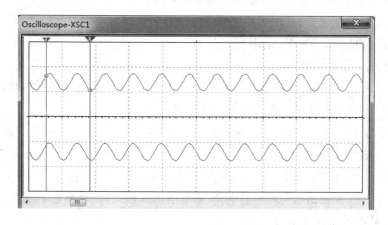

图 4.15　示波器波形数据显示区

信号波形颜色可通过设置 A、B 通道连接导线的颜色来改变。

屏幕背景颜色可通过单击展开面板右下方的"Reverse"按钮,可将背景色由黑色转变为白色。

在动态显示时,单击仿真开关暂停,可通过改变 X position 设置,从而左右移动波形;利用指针拖动显示屏幕下沿的滚动条也可以左右移动波形。

在屏幕上有两条左右可以移动的游标指针,指针上方有三角形标志,通过拖动鼠标器左键可拖动游标指针左右移动,为了测量方便准确,可单击暂停使波形冻结。

(2) 测量数据显示区

示波器数据显示区用来显示指针测量的数据,如图 4.16 所示。

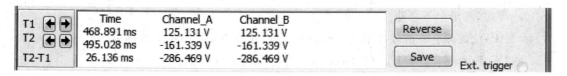

图 4.16　示波器数据显示区

示波器数据显示区左侧数据区表示 1 号游标指针所测信号波形的数据。T1 表示 1 号游标指针离开屏幕最左端(时基线零点)所对应的时间,时间单位取决于 Timebase 所设置的时间单位。Channel_A、Channel_B、分别表示 1 号读数指针测得的通道 A、B 的信号幅度值,其值为电路中测量点的实际值,与 X、Y 轴的 Scale 设置值无关。

示波器数据显示区中间数据区表示 2 号游标指针所在位置测得的数值。T2 表示 2 号游标指针离开时基线零点的时间值。Channel_A、Channel_B 分别表示 2 号读数指针测得的通道 A、通道 B 的信号幅度值。

示波器数据显示区右侧数据区中,T2-T1 表示 2 号游标指针所在位置与 1 号游标指针所在位置的时间差值,可用来测量信号的周期,脉冲信号的宽度、上升及下降时间等参数。

- Reverse 可用来设置背景颜色,可将背景色由黑色转变为白色。
- Save 可用来存储读数指针测量的数据。

(3) Timebase(时基)

Timebase 区主要用来进行时基信号的控制与调整。

- Scale:X 轴刻度选择,其用来控制在示波器显示信号时横轴每一格所代表的时间,数值单位为“时间单位/DIV”,范围为 1 fs 到 1 000 Ts。单击 Scale 右侧的 X 轴刻度文本框,将弹出上/下按钮,从而选择合适的时间基准。
- X pos.Div:用来调整时间基准的起始点位置,即控制信号在 X 轴的偏移位置,调整的范围为-5～$+5$,负值使起点向左移动,正值使起点向右移动。
- Y/T:表示 Y 轴显示 A、B 通道随着时间变化的波形,X 轴显示时间刻度,此为打开示波器后的默认显示方式。
- Add:表示 X 轴按设置时间显示,而 Y 轴方向显示 A、B 通道的输入信号之和。
- B/A:表示将 A 通道信号频率作为 X 轴基准扫描信号,比较 B 和 A 通道信号的频率相位等参数的关系的显示方式。
- A/B:表示将 B 通道信号频率作为 X 轴基准扫描信号,比较 A 和 B 通道信号的频率相位等参数的关系的显示方式。
- B/A、A/B 主要用于李莎育图形法测量频率和相位,以及一些需要显示电压关系的图形测量。

(4) Chanel A(通道)

Chanel A 区主要用来设置 Y 轴方向 A 通道输入信号的标度。

- Scale:Y 轴的刻度选择,用来控制示波器显示信号时,Y 轴每一格所代表的电压刻度,单位为“电压/Div”,范围为 1 fv 至 1 000 Tv。该参数主要用于在信号的显示时,对输出信号的幅值进行改变,以便能在示波器的显示屏上观察到完整的波形。
- Y pos.Div:用来调整波形在 Y 轴上偏移位置,其值大于零时,波形向上移动;其值小于零时,波形向下移动。
- AC:交流耦合。滤除显示信号的直流部分,仅仅显示信号的交流部分。
- DC:直流耦合。将显示信号的直流部分与交流部分作和后进行显示。
- 0:没有信号显示,输出端接地。

(5) Chanel B(通道)

用来设置 Y 轴方向 A 通道输入信号的标度,设置参数与 Chanel A 相同。

（6）Trigger（触发方式）

该区用来设置触发方式。

- Edge：触发边沿的选择，可将输入信号的上升沿或下降沿设为触发方式。
- Level：触发电平，用于选择触发电平电压的大小。
- Single：选择单脉冲触发。
- Normal：选择普通脉冲触发。
- Auto：触发信号不依赖外部信号。

4.4.3　双通道示波器的应用示例

在 Multisim 14.0 中的电路设计窗口区绘制如图 4.17 所示的电路图。

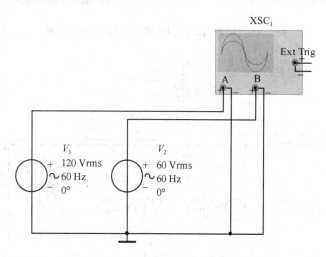

图 4.17　双通道示波器测试电路

　　仿真时双通道示波器参数设置如图 4.14(b)所示，运行后会在波形显示区显示波形，注意 1 号与 2 号游标指针既可用鼠标拖动，也可用键盘上的左右方向键来调整，1、2 号游标指针所测的数据会显示在示波器数据显示区。

4.4.4　四通道示波器的图标、控制旋钮和面板

　　单击"Simulate"菜单中的"Instruments"下的"Four-channel Oscilloscope"后，就会选中四通道示波器，如图 4.18 所示。四通道示波器与双通道示波器的使用方法和参数调整基本一样，有 A、B、C、D 四个通道的选择旋钮，当通道控制旋钮拨到某通道时，才能使用和设置该通道。

　　在 Multisim 14.0 中的电路设计窗口区绘制如图 4.19 所示电路图。

　　仿真运行后，显示结果如图 4.20 所示，对于四个通道的波形在 Y 轴上的位置，可在选中某个通道后对其进行调整，1 号与 2 号游标所对应的游标线所选中的圆形标志只对应当前所选通道的波形曲线。

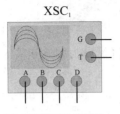

(a) 四通道示波器图标

(b) 四通道示波器控制旋钮

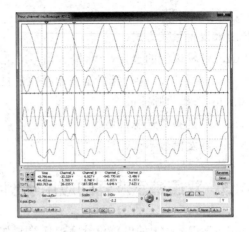

(c) 四通道示波器面板

图 4.18　四通道示波器的图标、控制旋钮和面板

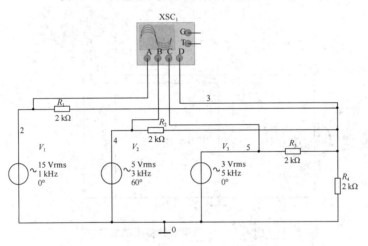

图 4.19　四通道示波器电路

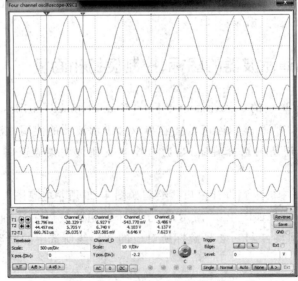

图 4.20　四通道示波器仿真结果

4.5　波特测试仪

波特测试仪(Bode Plotter)可以方便地测量和显示电路的频率响应,适合分析电路的频率特性,特别易于观察截止频率。波特测试仪是一种以图形方法显示电路或网络频率响应的虚拟仪器,可以用来测试电路的幅频特性曲线和相频特性曲线。

4.5.1　波特测试仪的图标和面板

单击"Simulate"菜单中的"Instruments"下的"Bode Plotter"命令后,就会选中波特测试仪。图 4.21 所示为波特测试仪的图标及面板。

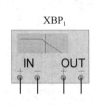

(a) 波特测试仪图标

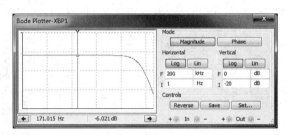

(b) 波特测试仪面板

图 4.21　波特测试仪的图标和面板

波特测试仪图标中的 IN 端"＋"极与电路输入正级相连,"－"极与地相连;OUT 的"＋"极与电路的输出相连,"－"极与地相连。

波特测试仪面板左侧部分为显示区,可显示电路的幅频特性与相频特性曲线。

波特测试仪面板按钮功能及操作如下所述。

(1) MODE 区:该区域用于输出方式的选择。

• Magnitude:用于显示被测电路的幅频特性曲线。

• Phase:用于显示被测电路的相频特性曲线。

(2) Horizontal 区:用于设置 X 轴(水平坐标)显示类型和频率范围。

• Log:水平坐标采用对数的显示格式。

• Lin:水平坐标采用线性的显示格式。

• F:水平坐标(频率)最大值。

• I:水平坐标(频率)最小值。

波特测试仪能产生一定频带范围的扫描信号,其值在 F、I 所设置的值中输入,当频带很宽时,则采用对数格式比较合适。

(3) Vertical 区:用于设置 Y 轴(垂直坐标)显示类型和频率范围。

• Log:垂直坐标采用对数的显示格式。

• Lin:垂直坐标采用线性的显示格式。

• F:垂直坐标(分贝)最大值。

• I:垂直坐标(分贝)最小值。

在用波特测试仪测量电路的幅频特性曲线和相频特性曲线时,Vertical 区的 F、I 应该合理设置,以便观测出完整的曲线,但需要注意的是当测量电路的相频特性曲线时,垂直坐标始终是线性的。

(4) Controls 区。

• Reverse:将显示区的背景色在黑色与白色之间相互转换。

• Save:将测量结果以 BOD 格式存储。

• Set:设置扫描分辨率。

波特测试仪面板中可通过鼠标拖动或键盘上的左右方向键来移动游标,并在面板最下边显示游标线与特性曲线相交点的相频或幅频数值。

4.5.2　波特图示仪的应用示例

在 Multisim 14.0 中,在电路设计窗口区绘制如图 4.22 所示的电路图。

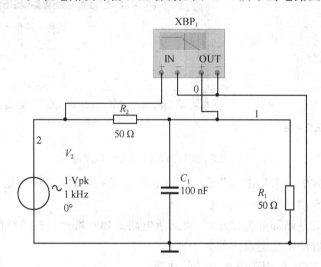

图 4.22　波特图示仪电路

仿真运行后,幅频特性曲线如图 4.21(b)所示,相频特性曲线如图 4.23 所示。

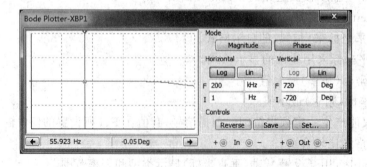

图 4.23　波特图示仪相频特性曲线

4.6 频率仪

频率仪(Frequency Counter)可以测量电路的频率、周期、相位、脉冲信号的高低频时间宽度和脉冲信号的上升、下降沿等。

4.6.1 频率仪的图标和面板

单击"Simulate"菜单中的"Instruments"下的"Frequency Counter"命令后,就会选中频率仪。图4.24所示为频率测试仪的图标及面板。

(a) 频率测试仪图标　　　　　　　　　(b) 频率测试仪面板

图4.24　频率测试仪的图标和面板

频率仪的使用很简单,只需要将接线符号接到电路中,打开仪器板进行测量。

频率仪的面板功能如下所述。

(1) Measurement区:用于参数测量设置。

- Freq:测量频率。
- Pulse:测量正负脉冲宽度。
- Period:测量脉冲信号的上升沿和下降沿。

(2) Coupling(耦合)区:用于选择电流耦合方式。

- AC:仅显示信号中交流成分。
- DC:显示信号交流加直流成分。

(3) Sensitivity(电压灵敏度)区:用于灵敏度的设置,在对话框中可输入电压灵敏度,并进行单位设置。

(4) Trigger Level区:用于电平值触发单位设置,当输入波形的电平达到触发电平设置的数值时,才开始测量。

4.6.2 频率仪的应用示例

频率仪只有一个输入端用来连接电路,测试时输入信号必须大于触发电平才能进行测量,测量结果与函数发生器的输出频率一致。

图4.25为频率仪的电路及其仿真结果。

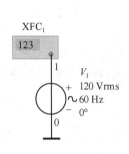

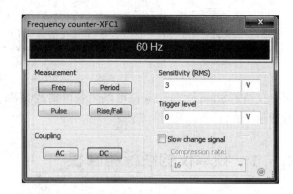

图 4.25　频率仪电路及其仿真结果

4.7　字信号发生器

字信号发生器(Word Generator)是面向数字系统的一种虚拟仪器,是可产生 32 路同步逻辑信号的一个多路逻辑信号源,可用于数字逻辑电路的测试,是一个通用的字符输入编辑器。

4.7.1　字信号发生器的图标和面板

单击"Simulate"菜单中的"Instruments"下的"Word Generator"命令后,就会选中字信号发生器,字信号发生器图标和面板如图 4.26 所示。

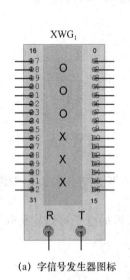

(a) 字信号发生器图标

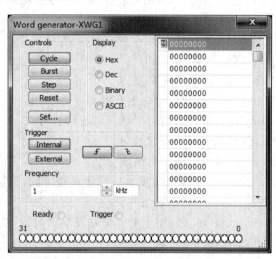

(b) 字信号发生器面板

图 4.26　字信号发生器的图标和面板

字信号发生器图标说明如下:

字信号发生器图标上左右两侧各有 16 个端口,分别为 0 到 15 和 16 到 31 共 32 个信号输出端,每一个端子都可作为其他数字电路的输入。下面的 R(Ready)端为信号准备好标志端,其用于输出与字信号同步时钟脉冲;T(Trigger)端为外触发信号端,用于接外部触发信号。

字信号发生器面板说明如下所述。

Control 区：输出字符控制区，用来设置字信号发生器右侧字符区的信号的输出方式，有 Cycle、Burst、Step 三种形式。

- Cycle：数字信号在设置地址初始值到终止值之间循环输出。
- Burst：数字信号从设置地址初始值逐条输出，直到终止值时自动停止。
- Step：单击鼠标一次输出一条数字信号。
- Set…：单击打开后如图 4.27 所示，在此主要设置和保存信号变化的规律，或调用以前数字信号变化规律的文件。

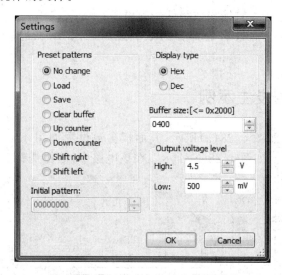

图 4.27　Settings 对话框

Settings 对话框各选项及参数说明如下所述。

① Preset patterns 区：用于设置当前模式下的一些相关参数。

- No change：保持原有的设置。
- Load：调用以前设置的字符信号的变化规律的文件。
- Save：保存当前所设置字符信号的变化规律为文件，以便于读取（Load）。
- Clear buffer：将右侧字符编辑显示区的字信号清零。
- Up counter：右侧字符编辑显示区中的数字信号以加 1 的形式递增。
- Down counter：右侧字符编辑显示区中的数字信号以减 1 的形式递减。
- Shift right：右侧字符编辑显示区的数字信号以左移方式进行编码。
- Shift left：右侧字符编辑显示区的数字信号以右移方式进行编码。

② Initial pattern 区：用于设置当前数字信号编码的初始值。

③ Display type 区：设置字符编辑显示区的数字信号显示格式，有 Hex 和 Dec 共两种格式。

- Hex：十六进制。
- Dec：十进制。

④ Buffer size：设置字符编辑显示区的缓冲区大小。

⑤ Out voltage level 区：设置输出电压级。

- High：高电压设置。
- Low：低电压设置。

⑥ Display 区：可选择数字信号进制数。

• Hex：数字信号缓冲区内的数字信号以十六进制数显示。

• Dec：数字信号缓冲区内的数字信号以十进制数显示。

• Binary：数字信号缓冲区内的数字信号以二进制数显示。

• ASCII：数字信号缓冲区内的数字信号以 ASCII 码显示。

⑦ Trigger 区：用于选择触发方式。

• Internal：选择内部触发方式。

• External：选择外部触发方式。

⑧ Frequency 区：用于设置输出数字信号的频率。

⑨ 字符编辑显示区：面板右边部分为数字显示区，显示二进制、八进制、十六进制及 ASCII 码。

4.7.2　字信号发生示例

字信号发生器示例如图 4.28(a)所示，其面板参数设置如图 4.28(b)所示，面板控制区 (Controls)中的设置(Set)如图 4.28(c)所示。在该电路中，电压探针 X_1 到 X_8 会随着十六进制数的增加而变化。

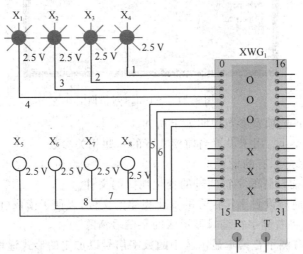

(a) 电路图

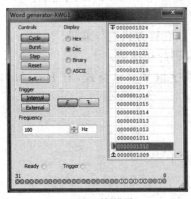

(b) 面板设置

(c) Settings设置

图 4.28　字信号发生器示例电路及相关参数设置

4.8　逻 辑 转 换 仪

逻辑转换仪(Logic Converter)是 Multisim 软件特有的仪器,能够完成真值表、逻辑表达方式和逻辑电路三者之间的相互转换,目前在现实应用中还不存在与之对应的设备。

4.8.1　逻辑转换仪的图标和面板

单击"Simulate"菜单中的"Instruments"下的"Logic Converter"命令后,就会选中逻辑转换仪,图 4.29 所示为逻辑转换仪的图标及面板。

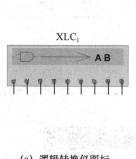

(a) 逻辑转换仪图标　　　　　　　　　　(b) 逻辑转换仪面板

图 4.29　逻辑转换仪的图标和面板

逻辑转换仪图标中有 9 个引脚端,从左到右前面 8 个(A 至 H)为数字信号输入端,最后一个为输出端 OUT。

逻辑转换仪面板说明如下所述。

(1) 真值区:A~H 为输入变量,OUT 为输出变量,单击鼠标左键可选取变量,变量下方为真值显示区。

(2) 逻辑式输入与显示区:面板最下方长形框为逻辑式输入与显示区,可在此输入逻辑式,注意非输入时为"'",例如非 A 为"A'"。

Conversions 区:

⊡→\|0\|\|:逻辑图转换为真值表。

\|0\|\|→A\|B:真值表转换为逻辑式。

\|0\|\| SIMP A\|B:真值表转换为最简逻辑式。

A\|B→\|0\|\|:逻辑式转换为真值表。

A\|B→⊡:逻辑式转换为逻辑图。

A\|B→NAND:用与非门实现逻辑式。

4.8.2　逻辑转换仪的应用示例

下面将从逻辑图转换为真值表、真值表转换为逻辑式、真值表转换为最简逻辑式、逻辑式转换为真值表、逻辑式转换为逻辑图、用与非门实现逻辑式等方面进行举例说明。

（1）逻辑图转换为真值表

在电路设计窗口区绘制如图 4.30(a)所示电路,仿真时单击"逻辑电路图转换为真值表"按钮,转换结果如图 4.30(b)所示。

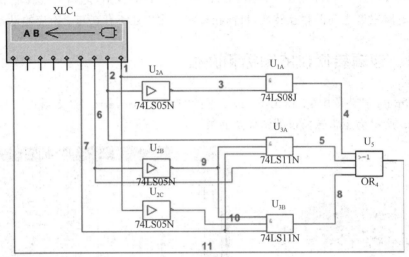

(a) 逻辑电路

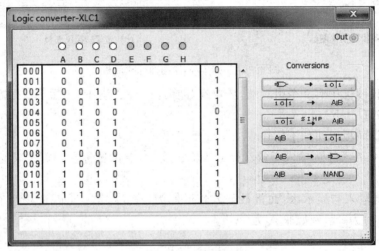

(b) 由逻辑电路转换为真值表

图 4.30　逻辑图转换为真值表

（2）真值表转换为逻辑式

打开逻辑转换仪面板,并选取 3 个变量 A、B、C,并指定输出值,注意"X"表示可为 0 或 1,单击"真值表转换为逻辑式"按钮,则会在面板下方对话框中显示该真值表所对应的逻辑式,如图 4.31 所示,其结果为 $A'B'C + AB'C + ABC$。

（3）真值表转换为最简逻辑式

在图 4.31 所示逻辑转换仪面板中,单击"真值表转换为最简逻辑式"按钮,则将真值表转换为最简逻辑式显示,如图 4.32 所示,最简逻辑式为 $B'C + AC$。

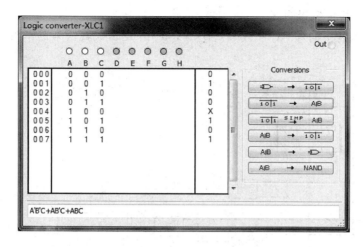

图 4.31 真值表转换为逻辑式

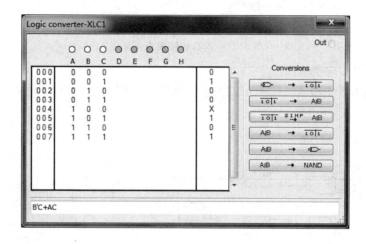

图 4.32 真值表转换为最简逻辑式

（4）逻辑式转换为真值表

在逻辑式输入区中输入 $AC'+ABC+B'C$，并单击"逻辑式转换为真值表"按钮，转换结果如图 4.33 所示。

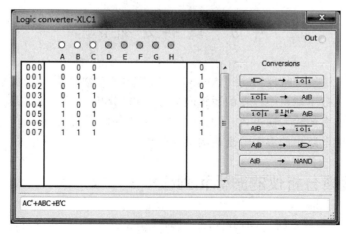

图 4.33 逻辑式转换为真值表

（5）逻辑式转换为逻辑图。

在逻辑式输入区中输入 $AC'+ABC+B'C$，并单击"逻辑式转换为逻辑图"按钮，转换结果如图 4.34 所示。

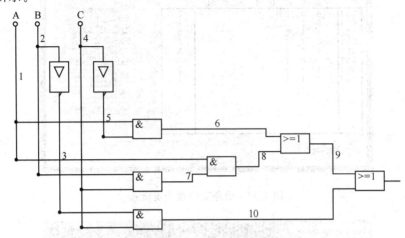

图 4.34　逻辑式转换为逻辑图

（6）用与非门实现逻辑式。

在逻辑式输入区中输入 $AC'+ABC+B'C$，并单击"用与非门实现逻辑式"按钮，转换结果如图 4.35 所示。

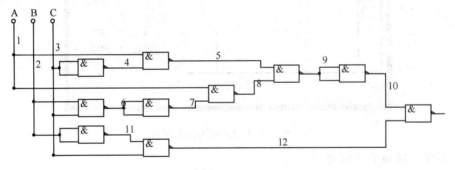

图 4.35　用与非门实现逻辑式

4.9　逻辑分析仪

在电路测试中，逻辑分析仪（Logic Analyzer）通常用于对数字逻辑信号的调整采集和时序分析，以便及时发现数字电路中存在的逻辑问题等，逻辑分析仪可同步记录和显示 16 路数字信号，因为其有足够多的输入通道，能同时观测很多路数据流信息或控制信息，具有直观而灵活的方式，便于数字电路中的多个输出端的动态分析。

4.9.1　逻辑分析仪的图标和面板

单击"Simulate"菜单中的"Instruments"下的"Logic Analyzer"命令后，就会选中逻辑分析仪，逻辑分析仪图标和面板如图 4.36 所示。

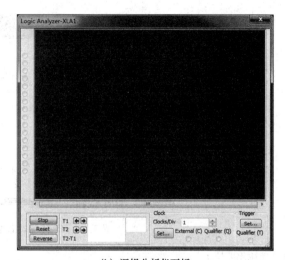

XLA₁

(a) 逻辑分析仪图标　　　　　　　　　　　(b) 逻辑分析仪面板

图 4.36　逻辑分析仪图标和面板

逻辑分析仪图标上左侧从上至下 16 个端子是逻辑分析仪的输入信号端子,使用时连接到其他电路的测量点。

逻辑分析仪面板分为上下两部分,上部分为信号显示区,下部分为控制区,说明如下所述。

(1) 信号显示区

显示相应输入端的信号波形。

(2) 控制区

- Stop:停止。
- Reset:复位。
- Reverse:将显示区的背景色在黑色与白色之间相互转换。

(3) 读数指针显示区

- T1:指针 1。表示户数指针 1 相对于时间基线零点的时间。
- T2:指针 2。表示户数指针 2 相对于时间基线零点的时间。
- T2- T1:两个计数指针之间的时间差。

(4) Clock 区

- Clocks/Div:设置在显示屏上每个水平刻度显示的时钟脉冲数。
- Set…:设置时钟脉冲,如图 4.37 所示。

其中:

① Clock source 区:用于时钟脉冲设置。

- External:由外部取得脉冲信号。
- Internal:由内部取得脉冲信号。

② Clock rate 区:设置脉冲信号频率。

③ Sampling setting 区:

- Pre-trigger samples:设置前沿触发取样数。
- Post-trigger samples:设置后沿触发取样数。
- Threshold volt.(V):设定门限电压。

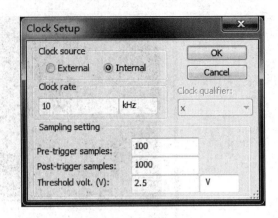

图 4.37　时钟脉冲设置

（5）Trigger 区：

该区是用来设置触发方式，单击"Set…"打开触发方式对话框可进行相关参数设置，如图 4.38 所示。

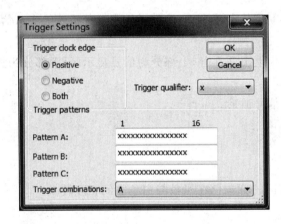

图 4.38　时钟脉冲设置

其中：

① Trigger clock edge 区：用于设置时钟脉冲用上升还是下降沿触发。

- Positive：上升沿触发。
- Negative：下降沿触发。
- Both：升、降沿触发。

② Trigger patterns 区：

- Pattern A：设置触发字。
- Pattern B：设置触发字。
- Pattern C：设置触发字。
- Trigger combinations：选择组合触发方式，共 21 种。
- Trigger qualifier：选择触发限定字，有 0、1、X 选项。0 表示输入为零时开始采样；1 表示输入为 1 时开始采样，X 表示只要有信号逻辑分析仪就采样。

4.9.2 逻辑分析仪的应用示例

在 Multisim 14.0 中的电路设计窗口区绘制如图 4.39 所示的电路图。

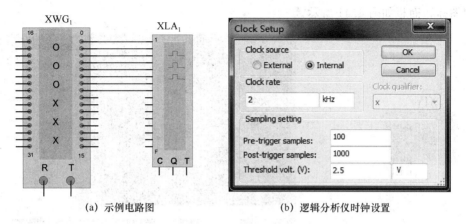

(a) 示例电路图　　　　　　　　(b) 逻辑分析仪时钟设置

图 4.39　逻辑分析仪的示例电路图和时钟设置

字信号发生器按照 1 kHz 的频率循环发送一个递增字符,逻辑分析仪的时钟设置如图 4.39所示(b)所示,仿真结果如图 4.40 所示。

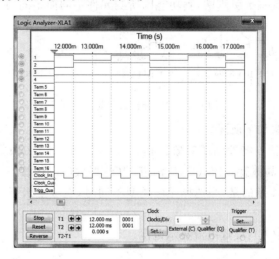

图 4.40　逻辑分析仪示例电路仿真结果

4.10　IV 分析仪

IV 分析仪(IV Analyzer)用来测量二极管、晶体管、PMOS 管、NMOS 管的伏安特性曲线。IV 分析仪相当于实验室的晶体管图示仪,分析时需要晶体管与所在电路完全分开才可与 IV 分析仪进行连接,进而分析晶体管的伏安特性。

4.10.1　IV 分析仪的图标和面板

单击"Simulate"菜单中的"Instruments"下的"IV Analyzer"命令,就会选 IV 分析仪,IV 分析仪图标和面板如图 4.41 所示。

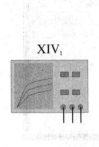

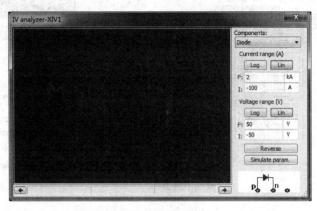

(a) IV分析仪图标　　　　　　　　　　　　　　　(b) IV分析仪面板

图 4.41　IV 分析仪的图标和面板

IV 分析仪图标中有三个引脚端,其功能因所测元件不同而不同,具体如图 4.42 所示。

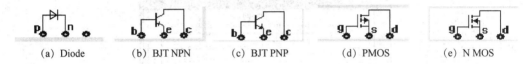

(a) Diode　　　(b) BJT NPN　　　(c) BJT PNP　　　(d) PMOS　　　(e) N MOS

图 4.42　IV 分析仪引脚示意图

IV 分析仪面板说明如下所述。

(1) Components:伏安特性测试对象选择区,可选择 Diode(二极管)、BJT NPN(NPN 晶体管)、BJT PNP(PNP 晶体管)、PMOS(P 沟道 MOS 场效应晶体管)和 N MOS(N 沟道 MOS 场效应晶体管)。需要注意的是,当选择元件类型不同时,面板上最下方会显示所选元件类型对应的连接图示。

(2) Current range(A):设置电流显示范围。

- Log:对数坐标。
- Lin:线性坐标。
- F:电流终止值。
- I:电压初始值。

(3) Voltage range(A):设置电压显示范围。

- Log:对数坐标。
- Lin:线性坐标。
- F:电流终止值。
- I:电压初始值。

(4) 其他。

- Reverse:将显示区的背景色在黑色与白色之间相互转换。
- Simulated param. :仿真参数设置,图 4.43 为图 4.44 电路中的 BJT PNP 仿真设置对话框。

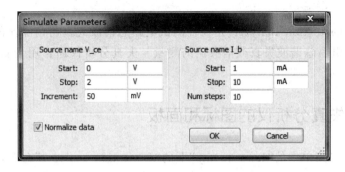

图 4.43　BJT PNP 仿真参数设置对话框

① Source name V_ce 区

- Start:起始电压。
- Stop:终止电压。
- Increment:扫描增量。

② Source name I_b

- Start:起始电压。
- Stop:终止电压。
- Num steps:步长。

其他元器件的仿真参数与 BJT PNP 类似。

4.10.2　IV 分析仪的应用示例

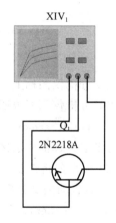

图 4.44　BJT NPN 仿真电路

在 Multisim 14.0 创建一个新文件,并在电路设计窗口区绘制如图 4.44 所示的电路图。

单击 IV 分析仪的 Simulated param. ,对其参数按照图 4.43 进行设置,同时对 IV 分析仪面板上的各参数按照图 4.45 所示进行设置,完成各参数后启动仿真开关,可观测到图 4.45 所示的 BJT NPN 仿真结果。

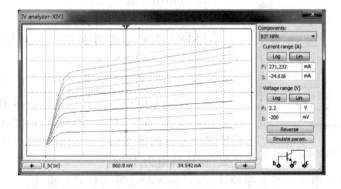

图 4.45　BJT NPN 电路仿真结果

4.11　失真分析仪

失真分析仪(Distortion analyzer)是一种测试电路总谐波失真与信噪比的仪器,在指定的基准频率下,进行电路总谐波失真或信噪比的测量。失真分析仪通常用于测量存在较小失真度的低频信号。

4.11.1　失真分析仪的图标和面板

单击"Simulate"菜单中的"Instruments"下的"Distortion analyzer"命令,就会选中失真分析仪,失真分析仪的图标和面板如图 4.46 所示。

（a）失真分析仪图标　　　　　　　（b）失真分析仪面板

图 4.46　失真分析仪的图标和面板

失真分析仪图标上只一个输入端子 In,连接电路的输出信号即可。

失真分析仪面板说明如下所述。

（1）Total harmonic distortion(THD)

总谐波失真值显示区。

（2）失真分析控制区

Start:启动失真分析。Stop:停止失真分析。

（3）Fundamental freq

设置失真分析的基频。

图 4.47　失真分析仪设置对话框

Resolution freq. :设置失真分析的频率分辨率。

（4）Controls 区

• THD:显示总的谐波失真。

• SINAD:显示信号和噪声之和与噪声失真之和的比率。

• Set…:设置测试参数,如图 4.47 所示。

其中 THD definition 区用来选择总谐波失真的定义方式,有 IEEE 或 ANSI/IEC 两种选择;Harmonic num. 用于设置谐波分析的次数;FFT points 用于设置傅里叶变换的点数,默认数值为 1024。

（5）Display 区:用于设置显示模式,有百分比和分贝两种显示模式。

％：Total harmonic distortion(THD)栏以百分比表示。

dB：Total harmonic distortion(THD)栏以分贝表示。

(6) In：用于连接被测量电路的输出端。

4.11.2　失真分析仪的应用示例

谐波失真用来检测非线性失真的结果，其定义是输入信号经过处理后，在理想情况下输出

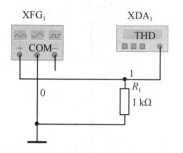

图 4.48　失真分析仪的示例电路

只有基频信号的频带，但由于谐振现象而在原始基波的基础上生成二次、三次及更多次谐波，这些谐波是原始基波信号频率的整数倍，例如 1 000 Hz 的谐波是 1 000 Hz、2 000 Hz、3 000 Hz……总谐波失真是指输出信号（基波和其倍频成分）比输入信号多出的除基频以外谐波成分，通常用百分数来表示。

在 Multisim 14.0 创建一个新文件，并在电路设计窗口区绘制如图 4.48 所示的电路图，函数信号发生器采用方波信号，频率设置为 1 kHz，幅值设置为 10 V，失真分析仪参数设置如图 4.46(b)所示，仿真后其 THD 值（总谐波失真）为 42.902％，该值会随着仿真运行时间的增长而变小。

通常来说，THD 的数值会按照下面公式加以计算。

$$\mathrm{THD}=\frac{\sqrt{v_2^2+v_3^2+\cdots+v_n^2}}{v_f}\times100\%$$

式中，v_n^2 表示 n 次谐波的幅值平方，所以其下标从数字 2 开始；v_f 表示基波幅值。

我们也可以通过对节点 V(1)做傅里叶变换来查看失真结果，单击"Simulate"（仿真）菜单下的"Analyses and simulation"中的"Fourier（傅里叶分析）"命令，这时会弹出如图 4.49 所示的傅里叶分析参数设置对话框，设置 Number of Harmonics（谐波数）为 10，其他参数全部采用默认值，输出 Output 中选择 V(1)节点。

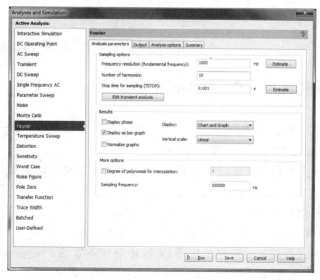

图 4.49　傅里叶参数设置

单击参数设置下的"Run"按钮进行仿真分析,其传真结果如图4.50所示,其中THD值为42.9018%,该值与失真分析仪的读数42.902%非常接近。

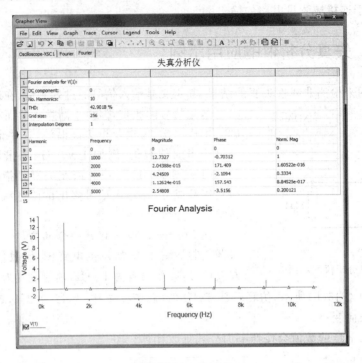

图4.50　傅里叶分析结果

在此仿真过程中,基波频率为1 000 Hz,幅值为12.732 7 V;二次谐波为2 000 Hz,幅值近似为0;其他谐波与此类似,根据Magnitude栏中的幅值及THD公式,可以计算出该电路所对应的THD值约为42.905,与图4.46及图4.50所示的THD值基本接近。

4.12　频谱分析仪

频谱分析仪(Spectrum analyzer)主要用于测量信号所包含的频率及频率所对应的幅度。

4.12.1　频谱分析仪的图标和面板

单击"Simulate"菜单中的"Instruments"下的"Spectrum analyzer"命令,就会选中频谱分析仪,频谱分析仪的图标和面板如图4.51所示。

频谱分析仪图标中有两个端子,IN是输入端子,用来连接电路的输出信号,T是外触发信号输入端子。

频谱分析仪面板说明如下所述。

(1) 面板左边为显示区,显示被测电路中信号的频率特性曲线。

(2) Span control区:用于设置测试频率,直接影响正下方的Frequency的参数设置。

• Set span:选中此选项,可在正文的Frequency区输入频率参数。

• Zero span:选中此选项,频率测试范围由Frequency区中的Center中的参数所决定。

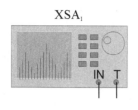

XSA₁

(a) 频谱分析仪

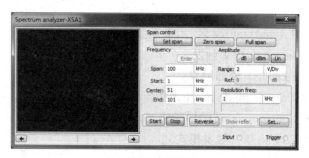

(b) 频谱分析仪面板

图 4.51 频谱分析仪的图标和面板

- Full span：选中此选项，测试频率范围确定为 0～4 GHz，与 Frequency 区中的参数无关。

（3）Frequency 区：设置频率范围。

- Span：设置测试频率变化范围。
- Start：设置测试频率的起始频率。
- Center：设置测试频率的中心频率。
- End：设置测试频率的终止频率。

（4）Amplitude 区：设置纵坐标的显示格式。

- dB：纵坐标采用分贝（$20\log_{10}V$）刻度单位。
- dBm：纵坐标采用分贝毫瓦（$20\log_{10}(V/0.775)$）刻度单位。
- Lin：纵坐标采用线性。
- Range：设置频率分析仪右边频谱显示窗口纵向每格代表幅度多少。
- Ref.：设置参考标准。

（5）Resolution freq 区：设置频率的分辨率。

（6）控制区

- Start：启动频谱分析仪，开始仿真分析。
- Stop：停止频谱分析仪的仿真分析。
- Reverse：使波形显示区的背景颜色在黑白之间转换。
- Show refer.：显示参考值。
- Set…：打开参数设置对话框，如图 4.52 所示。

图 4.52 频谱分析仪 Settings 设置对话框

其中：

① Trigger source 区：用来设置触发源。

• Internal：内部触发。

• External：外部触发。

② Trigger mode 区：用来指定触发模式。

• Continuous：连续触发模式。

• Single：单一触发模式。

③ 其他

• Threshold volt.（V）：设置触发开启电压，大于此值便触发采样。

• FFT points：设置傅里叶采样点数，默认值为 1024 点。

4.12.2 频谱分析仪的应用示例

在 Multisim 14.0 创建一个新文件，并在电路设计窗口区绘制如图 4.53(a)所示的电路。

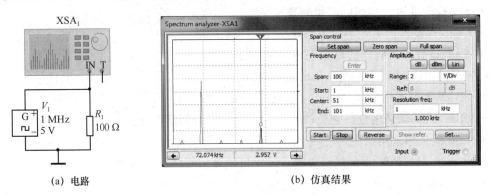

(a) 电路　　　　　　　　(b) 仿真结果

图 4.53　频谱分析电路及其仿真结果

失真分析仪 Settings 设置如图 4.52 所示，其他参数如图 4.51(b)所示。仿真后，该电路的频谱分析图如图 4.53(b)的左侧显示部分。如果需要详细看其值时，可拖动鼠标来移动游标查看其频率和幅值。

4.13　网络分析仪

网络分析仪（Network analyzer）是高频电路中最常用的分析仪器，是仿效现实仪器 HP8751A 和 HP8753E 基本功能和操作的一种虚拟仪器，现实中的网络分析器是一种测试双端口高频电路的 S 参数的仪器。

4.13.1　网络分析仪的图标和面板

单击"Simulate"菜单中的"Instruments"下的"Network analyzer"命令，就会选中网络分析仪，网络分析仪图标和面板如图 4.54 所示。

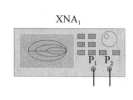

(a) 网络分析仪图标 　　　　　　　　　　　　　(b) 网络分析仪面板

图 4.54　网络分析仪的图标和面板

网络分析仪图标中有两个端子 P_1 和 P_2,分别用来连接电路的输入端口和输出端口。

网络分析仪面板说明如下所述。

(1) 显示区:位于面板的左侧,显示网络分析结果。

(2) Mode 区:用于设置分析模式。

- Measurement:设置网络分析仪为测量模式。

- RF characterizer:设置网络分析仪为射频分析模式。

- Match net. Designer:设置网络分析仪为电路设计模式。

(3) Graph 区:用于设置分析参数及其结果显示模式。

- Param.:选择要分析的参数,包含 S、H、Y、Z 参数和 Stability factor(稳定度)。

- Smith:史密斯格式。

- Mag/Ph:幅度/相位的频率响应图,即波特图模式,可通过 Functions 区的 Scale 设置相关参数。

- Polar:极化图。可通过 Functions 区的 Scale 设置相关参数。

- Re/Im:实数/虚数。可通过 Functions 区的 Scale 设置相关参数。

(4) Trace 区:可选择所要显示的参数,该区会与 Param. 所对应。

(5) Functions 区:用于功能控制。

- Marker:选择显示窗口数据显示的模式,有 3 种,分别为:Re/Im(实部/虚部),以直角坐标模式显示参数;Mag/Ph(Deg)(幅度/相位),以极坐标模式显示参数;dBMag/Ph(Deg)(dB 数/相位):选项设定以分贝的极坐标模式显示参数。

- Scale:选择纵轴刻度。

- Auto scale:程序自动调整刻度。

- Set up:选择显示窗口数据显示的模式,单击该按钮后会打开如图 4.55 所示对话框。该对话框包括 3 个选项卡。

- Trace 选项卡:该选项卡用于设定曲线的属性,在 Trace♯栏里可以指定所要设定的参数曲线,在 Line width 栏里可以设定曲线宽度,在 Color 栏里设定该曲线的颜色,在 Style 栏里指定该曲线的样式。

- Grids 选项卡:该选项卡可以指定网格线的线宽、颜色、样式、刻度文字的颜色、刻度标题文字的颜色等。

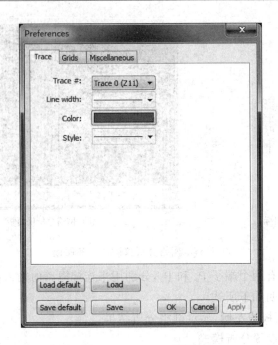

图 4.55 Set up 对话框

- Miscellaneous 选项卡：该选项卡可以指定图框的线宽、图框的颜色、背景颜色、绘制区的颜色、标示文字的颜色、资料文字的颜色。

（6）Settings 区：用于数据管理设置。

- Load：加载专用格式的数据文件。
- Save：保存专用格式的数据文件。
- Export：将数据输出到其他文件。
- Print：打印仿真结果数据。
- Simulation set…：Mode 区中选择 Measurement 时，可设置其仿真参数，如图 4.56 所示。

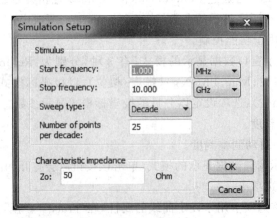

图 4.56 Simulation setup 设置

该对话框各参数说明如下所述。

- Start frequency：用于设定输入信号源的起始频率。

- Stop frequency：用于设定输入信号源的终止频率。
- Sweep type：用于设置扫描模式，有 Decade(十进制)和 Linear(线性)两种模式。
- Number of points per decade：设置每 10 倍频程的采样点数
- Characteristics impedance Zo：设置特性阻抗，默认值为 50 Ω。

当在网络分析仪面板的 Model 区中选择 RF characterizer 时，此时会有 RF param.set 设置选项，打开后会弹出图 4.57 对话框，通过该对话框可对 ZS 和 ZL 值进行设置。

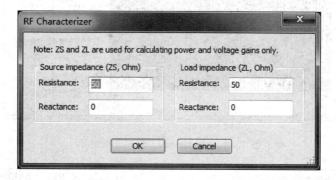

图 4.57　RF characterizer 设置

该对话框各参数说明如下所述。

- Resistance：阻抗。
- Reactance：电抗。

4.13.2　网络分析仪的应用示例

在 Multisim 14.0 创建一个新文件，并在电路设计窗口区绘制如图 4.58 所示的电路图。

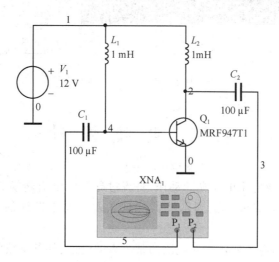

图 4.58　网络分析仪电路

当选择网络分析仪的测量模式为 Measuremen 时，仿真结果如图 4.59 所示。

当选择网络分析仪的测量模式为 RF characterizer 时，仿真结果如图 4.60 所示。

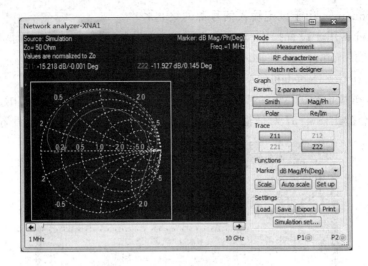

图 4.59　Measuremen 模式分析结果

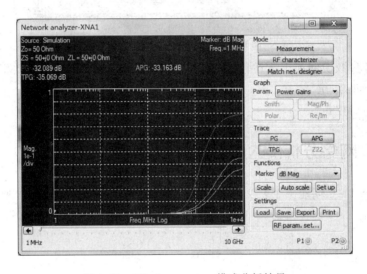

图 4.60　RF characterizer 模式分析结果

4.14　电流探针

　　电流探针是效仿工业应用电流夹的动作,将流过导线的电流转换为电压并通过电流探针输出,将电流探针的输出端可连接到示波器的输入端。电流探针的图标和面板如图 4.61 所示。

　　在电路仿真过程中,电流探针可对电路的某个点的电位、某条支路的电流特性灵活地进行动态测试。

　　测量探针有动态测试和放置测试两种测量方式。动态测试是指在仿真时用电流探针移动到任何点时,会自动显示该点的电信号;而放置测试则在电路仿真之前将电流探针放置在待测目标位置上,仿真时该点自动显示相应的信息。

　　电流探针面板属性设置中,Ratio of voltage to current 为设置的电压电流比率。

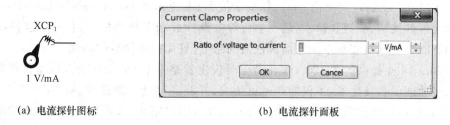

(a) 电流探针图标　　　　　　　　(b) 电流探针面板

图 4.61　电流探针的图标和面板

如图 4.62 连接电路。

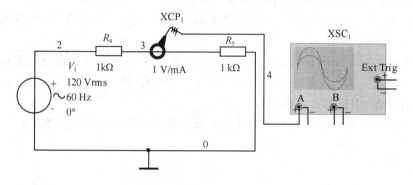

图 4.62　电流探针电路

电路仿真运行后,示波器输出结果如图 4.63 所示。

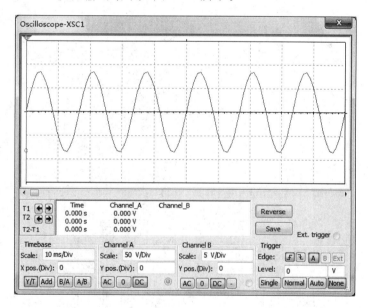

图 4.63　电流探针电路仿真结果

4.15　其他虚拟仪器

其他虚拟仪器有虚拟安捷伦函数信号发生器(Agilent Function Generator)、安捷伦万用表(Agilent Multimeter)、安捷伦 54622D 型示波器、泰克示波器(Tektronix Oscilloscope),这些仪器的面板各按钮、旋钮和输入、输出端口等被设计成和实物面板一模一样,这使我们坐在计算机前就能享受到在实验室操作高级仪器的感觉,且无损坏仪器的担忧。

Multisim 14.0 提供的 33120A 型函数信号发生器是一个 15 MHz 合成频率且具备任意波形输出的多功能函数发生器,不仅能产生正弦波、方波、三角波、锯齿波、噪声源和直流电压六种标准波形,还可以产生系统存储的众多波形以及由用户用 8~256 个点任意描述的波形。

Multisim 14.0 提供虚拟安捷伦万用表(Agilent Multimeter)的面板各按钮、旋钮和输入、输出端口等被设计成和实物万用表 34401A 面板一样,它不仅可以测量电压、电流、电阻、信号周期和频率,还可以进行 dB、dBm、界限测试和最大/最小/平均等功能。

Multisim 14.0 提供的安捷伦 54622D 型示波器是一个具有双通道、16 个逻辑通道、带宽为 100 MHz 的高端示波器。

泰克示波器(Tektronix Oscilloscope)是对泰克公司生产的实际仪器进行虚拟仿真,具有 3D 界面,操作时就如实际仪器一样,Multisim 14.0 提供的泰克示波器是 TDS 2024 示波器,是一个 4 通道,200 MHz 的高性能仪器。

有关这些虚拟仪器的详细使用可参见其他参考书或者该设备的使用手册。

第5章 基本分析方法

Multisim 14.0 提供了 20 余种分析方法,来方便设计电路者对电路的性能进行检测、判断和验证,来衡量所设计的电路性能能否达到设计要求。这些分析方法有些只是一些基本分析,有些却是非常复杂的分析,通常一种分析会是另一种分析的组成。

本章主要介绍怎么利用 Mulitsim 14.0 对电路进行各种不同的分析,如直流工作点分析、交流扫描分析、瞬态分析、参数扫描分析等。通过对大量电路实例进行各种分析,以便掌握各种分析方法中的参数意义,以及查看和分析各种电路的仿真结果。

5.1 概 述

Mulitsim 14.0 可能对仿真得到的数据进行分析,并提供了大量的分析方法,有最基本方法,也有较为复杂的分析方法。如果需要分析所设计的电路性能,只需要启动"Simulate"菜单下的"Analyses and simulation"命令,就可以打开分析方法选择对话框,在对话框左侧选择分析方法,右侧而设置相应的分析参数,输出及分析选项,如图 5.1 所示。

这些分析方法有:交互式仿真分析(Interactive Simulation),直流工作点分析(DC Operating Point)、交流扫描分析(AC Sweep)、瞬态分析(Transient)、直流扫描分析(DC Sweep)、单一频率交流分析(Single Frequency AC)、参数扫描分析(Parameter Sweep)、噪声分析(Noise)、蒙特卡罗分析(Monte Carlo)、傅里叶分析(Fourier)、温度扫描分析(Temperature Sweep)、失真分析(Distortion)、灵敏度分析(Sensitivity)、最差情况分析(Worst Case)、噪声系数分析(Noise Figure)、极点-零点分析(Pole Zero)、传递函数分析(Transfer Function)、线宽分析(Trace Width)、批处理分析(Batched)、用户自定义分析(User-Defined)。

当采用上述这些方法进行电路分析时,需要对当前分析方法的各项参数进行设置;当仿真分析进行时,在系统状态栏的仿真运行指示器中会显示运行状态,直到仿真结束;仿真结束后,可以在仿真分析结果的图示记录仪中查看。

另外,针对不同的分析方法,其参数设置也不相同,但大部分包括 4 个选项卡:Analysis Parameters(分析参数)选项卡、Output(输出)选项卡、Analysis Options(自定义分析)选项卡和 Summary(概述)选项卡。

Analysis Parameters 选项卡:用户单击"Analysis Parameters"按钮进入 Analysis Parameters 页面,该页面中用户可以设置当前分析所需要的参数。

Output 选项卡:用户单击"Output"按钮进入 Output 页面,该页面中用户可以指定具体的分析输出节点及变量。

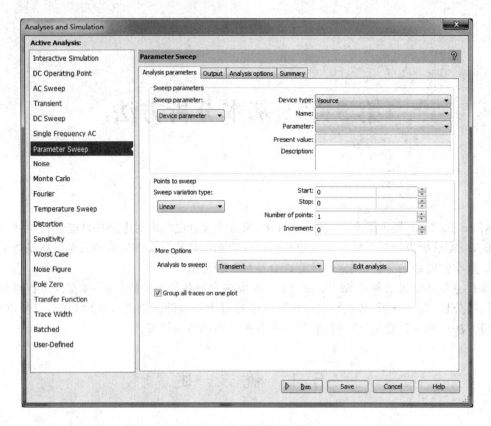

图 5.1　分析仿真对话框

Analysis Options 选项卡：用户单击"Analysis Options"按钮进入 Analysis Options 页面，其中排列了与该分析有关的其他分析选项设置，通常不会改变，保持默认即可；通过该页面，用户也可以用于设定自定义的分析选项等内容。

Summary 选项卡：用户单击"Summary"按钮进入 Summary 页面，该页面中排列了与该分析所设置的所有参数和选项，用户通过检查可以确认这些参数的设置，通常保持默认。

5.2　直流工作点分析

直流工作点分析(DC Operating Point)用于计算电路的静态工作点。也就是说当电路中仅有直流电压源和直流电流源作用时，计算电路中各网络节点上的电压和每条支路上的电流。

在进行直流工作点分析时，电路中的各非线性器件都要进行特殊处理：交流电压源设定为短路，交流电流源设定为开路，电容视为开路，电感视为短路，电路工作在稳态。

直流工作点分析可用于瞬态分析、交流分析、参数扫描分析等。

下面以图 5.2 所示的单管放大电路为例说明直流工作点分析方法。

首先，对单管放大电路进行理论上的分析，直流工作点分析电路时，交流电压源被视为零输出，固定状态保持不变，电容被视为开路，此时，直流工作点分析等效电路如图 5.3 所示。

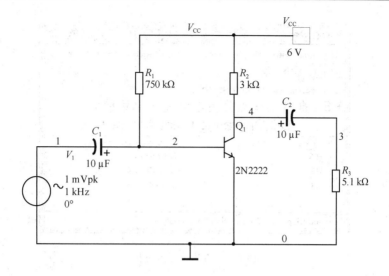

图 5.2　直流工作点分析电路图

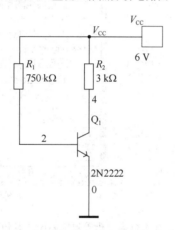

图 5.3　直流工作点分析等效电路

Multisim 14.0 中,直流工作点分析步骤如下所述。

(1) 按图 5.2 所示连接电路后,单击"Simulate"(仿真)菜单下的"Analyses and simulation"中的"DC Operating Point"(直流工作点的分析)命令,这时会弹出交流分析参数设置对话框。

(2) 直流工作点分析设置比较简单,只需要选择需要分析的节点就可以了,在此选择晶体管 2N2222 的集电极和基极进行分析,也就是在 Output 中选择输出节点 V(2)、V(3)和节点 V(4)进行直流工作点分析。

(3) 设置好直流工作点分析参数后,单击"Run"(仿真)按钮就可以得到如图 5.4 所示的直流工作点分析结果。

从图 5.4 仿真结果来看,节点 V(2)值为 624.74750 mV,相当于晶体管 2N2222 的基极到发射极导通,$U_{be} \approx 0.7$ V,而节点 V(3)由于电容 C_2 的存在,其值为零。

(4) 直流工作点分析等效电路仿真,如图 5.5(a)所示放置电压探针,运行结果如图 5.5(b)所示。

由等效电路图的仿真结果来看,节点 V(2)、V(4)的电压值与直流工作点扫描分析结果一致。

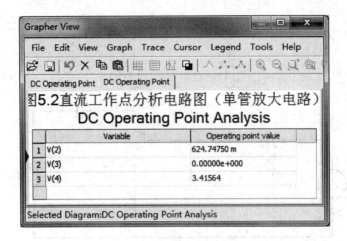

图 5.4　直流工作点分析

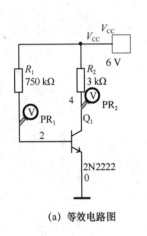

(a) 等效电路图

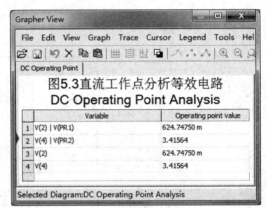

(b) 等效电路图仿真结果

图 5.5　直流扫描分析等效电路图及其仿真结果

5.3　交流扫描分析

交流扫描分析(AC Sweep)用于确定电路的频率响应,可用来分析输出与输入在不同频率时的不同响应,分为幅度与频率的响应关系及相位与频率的响应关系。在交流分析时,直流电源 DC 设定为零,电容和电感采用交流模型进行响应,非线性元器件按照它们的 AC 小信号模型响应,然后由直流工作点的分析结果得到矩阵。无论用户在电路的输入端输入何种信号,只要不是直流电源,在交流扫描分析时系统默认的输入都是正弦波,并且以用户设置的频率范围扫描。

下面以图 5.6 所示电路图为例,来说明交流扫描分析方法。

(1) 按图 5.6 所示电路图连接电路后,单击"Simulate"(仿真)菜单下的"Analyses and simulation"中的"AC Sweep"(交流扫描分析)命令,这时会弹出如图 5.7 所示的交流扫描分析参数设置对话框。

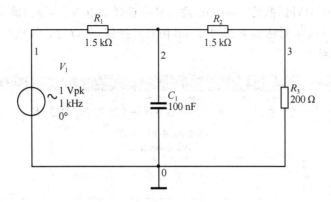

图 5.6　交流分析电路图

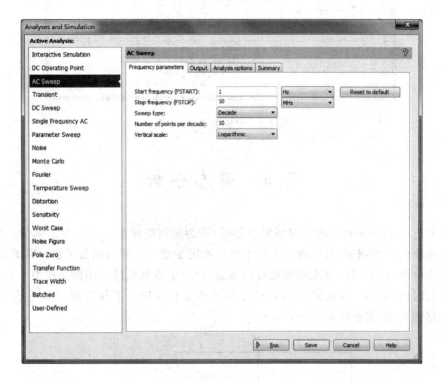

图 5.7　交流扫描分析参数设置对话框

交流扫描分析参数的设置说明如下所述。

- Start Frequency（起始频率）：表示设置频率特性曲线的起始频率。
- Stop Frequency（终止频率）：设置频率特性曲线的终止频率，与起始频率决定了特性曲线的频率范围。
- Sweep Type（X 刻度类型）：表示 X 轴（频率轴）的刻度类型，共有 Liner（线性）、Decade（十倍频程）、Octave（倍频程）供选择。
- Number of Pointer per decade（十倍频程刻度数）：表示每个十倍频程间隔的刻度数。
- Vertical Scale（Y 轴刻度类型）：表示 Y 轴刻度的类型，共有 Logarithmic（对数）、Liner（线性）、Decade（十倍频程）、Octave（倍频程）等几种，通常选择对数和十倍频程。

（2）设置交流扫描分析参数：按照如图 5.7 所示对话框的数值进行设置。

（3）在图 5.7 所示对话框的"Output（输出）"中选择节点 V(3) 作为输出端。

（4）单击图 5.7 所示对话框下面的"Run（仿真）"按钮，可以得到该电路的如图 5.8 所示的交流扫描分析仿真结果。

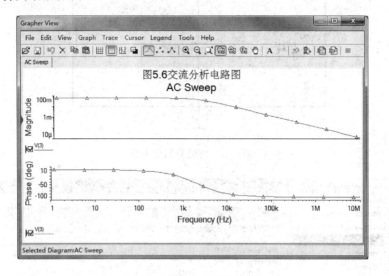

图 5.8　交流扫描分析结果

5.4　瞬态分析

瞬态分析（Transient）又称为时域瞬态分析，作为时间的函数计算电路的响应。瞬态分析用于分析电路的时域响应，分析的结果是电路中指定变量与时间的函数关系。在瞬态分析中，系统将直流电源视为常量，交流电源按时间函数输出，电容和电感采用储能模型。分析电路各节点响应与时间的关系，即电路中的电信号时域的变化规则。下面以图 5.9 所示三点式 LC 振荡器电路图为例，来说明瞬态分析方法。

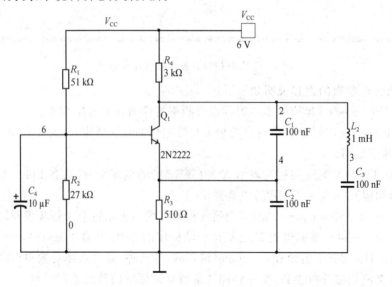

图 5.9　瞬态分析电路

(1) 按图 5.9 所示电路图连接电路后,打开"Simulate"(仿真)菜单下的"Analyses and simulation"中的"Transient"(瞬态分析)命令,这时会弹出如图 5.10 所示的瞬态分析参数设置对话框。

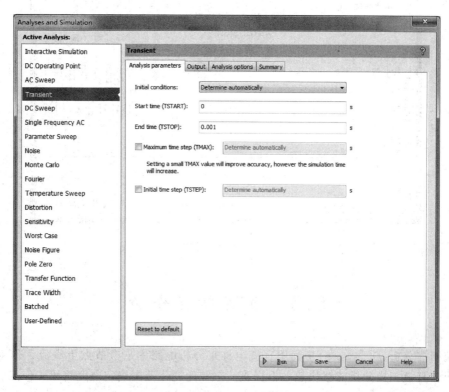

图 5.10 瞬态分析参数设置

瞬态分析参数的设置说明如下所述。

- Initial conditions (设置初始条件):有 Set to zero、User-defined、Calculate DC operating point、Determine automatically 选项。
- Start time(TSTART):瞬态分析起始时间,该值必须大于 0 且小于终止时间。
- End time(TSTORP):瞬态分析终止时间,该值必须大于起始时间。
- Maximum time step(TMAX):设置瞬态分析最大时间步长。
- Initial time step(TSTEP):设置初始时间步长。

(2) 设置瞬态分析参数:按照图 5.10 所示瞬态分析参数对话框的数值进行设置。

(3) 在图 5.10 所示的对话框的"Output(输出)"中选择节点 V(2)作为输出端。

单击图 5.10 所示对话框下面的"Run(仿真)"按钮,可以得到该电路的如图 5.11 所示的瞬态分析结果。

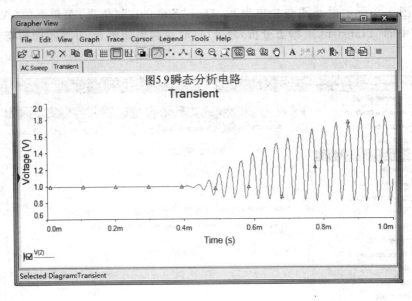

图 5.11 瞬态分析结果

5.5 直流扫描分析

直流扫描分析(DC sweep)是利用直流电源来分析电路中某个节点上直流工作点的数值变化情况。直流扫描分析能够快速地根据直流电源的变化范围确定电路直流工作点。通过该分析可以观察电源电压发生变化时直流工作点的变化情况,从中找出最佳工作电压等。

直流扫描分析时,会执行直流工作点分析;电源增加增量,然后又进行直流工作点分析;另外,直流扫描分析时,电路中的所有电容视为开路,所有电感视为短路。

直流扫描分析前,需要确定扫描的电源是一个还是两个,并确定分析的节点。如果只扫描一个电源,得到的输出节点值与电源值的关系曲线。如果扫描两个电源,则输出曲线的数目等于第二个电源被扫描的点数。第二个电源的每一个扫描值,都对应一个条输出节点值与第一个电源值的关系曲线。

下面以图 5.12 所示电路图为例,来说明直流扫描分析方法。

(1) 按图 5.12 所示电路图连接电路后,单击“Simulate”(仿真)菜单下的“Analyses and simulation”中的“DC sweep”(直流扫描分析)命令,这时会弹出如图 5.13 所示的直流扫描分析参数设置对话框。

直流扫描分析参数的设置说明如下所述。

- Source(源):设置用于扫描的直流源,图示电路中仅有一个直流电压源 V_{CC}。
- Start Value(起始数值):表示直流扫描的起始电压。
- Stop Value(停止数值):表示直流扫描的终止电压。
- Increment(增量):电压增量,表示从起始电压到停止电压中每间隔多少电压分析一次。

需要注意的是直流扫描分析参数设置中,当有两个源时,可对 Use source2 加以选择并设置,其参数设置说明如 source1。

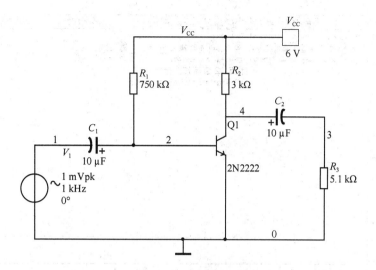

图 5.12 直流扫描分析电路

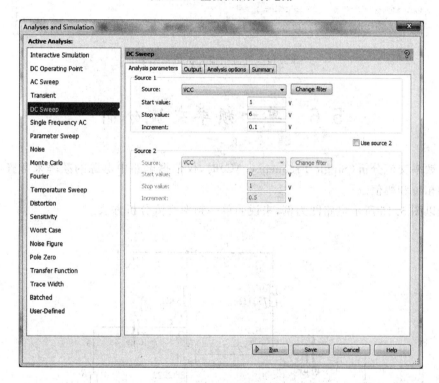

图 5.13 直流扫描分析参数设置对话框

（2）设置直流扫描分析参数：按照图 5.13 所示对话框的数值进行设置。

（3）在图 5.13 所示的对话框的"Output（输出）"中选择节点 V（2）、V（4）作为输出端。

单击图 5.13 所示对话框下面的"Run（仿真）"按钮，可以得到该电路的如图 5.14 所示的直流扫描分析结果。

在直流扫描分析时，因为只有一个直流电源 V_{CC}，所以在 Source1 中选择 V_{CC}，其中上一条曲线是节点 1，即输出直流电压 V_{CE} 随 V_{CC} 变化曲线，随着输出变量节点为选择图中曲线节点 V（4），即输出直流电压 V_{CE} 随 V_{CC} 变化曲线，下面直线是直流电压 V_{BE} 随 V_{CC} 变化曲线。

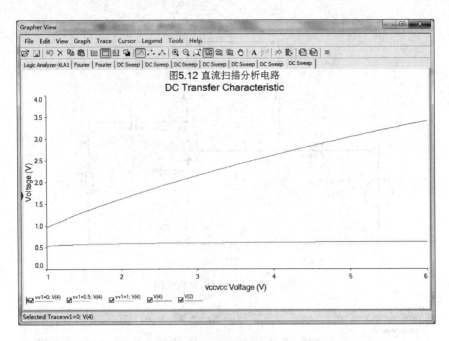

图 5.14　直流扫描分析仿真结果

5.6　单一频率交流分析

单一频率交流分析(Single Frequency AC)时,仅依据电路中电源的频率来考查电路中某个节点的相位和幅值。

下面以图 5.15 所示电路图为例,来说明单一频率交流分析方法。

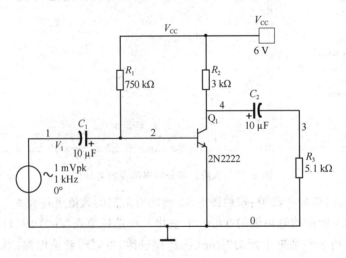

图 5.15　单一频率交流分析电路

(1) 按图 5.15 所示电路图连接电路后,单击"Simulate"(仿真)菜单下的"Analyses and simulation"中的"Single Frequency AC"(单一频率交流分析)命令,这时会弹出如图 5.16 所示的单一频率交流分析设置对话框。

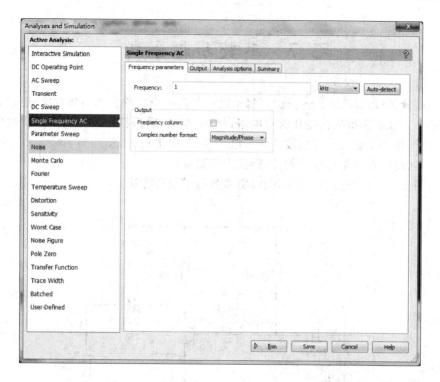

图 5.16　单一频率交流分析参数设置对话框

单一频率交流分析参数的设置说明如下所述。

- Frequency(频率)：设置电路中的电源频率，可用 Auto-detect 来检测电路中的电源频率。
- Frequency column(频率柱)：设置是否在结果中显示频率柱。
- Complex number format：设置复合数字格式，有两种选项，Real/Imaginary(实部/虚部)和 Magnitude/Phase(幅值/相位)。

（2）设置单一频率交流分析参数：按照图 5.16 所示对话框的数值进行设置。

（3）在图 5.16 所示的对话框的"Output(输出)"中选择节点 V(4)作为输出端。

单击图 5.16 所示对话框下面的"Run(仿真)"按钮，可以得到该电路的如图 5.17 所示的直流扫描分析结果。

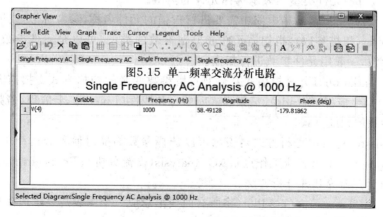

图 5.17　单一频率交流分析仿真结果

5.7 参数扫描分析

参数扫描分析(Parameter Sweep)可将电路中任何一个元件作为扫描对象,通过对电路中某一元件的参数在一定范围内变化时对电路直流工作点、瞬态特性及交流频率特性所产生的影响进行分析,相当于该元件每次取不同的值,进行多次仿真、比较。

参数扫描分析时,如果有数字器件,则视为高阻接地。

下面以图 5.18 所示电路图为例,来说明参数扫描分析方法。

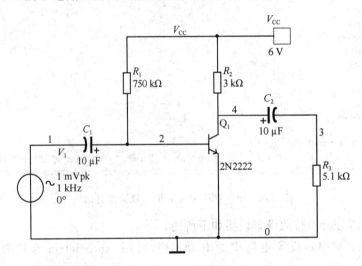

图 5.18 参数扫描分析电路

(1) 按图 5.18 所示电路图连接电路后,单击"Simulate"(仿真)菜单下的"Analyses and simulation"中的"Parameter Sweep"(参数扫描分析)命令,这时会弹出如图 5.19 所示的参数扫描分析参数设置对话框。

参数扫描分析参数的设置说明如下所述。

- Sweep Parameter(扫描的参数):表示扫描的参数是元件参数(Device Parameter)还是元件模型的参数(model parameter)。
- Device Type(元件类型):表示选择元件的类型。
- Name(元件/模型名):指电路中需要进行扫描的元件名称(参考标号)或模型名。
- Parameter(扫描参数):指扫描元件或模型参数的类型,可以是元件参数、模型参数或温度参数,一般用元件参数进行扫描。
- Sweep Variation Type(扫描变差类型):指参数变量的扫描方式。扫描方式分为列表式(List)、十倍程(Decade)、倍频程(Octave)和线性(Liner)。十倍程、倍频程和线性是 X 轴参数的刻度方式。
- Analysis to Sweep(分析方式):表示可以选择参数扫描对何种分析产生影响。有 DC Operating Pointer(直流工作点)、AC Analysis(交流分析)、Transient Analysis(瞬态分析)、嵌套扫描等几种分析方法。
- Group All Traces on One Plot(将所有曲线汇总成一个图表):表示选择将分析结果分别显示还是显示在一张图表中。

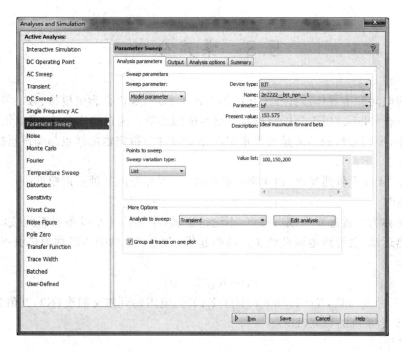

图 5.19　参数扫描分析参数设置

（2）设置参数扫描分析的分析参数：按图 5.19 所示参数扫描分析的参数设置对话框的数值设置。

（3）在图 5.19 所示的对话框的"Output（输出）"中选择节点 V(3)作为输出端。

（4）单击图 5.19 所示对话框下面的"Run（仿真）"按钮，可以得到如图 5.20 所示的参数扫描分析仿真结果。该图显示了晶体管 BF 参数值为 100、150、200 时，节点 V(3)的电压输出波形。

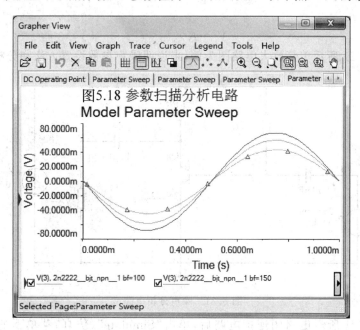

图 5.20　参数扫描分析仿真结果

5.8 噪声分析

电路中的电阻和半导体器件在工作时都会产生噪声,噪声会影响模拟、数字等系统的传输特性。噪声分析(Noise)用于分析噪声对电路性能的影响。通过噪声分析,可以定量分析电路中噪声的大小,噪声分析的结果是每个指定电路元器件对指定输出结点的噪声贡献,用噪声谱密度函数表示。

Multisim 14.0 提供热噪声(白噪声)、散弹噪声、闪烁噪声三种噪声模型。

(1)热噪声

热噪声又称为约翰逊噪声或白噪声,不论是金属,半导体还是其他材料组成的电阻,由于材料内部的热运动,会导致电阻载流子运动的起伏,由此产生的噪声都称为热噪声。热噪声的能量如下式:

$$P = K \times T \times BW$$

式中,K 为玻耳兹曼常数,$K = 1.38 \times 10^{-23}$ J/K;T 为电阻的开尔文温度(K),其值为 $T = 273 +$ 摄氏温度;BW 为系统的频宽(Hz)。

(2)散弹噪声

散弹噪声主要由电流在半导体中流动产生,是半导体器件的主要噪声。它是由单位时间内通过 PN 结的载流子数目随机起伏而造成的。人们将这种现象比喻为靶场上大量射击弹着点对靶中心的偏离,故称为散弹噪声。电路中常见二极管的散弹噪声公式如下:

$$i = \sqrt{(2q \times I_{DC} \times BW)}$$

(3)闪烁噪声

闪烁噪声通常由 BJT 和 FET 器件在低于 1 kHz 以下工作时产生,又称为粉红噪声,可用下式表示:

$$V^2 = K \times I_{DC} / f$$

下面以图 5.21 所示单管放大电路图为例,来说明噪声参数设置方法和分析方法。

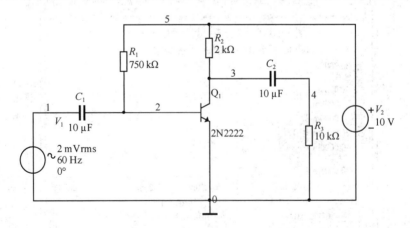

图 5.21 噪声分析电路

(1)按图 5.21 所示电路图连接电路后,单击"Simulate"(仿真)菜单下的"Analyses and simulation"中的"Noise"(噪声分析)命令,这时会弹出如图 5.22 所示的噪声分析参数设置对话框。

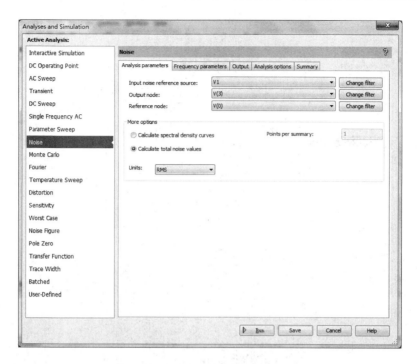

图 5.22 噪声分析参数设置

噪声分析参数 Analysis Parameters 的设置说明如下所述。

- Input Noise Reference Source（输入噪声参考源）：在该选项中可以选择交流信号的噪声参考源。
- Output Node（输出节点）：在该选项中可以选择输出节点作为噪声的观察点。
- Reference Node（参考节点）：在该选项中可以设置参考电压的节点，默认值为接地点。
- Calculate power spectral density curves：设置每次求和的采样点数。选中此选项，噪声分析将会以功率频谱密度的方式给出分析结果。

（2）设置噪声分析参数：按照图 5.22 所示对话框的数值进行设置。

（3）噪声频率分析参数设置对话框如图 5.23 所示。

噪声分析参数 Frequency Parameters 的设置说明如下所述。

- Start Frequency（FSTART）（起始频率）：表示设置起始频率。
- Stop Frequency（FSTOP）（终止频率）：表示输出的噪声电压值是相对于该点的电压值。
- Sweep Type（X 刻度扫描类型）：表示 X 轴（频率轴）的刻度类型，偶 liner（线性）、Decade（十倍频程）和 Octave（倍频程）三类。
- Number of Pointer per Decade（十倍频程点数）：表示每个十倍频程间隔的刻度数。
- Vertical Scale（Y 轴刻度类型）：表示 Y 轴刻度的类型，有 Logarithmic（对数）、Liner（线性）、Decade（十倍频程）和 Octave（倍频程）等。

（4）在噪声分析参数设置"Output（输出）"中选择变量如图 5.24 所示。

（5）Analysis options 和 Summary 选项卡保持默认，单击图 5.24 所示对话框下面的"Run（仿真）"按钮，可以得到该电路的噪声分析结果，如图 5.25 所示。

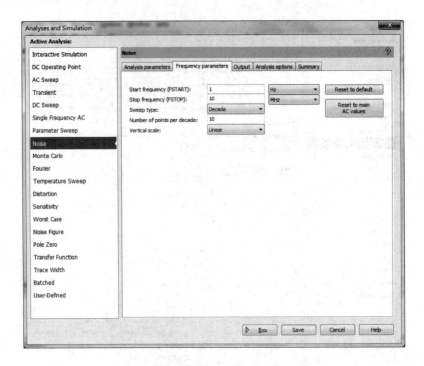

图 5.23　噪声分析参数设置对话框

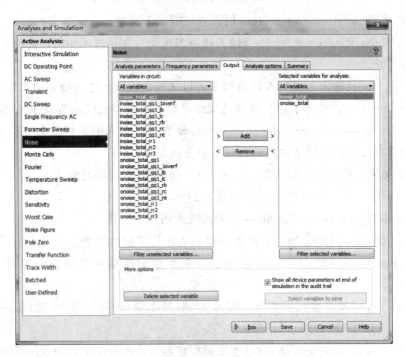

图 5.24　噪声分析参数设置"Output"选择变量

（6）如果在"Analysis parameters"中选择"Calculate spectral curves"，可将 Points per summary 设置为 5 后，并在 Output 中选择中 inoise-spectrum（输入噪声频谱）和 onoise-spectrum（输出噪声频谱）两个变量，单击"Run（仿真）"按钮，可以得到如图 5.26 所示的噪声分析结果。

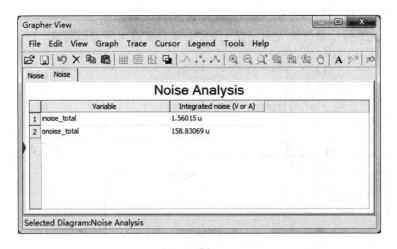

图 5.25　噪声分析结果

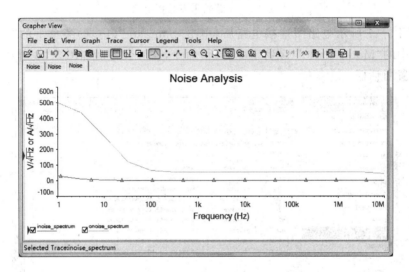

图 5.26　噪声分析结果

5.9　蒙特卡罗分析

设计电子产品总是按照元器件的标准值进行的。而实际产品的参数值与标准值之间总存在误差,元器件实际参数可以看成以标准值(数学期望)为平均值,服从于某种分布方式,分布于一定误差范围内的随机值。

Multisim 14.0 提供的蒙特卡罗分析(Monte Carlo)方法不但可以预测电路元器件批量生产时的合格率和生产成本,还可以研究元器件参数值的分散性对电路性能的影响。

事实上,蒙特卡罗分析是一种统计模拟方法,采用统计分析方法来分析给定电路的元器件参数按选定的误差分布类型在一定的范围内变化时对电路特性的影响。可在给定电路元器件参数容差的统计分布规律的情况下,用一组伪随机数求得元器件参数的随机抽样序列,对这些随机抽样的电路进行直流、交流和瞬态分析,并通过多次分析结果估算出电路性能的统计分布规律,如电路性能的中心值和方差、电路合格率及成本等。

下面以图 5.27 所示单管放大电路图为例,来说明蒙特卡罗分析方法。

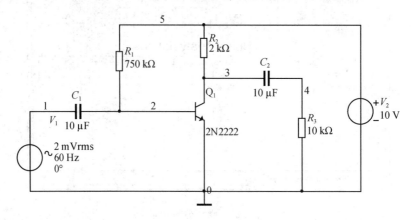

图 5.27 蒙特卡罗分析电路

(1) 按图 5.27 所示电路图连接电路后,单击"Simulate"(仿真)菜单下的"Analyses and simulation"中的"Monte Carlo"(蒙特卡罗分析)命令,这时会弹出如图 5.28 所示的蒙特卡罗分析参数设置对话框。

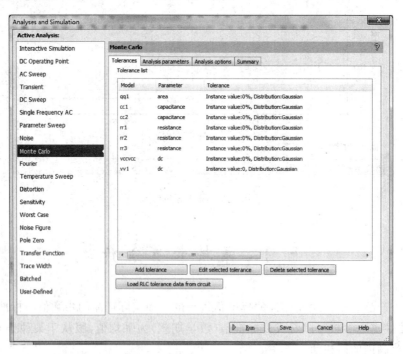

图 5.28 蒙特卡罗分析参数设置

Monte tolerance list 区可通过 Add tolerance 添加元器件,并对元器件容差进行设置,如图 5.29 所示。

蒙特卡罗分析 Tolerance(容差)的设置说明如下所述。

- Parameter type:参数类型有 Device parameter(设备参数)、Model parameter(模型参数)、Circuit parameter(元器件参数)。

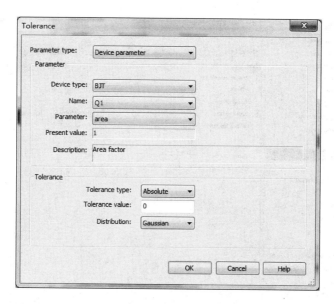

图 5.29　蒙特卡罗分析 Tolerance(容差)设置

- Device type(设备类型):可选取电路中的元器件类型。
- Name(元器件名):选取电路中的某个元器件。
- Parameter(参数):元器件参数。
- Present value(当前值):电路中元器件当前值。
- Description(描述):元器件的说明。
- Tolerance type(容差类型):可设置容差类型,有 Absolute(绝对容差)和 Percent(百分比容差)两种。
- Tolerance value:容差值。
- Distribution:分布类型。有 Gaussian 和 Uniform 两种。

(2) 设置 Analysis Parameters 选项卡,如图 5.30 所示。

蒙特卡罗分析 Analysis parameters 的设置说明如下所述。

- Analysis:可选择分析方法,有 DC Operating Point(直流工作点分析)、AC Sweep(交流分析)和 Transient(瞬态分析)三个选项。
- Number of runs:设计运行次数,必须大于等于 2。
- Output variable:输出变量设置。
- Collating Function:用于设定分析函数,可选项有 MAX(每一次运行的最大峰值电压),MIN(每一次运行的最小峰值电压),RISE_EDGE(波形信号达到极限电压第一个上升沿的时间),FALL_EDGE(波形信号达到极限电压第一个下降沿时间),FRE-QUENCY(频率)。

(3) 单击图 5.30 所示对话框下面的“Run(仿真)”按钮,可以得到该电路的蒙特卡罗分析结果,如图 5.31 所示。

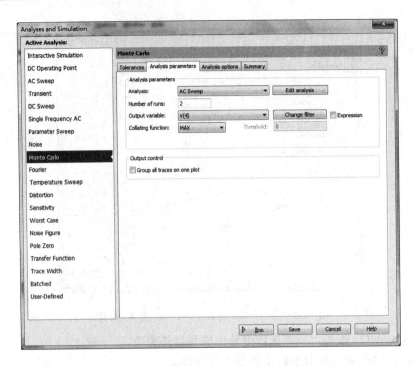

图 5.30　蒙特卡罗分析 Analysis parameters 设置

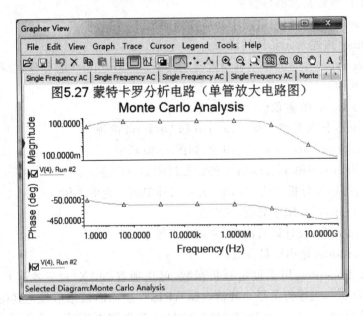

图 5.31　蒙特卡罗分析结果

5.10　傅里叶分析

　　傅里叶分析(Fourier Analysis)是工程中常用的电路分析方法之一。傅里叶分析可将非正弦周期信号分解成直流、基波和各次谐波分量之和。波通过对时域的波形信号进行傅里叶级数的展开,从而分析出构成信号的直流、基波和各次谐波的幅度分布情况。

傅里叶函数可写为

$$f(t) = A_0 + A_1 \cos \omega t + A_2 \cos 2\omega t + \cdots B_1 \sin \omega t + B_2 \sin \omega t + \cdots$$

式中,A_0 是原始波形的直流分量;$A_1 \cos \omega t + B_1 \sin \omega t$ 是基波分量,与原始波形具有相同的频率和周期;$A_n \cos \omega t + B_n \sin \omega t$ 是函数的 n 次方谐波。

傅里叶分析后,表达式将会以图形、线条以及归一化等形式表现出来。

下面以图 5.32 所示电路图为例,来说明傅里叶分析。

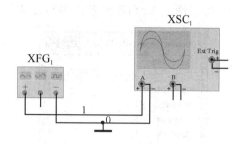

图 5.32　傅里叶分析电路图

(1) 按图 5.32 所示电路图连接电路后,单击"Simulate"(仿真)菜单下的"Analyses and simulation"中的"Fourier(傅里叶分析)"命令,这时会弹出如图 5.33 所示的傅里叶分析参数设置对话框。

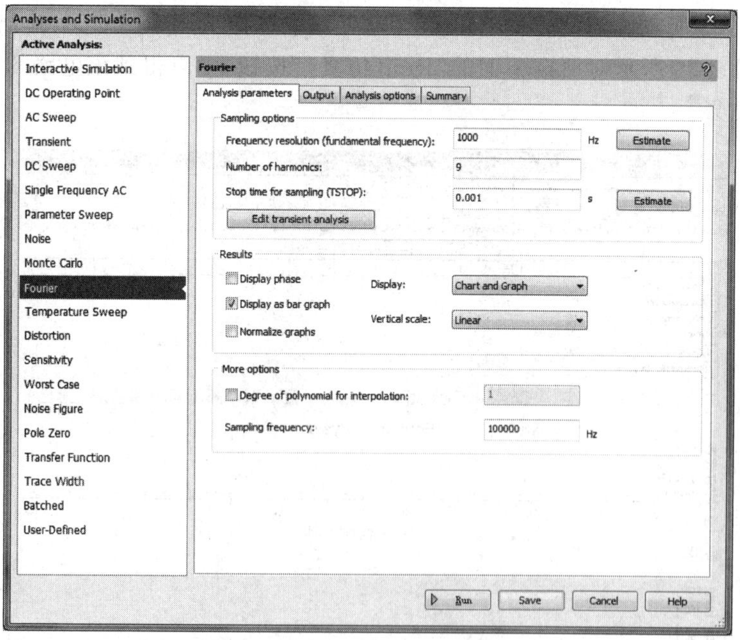

图 5.33　傅里叶分析参数设置对话框

参数设置的说明如下所述。

- Frequency Resolution(Fundamental Frequency)(频率间隔或基频):指分析的频率间隔。对于单一频率的信号选择其信号的基频,对于多频率成分的信号选择最小公因数频率。

- Number of Harmonics(谐波数):指需要分析到基频的多少次谐波,取决于分析信号最大频率的大小。
- Stop Time Sampling(停止取样的时间):指设置取样的时间长度,取决于基频的频率大小。一般取基频周期的 10 倍。
- Sampling Frequency(取样频率):用来设置取样频率。一般取样频率高于基频的五倍以上。

(2) 设置函数信号发生器如图 5.34 所示,运行后其输出波形可通过示波器来查看。

(3) 设置傅里叶分析参数:按照图 5.33 所示的数值进行设置。

图 5.34　函数信号发生器设置

(4) 在图 5.33 所示的对话框的"Output(输出)"中选择节点 V(1)作为输出端。

(5) 单击图 5.33 所示对话框下面的"Run(仿真)"按钮,可以得到该电路的如图 5.35 所示的傅里叶分析结果。

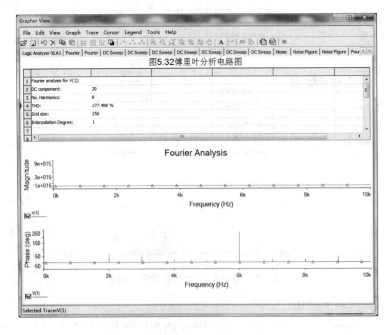

图 5.35　傅里叶分析结果

5.11　温度扫描分析

温度扫描(Temperature Sweep)分析用于研究温度变化对电路性能的影响,相当于在不同温度下分别对元器件进行电路仿真,来研究指定结点的直流工作点分析、瞬态分析和交流频率特性等分析。在通常情况下,电路的仿真都是假设在 27 ℃下进行的,温度扫描分析会影响仅在模型中包含温度属性的元器件,并不对所有的元器件有效。

常见具有温度属性的元器件有:Virtual Resistor(虚拟电阻)、Diode(二极管)、LED(发光二极管)、NPN Transistor(NPN 晶体管)、PNP Transistor(PNP 晶体管)、P-Channel JFET(P 沟道 JEFT)、N-Channel JFET(N 沟道 JEFT)等。

下面以图 5.36 所示电路图为例,来说明温度扫描分析方法。

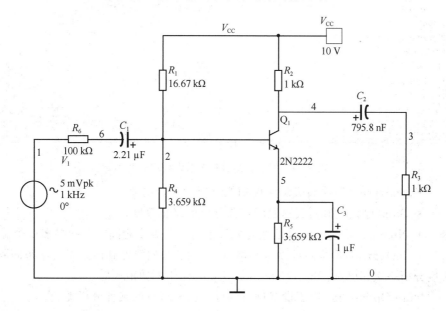

图 5.36　温度扫描分析

(1) 按图 5.36 所示电路图连接电路后,单击“Simulate”(仿真)菜单下的“Analyses and simulation”中的“Temperature Sweep(温度扫描分析)”命令,这时会弹出如图 5.37 所示的温度扫描分析参数设置对话框。

温度扫描分析的设置说明如下所述。

Sweep parameters 区:可设置扫描参数。

- Sweep parameter:显示扫描参数类型,显示值为 Temperature。
- Present Value:显示当前温度,默认为 27 ℃。
- Description:信息描述,用于说明当前电路进行温度扫描。

Point tossweep 区:设置扫描方式。

- Sweep Variation Type:设置扫描变量类型。通过该下拉菜单可以选择相应的类型,有 Decade(10 倍刻度扫描)、Octave(8 倍刻度扫描)、Linear(线性刻度扫描)、List(列表扫描)。如果选择 List,则要在右侧的文本框中输入温度扫描值。

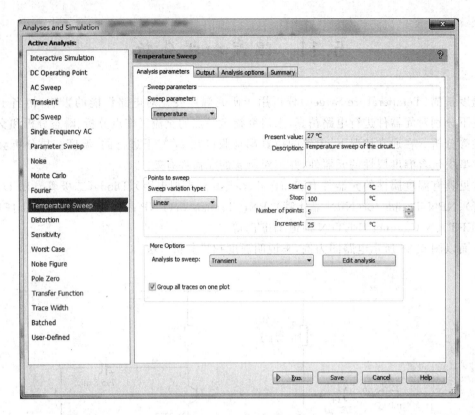

图 5.37　温度扫描分析参数设置对话框

- Start(起始数值)：表示温度扫描分析的起始温度。
- Stop(停止数值)：表示温度扫描分析的终止温度。
- Number of points：表示在起始温度与终止温度之间一共扫描多少个温度点。
- Increment(增量)：温度步进增量,表示从起始温度到停止温度中每间隔多少摄氏度分析一次,其值由 Start、Number of points 中的数值决定。

More Options 区：用于设置进行温度扫描分析时的某种分析类型。

- Analysis to sweep：选择分析的类型,可选项有 DC Operating Point(直流工作点分析)、AC Sweep(交流扫描分析)、Single Frequency AC(单频率交流分析)、Transient(瞬态分析)和 Nested sweep(嵌套扫描分析)。用户可通过 Edit Analysis 来对当前所选择的分析方法的参数进行编辑。

(2)设置温度扫描分析参数如图 5.37 所示,上述设置表示在 0～100 ℃之间进行了 5 次瞬态分析。

(3)单击"Edit analysis"按钮,在弹出的对话框中将瞬态分析的停止时间设置为 0.01 s。

(4)在图 5.37 所示的对话框的"Output(输出)"中选择节点 V(1)、P(C1)作为输出端。

(5)单击图 5.37 所示对话框下面的"Run(仿真)"按钮,可以得到该电路的如图 5.38 所示的温度扫描分析结果。

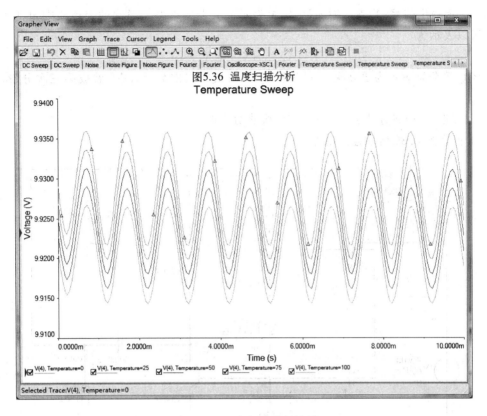

图 5.38　温度扫描分析结果

5.12　失真分析

　　一个理想的线性放大器可以实现将输入信号不失真地放大到输出端,但电路增益的非线性与相位不一致会造成放大电路输出信号的失真。增益的非线性将会产生谐波失真,相位的不一致将产生互调失真。

　　失真分析(Distortion)用于分析电子电路中的非线性失真和相位偏移,通常非线性失真会导致谐波失真,而相位偏移会导致互调失真。如果电路中有一个交流信号源,该分析方法会确定电路中的每个节点的二次和三次谐波造成的失真;如果电路中有两个频率($F1$、$F2$,$F1>$ $F2$)不同的信号源,该分析方法能够确定电路变量在 3 个不同频率上的谐波失真($F1+F2$、 $F1-F2$,$2F1-F2$)。

　　失真分析对于研究电路中的小信号比较有效,Multisim 14.0 可以为小信号模型电路提供仿真谐波失真和互调失真的功能。

5.12.1　谐波失真分析

　　一个理想的线性放大器可以描述为

$$Y=AX$$

式中,Y 表示输出信号,X 表示输入信号,A 表示放大器的增益。通常的表达式则包括了更高次项,可以表示为

$$Y = AX + BX^2 + CX^3 + \cdots$$

式中,B、C 等分别表示为更高次项的系数,BX^2 看成第二次分量,CX^3 看成第三次分量,依次类推。

下面以图 5.39 所示电路,来进行谐波失真分析时。

(1) 根据图 5.39 所示连接电路。

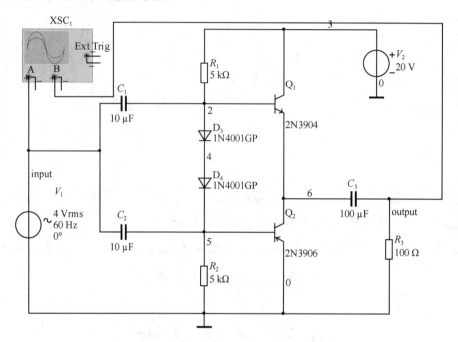

图 5.39　谐波失真分析电路

(2) 双击信号源 V_1,在 Value(值)标签页中选择 Distortion Frequency 1 Magnitude,并设置输入放大倍数为 5,相位为 0。

(3) 单击"Simulate"(仿真)菜单下的"Analyses and simulation"中的"Distortion"(失真分析)命令,这时会弹出如图 5.40 所示的失真分析参数设置对话框,并按图设置参数。

失真分析参数的设置说明如下所述。

· Start Frequency(FSTART)(起始频率):表示设置起始频率。

· Stop Frequency(FSTOP)(终止频率):表示输出的噪声电压值是相对于该点的电压值。

· Sweep Type(X 刻度类型):表示 X 轴(频率轴)的刻度类型,通过下拉列表可选择 liner(线性刻度扫描)、Decade(十倍频程刻度扫描)和 Octave(8 倍频程刻度扫描)三类。

· Number of Points per Decade(十倍频程刻度表):用于设置 10 倍频率的取样数量,点数越多分析会越精确,但仿真速度越慢。

· Vertical Scale(Y 轴刻度类型):用于设置垂直方向的刻度,有 Logarithmic(对数)、Linear(线性)、Decibel(10 倍频)和 Octave(8 倍频)等。

(4) 在 Output 标签页中,从 Variables in circuit 列表中选择 V(output)节点。

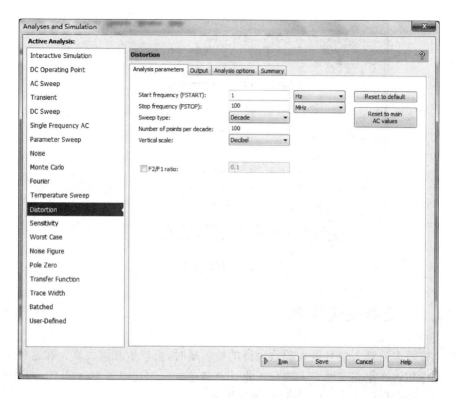

图 5.40　谐波失真分析参数设置对话框

(5) 单击"Run(仿真)"按钮,可以得到如图 5.41 所示的失真分析结果(二次谐波失真)和图 5.42 所示的失真分析结果(三次谐波失真)。

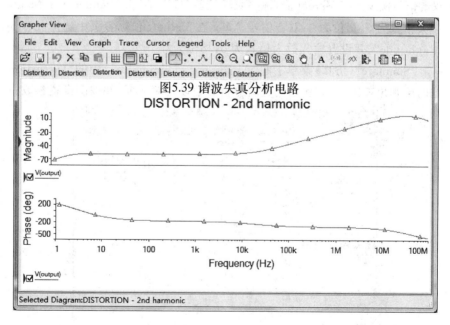

图 5.41　二次谐波失真

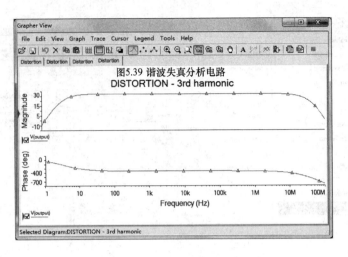

图 5.42　三次谐波失真

5.12.2　互调失真分析

当两个或更多的输入信号输入到放大器的输入端时,会产生互调失真。在这种情况下,信号间的交感作用将产生互调影响。该分析将计算节点电压和互调频率分量 $F1+F2$、$F1-F2$、$2F1-F2$,并计算用户自定义扫频范围的支路电流。

谐波失真分析时,需要进行下面的步骤。

(1) 如图 5.39 所示连接电路。

(2) 双击信号源 V_1,在 Value(值)标签页中选择"Distortion Frequency 1 Magnitude",并设置输入放大倍数为 5,相位为 0;双击信号源 V_2,在 Value(值)标签页中选择"Distortion Frequency 2 Magnitude",并设置输入放大倍数为 5,相位为 0。

(3) 单击"Simulate"(仿真)菜单下的"Analyses and simulation"中的"Distortion"(失真分析)命令,这时会弹出如图 5.43 所示的失真分析参数设置对话框,并按图设置参数。

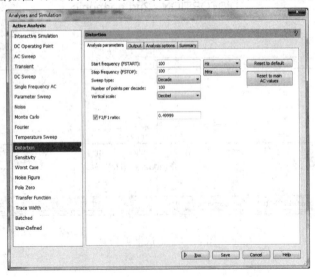

图 5.43　互调失真分析参数设置对话框

（4）在 Output 标签页中，从 Variables in circuit 列表中选择 V(output)节点。

（5）单击"Run(仿真)"按钮，可以得到如图 5.44、图 5.45、图 5.46 所示的失真分析结果。

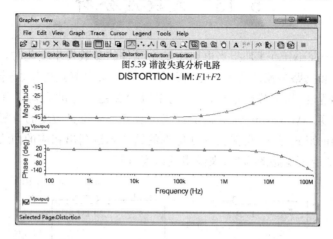

图 5.44　互调失真分析结果($F1＋F2$)

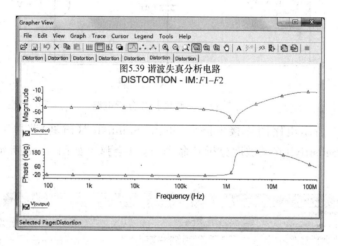

图 5.45　互调失真分析结果($F1－F2$)

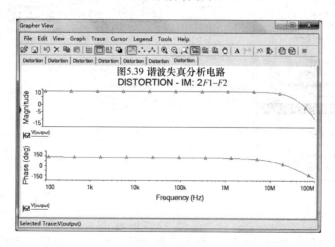

图 5.46　互调失真分析结果($2F1－F2$)

5.13　灵敏度分析

　　灵敏度分析(Sensitivity)就是指当电路中某个元件的参数发生变化时,分析它的变化对电路输出的节点电压和支路电流的影响。分析的结果是电路中节点电压、电流等参数对电路中元器件参数的敏感程度,根据分析结果,可以为电路中关键部分的元器件制定误差值,并可以选用最佳元器件替换。Multisim 14.0 提供直流灵敏度与交流灵敏度的分析功能,直流灵敏度的仿真结果以数值的形式显示,交流灵敏度仿真的结果则绘制出相应的曲线。

　　下面以图 5.47 所示电路图为例,来说明灵敏度分析。

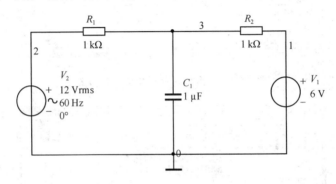

图 5.47　灵敏度扫描分析电路

　　(1) 按图 5.47 所示电路图连接电路后,单击"Simulate"(仿真)菜单下的"Analyses and simulation"中的"Sensitivity(灵敏度分析)"命令,这时会弹出如图 5.48 所示的灵敏度分析参数设置对话框。

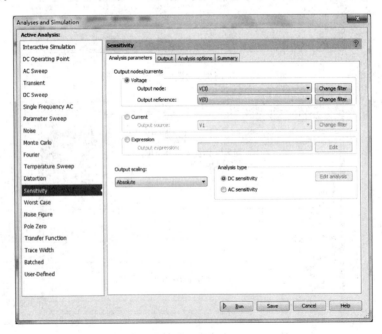

图 5.48　灵敏度扫描分析参数设置对话框

灵敏度分析参数的设置说明如下所述。

- Voltage：选择进行电压灵敏度分析，选取该选项后即可在其下的 Output node 栏内选定要分析的输出节点及在 Output reference 栏内选择输出端的参考节点。
- Current：选择进行电流灵敏度分析，电流灵敏度分析只能对信号源的电流进行分析，因此，在选取该选项后即可在其下的 Output source 栏内选择要分析的信号源。
- Output scaling：选择灵敏度输出格式，包括 Absolute(绝对灵敏度)和 Relative(相对灵敏度)两个选项。
- DC Sensitivity：选择进行直流灵敏度分析，分析结果将产生一个表格。
- AC Sensitivity：选择进行交流灵敏度分析，分析结果将产生一个分析图。

（2）选择直流灵敏度分析，并选取进行电压灵敏度分析，要分析的节点选择 V(3)，输出端的参考节点选择 V(0)，如图 5.48 所示，同时在 Output 页中选择全部变量。

（3）单击图 5.48 所示对话框下面的"Run(仿真)"按钮，可以得到该电路的如图 5.49 所示的直流灵敏度分析结果。

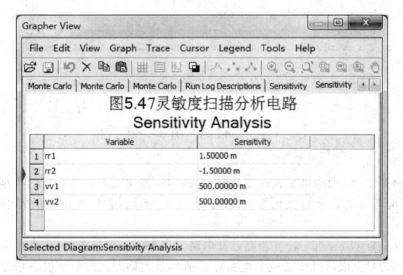

图 5.49　直流灵敏度分析结果

（4）选择交流灵敏度分析，并选取进行电压灵敏度分析，要分析的节点选择 V(3)，输出端的参考节点选择 V(0)，同时在 Output 页中选择全部变量。

（5）单击图 5.48 所示对话框下面的"Run(仿真)"按钮，可以得到该电路的交流灵敏度分析结果，如图 5.50 所示。

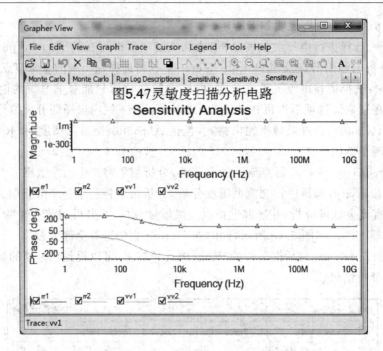

图 5.50　交流灵敏度分析结果

5.14　最差情况分析

当电路中多个元器件参数值同时变化时,电路的性能相对于理想状况的标准值会发生偏差,但由于不同器件的数值的变化方向(变大或变小)不同,它们对电路的影响可能会相互抵消。

最差情况分析(Worst Case)是指在已知电路元器件的参数容差时,电路的元器件参数在容差所允许的边界上取值时所造成的电路输出值的最大偏差。最差情况分析是一种统计分析,是在假定元器件参数在最差的情况下对电路进行分析的方法,其分析是与直流和交流分析一同进行的。

最差情况分析时,首先执行名义上的值,接着是一个灵敏度分析(交流或者直流灵敏度),根据输出电压或电流指定元器件的灵敏度,最后由元器件参数值生成最差情况值。

下面以图 5.51 所示电路图为例,来说明最差情况分析。

(1) 按图 5.51 所示电路图连接电路后,单击"Simulate"(仿真)菜单下的"Analyses and simulation"中的"Worst Case(最差情况分析)"命令,这时会弹出如图 5.52 所示的最差情况分析参数设置对话框。

最差情况分析参数的设置说明如下所述。

① Tolerance 选项卡:Tolerance 区可通过 Add tolerance 添加元器件,并对元器件容差进行设置,如图 5.53 所示。

容差(Tolerance)设置各参数说明如下所述。

• Parameter type:参数类型有 Device parameter(设备参数)、Model parameter(模型参数)、Circuit parameter (元件参数)。

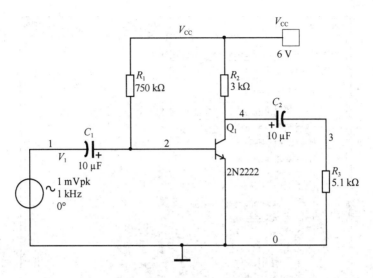

图 5.51 最差情况分析电路

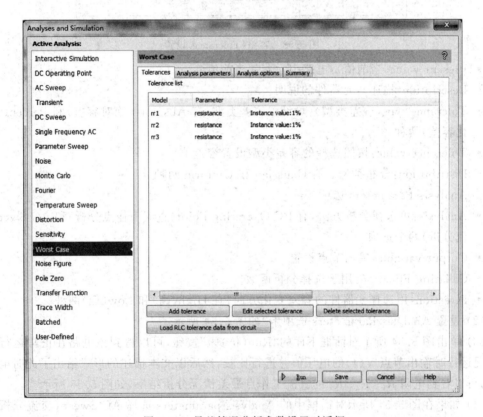

图 5.52 最差情况分析参数设置对话框

- Device type(设备类型):可选取电路中的元器件类型,在本例中,选中该项后,下拉列表框中有 BJT(晶体管)、Isource(电流源)、Resistor(电阻)、Vsource(电压源)4 个选项。
- Name(名称):选取电路中的某个元器件。
- Parameter(参数):元器件参数。

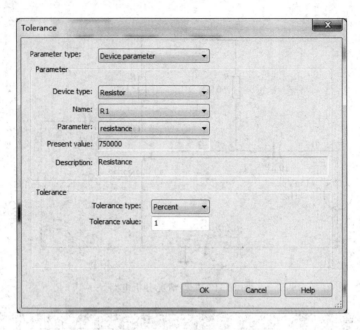

图 5.53　容差(Tolerance)设置

- Present value(当前值):电路中元器件当前值。
- Description(描述):元器件的说明。
- Tolerance type(容差类型):可设置容差类型,有 Absolute(绝对容差)和 Percent(百分比容差)两种。
- Tolerance value:按照选择的容差类型设置容差值。
- Distribution:分布类型。有 Gaussian 和 Uniform 两种。

② Analysis Parameters 选项卡:

- Analysis:可选择分析方法,有 DC Operating Point(直流工作点分析)和 AC Sweep(交流分析)两个选项。
- Output variable:输出节点设置。
- Collating Function:用于选择分析函数。
- Direction:用选择元器件的容差变化方向,有 High(高)和 Low(低)两种。

(2) 设置 Analysis Parameters 选项卡,如图 5.54 所示。

(3) 单击图 5.54 所示对话框下面的"Run(仿真)"按钮,可以得到该电路在正常运行和最差情况运行时输出节点 V(4)的电压值并进行比较,然后以文本描述的形式给出了此时电阻的数值,可以看到电阻 R_1、R_2、R_3 的直流工作点最差情况分析结果,如图 5.55 所示。

(4) 如果在图 5.54 所示对话框中的 Analysis parameters 选择 AC Sweep(交流分析),单击"Run(仿真)"按钮后,可以得到该电路的交流分析最差情况分析结果,如图 5.56 所示。

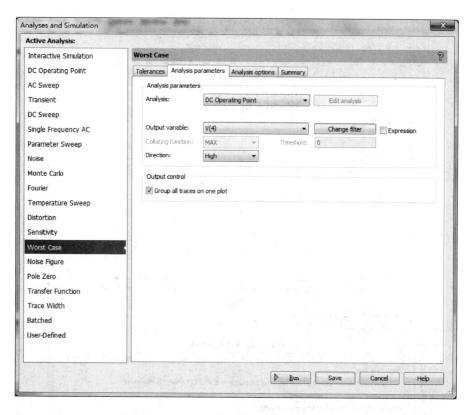

图 5.54　最差情况分析设置

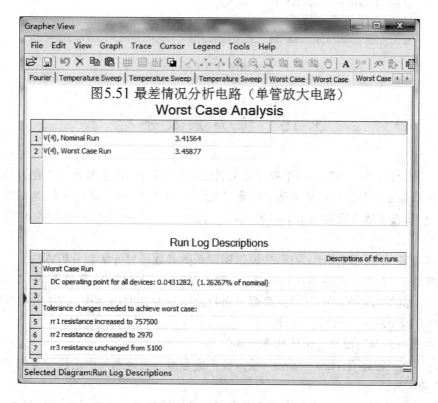

图 5.55　最差情况分析结果(DC Operating Point)

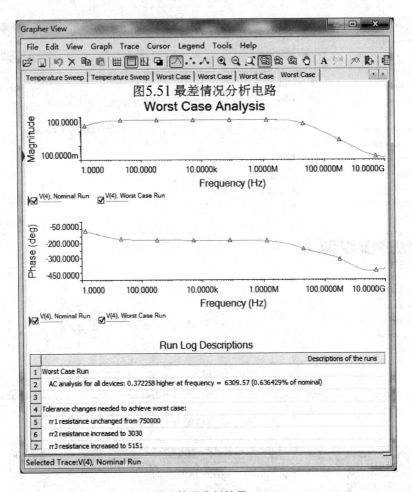

图 5.56　最差情况分析结果（AC Sweep）

5.15　噪声系数分析

噪声系数分析（Noise Figure）主要用来分析输入信噪比/输出信噪比的变化。信噪比是一个衡量电子线路中信号质量好坏的重要参数,降低晶体管噪声的主要途径是提高截止频率和降低基区电阻,或者适当设置晶体管参数 NF（正向发射系数）研究元件模型中的噪声参数对电路的影响。

下面以图 5.57 所示电路图为例,来说明噪声系数参数设置方法和分析方法。

（1）按图 5.57 所示电路图连接电路后,单击"Simulate"（仿真）菜单下的"Analyses and simulation"中的"Noise Figure"（噪声系数分析）命令,这时会弹出如图 5.58 所示的噪声分析参数 Analysis Parameters 设置对话框。

噪声系数分析参数的设置说明如下所述。

- Input Noise Reference Source（输入噪声参考源）:在该选项中选择交流信号的输入噪声参考源。
- Output Node（输出节点）:在该选项中可以选择输出节点作为噪声的观察点。

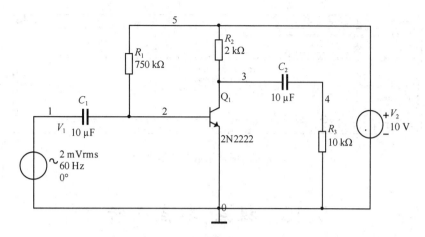

图 5.57　噪声分析电路

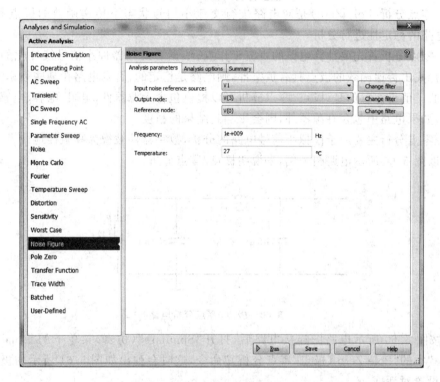

图 5.58　噪声系数分析参数设置

- Reference Node(参考节点)：在该选项中可以设置参考电压的节点，默认值为接地点。
- Frequency：设置输入频率。
- Temperature：设置输入温度。

（2）设置噪声系数分析参数：按照图 5.58 所示的数值进行设置。

（3）Analysis options 和 Summary 选项卡保持默认，单击图 5.58 所示对话框下面的"Run（仿真）"按钮，可以得到该电路的噪声分析结果，如图 5.59 所示。

图 5.59　噪声系数分析结果

5.16　极点/零点分析

极点/零点分析(Pole Zero)是对电路进行交流小信号状态下传递函数的极点和零点分析,是对电路的稳定性进行分析。

极点/零点分析首先要计算电路的直流工作点,依据非线性器件小信号线性化的模型,通过仿真运行找出传递函数的极点具有负实部,则电路是稳定的;否则电路在某些频率响应时将是不稳定的。值得注意的是,极点/零点分析可以提供包含无源器件(电阻、电容、电感)电路的精确结果,如果电路中包含有源器件,则会影响到结果的精度。

极点/零点分析主要用于模拟小信号电路的分析,数字器件被视为高阻接地。

下面以图 5.60 所示电路图为例,来说明极点/零点分析。

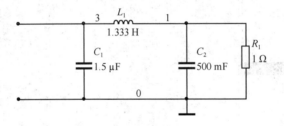

图 5.60　极点/零点分析电路

(1) 按图 5.60 所示电路图连接电路后,打开"Simulate"(仿真)菜单下的"Analyses and simulation"中的"Pole Zero(极点/零点分析)"命令,这时会弹出如图 5.61 所示的极点/零点分析参数设置对话框。

极点/零点分析参数 Analysis parameters 设置中各参数说明如下所述。

① Analysis type 区:选择分析类型,共有以下 4 种。

* Gain Analysis(Output voltage/input voltage):电压增益分析,也就是输出电压/输入电压。
* Impedance Analysis(Output voltage/input voltage):电路阻抗分析,也就是输出电压/输入电流。
* Input Impedance:电路输入阻抗。
* Output Impedance:电路输出阻抗。

② Nodes 区:选择输入、输出节点。

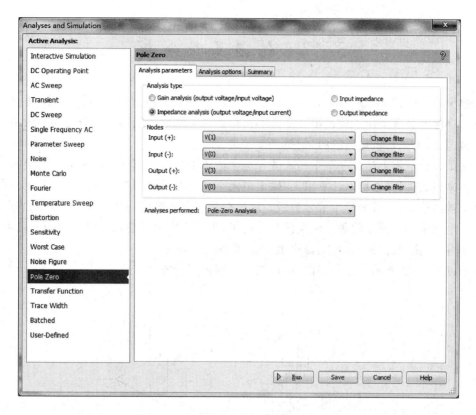

图 5.61　极点/零点分析参数设置对话框

- Input(＋)：正的输入节点。
- Input(－)：负的输入节点。
- Output(＋)：正的输出节点。
- Output(－)：负的输出节点，通常选择接地端。
- Analysis Performed 栏：选择所要分析的对象，在下拉式选项中有 3 种，分别是 Pole and Zero Analysis(极-零点分析)、Pole Analysis(极点分析)及 Zero Analysis(零点分析)。

(2) 设置 Analysis Parameters 选项卡中的各参数，如图 5.61 所示。

(3) 单击图 5.61 所示对话框下面的"Run(仿真)"按钮，可以得到该电路的极点/零点分析参数的分析结果，如图 5.62 所示。

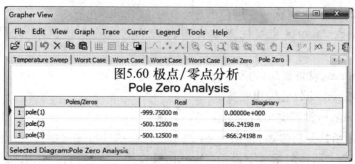

图 5.62　极点/零点分析参数的结果

5.17　传递函数分析

传递函数分析(Transfer Function)在系统分析中有重要地位,它与系统结构框图及其相应的频率特性等关系密切。传递函数是指零初始条件下线性系统拉普拉斯变换与激励的拉普拉斯变换之比,如果系统是离散的,则是 Z 变换之比。

传递函数分析用于计算电路中输入源和两个输出电压节点或一个电流输出变量间的直流小信号传递函数,同时也可以计算输入/输出电阻。任何非线性的模型都会在直流工作点分析的基础上被线性化,然后进行小信号分析。输出变量可以是电路中的任意一个电压节点,但输入必须是电路中一个独立的源。传递函数分析时,可以求出电路输入与输出间的关系函数,包括电压增益、电流增益、输入阻抗、输出阻抗、互阻抗等。

下面以图 5.63 所示电路图为例,来说明传递函数分析方法。

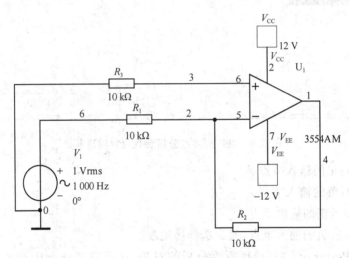

图 5.63　传递函数分析电路

(1) 按图 5.63 所示电路图连接电路后,单击"Simulate"(仿真)菜单下的"Analyses and simulation"中的"Transfer Function"(传递函数分析)命令,这时会弹出如图 5.63 所示的传递函数分析参数设置对话框。

传递函数分析参数的设置说明如下所述。

- Input source:用于设置输入的激励源。
- Output nodes/source 主要用来设置输出的节点或者激励源,在此可选择电压或者电流。
- Output nodes:设置输出节点。
- Outputreference:设置输出基准。
- Output source:设置输出激励源。

(2) 设置传递函数分析参数:按图 5.64 所示传递函数分析参数设置对话框的数值设置。

(3) 单击图 5.64 所示对话框下面的"Run(仿真)"按钮,可以得到该电路的交流电压分析仿真结果,如图 5.65 所示。

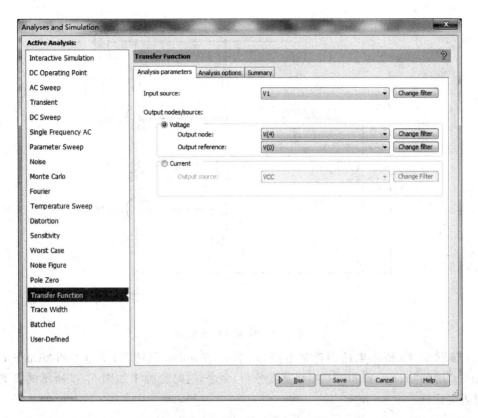

图 5.64 传递函数分析参数设置对话框

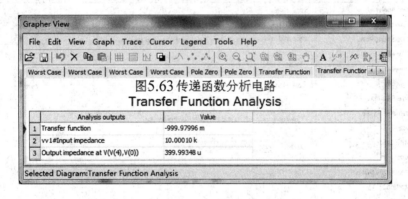

图 5.65 传递函数分析结果

5.18 线宽分析

当设计完电路并完成仿真分析,达到我们预期的各项参数要求后,需要进行设计印制电路板的工作(PCB),线宽分析(Trace Width)就是用来确定在设计印制电路板时所能允许的最小的导线宽度。

线宽分析用于计算电路中在任何导线的 RMS 电流所需的最小线宽。

下面以图 5.66 所示电路图为例,来说明布线宽度分析方法。

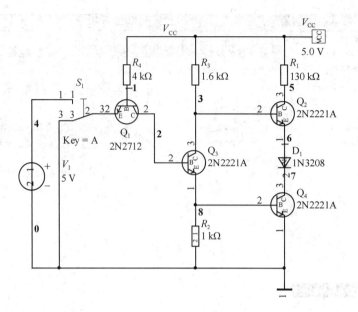

图 5.66　线宽分析电路图

（1）按图 5.66 所示电路图连接电路后，单击"Simulate"（仿真）菜单下的"Analyses and simulation"中的"Trace Width"（布线宽度分析）命令，这时会弹出如图 5.67 所示的线宽分析参数设置对话框。

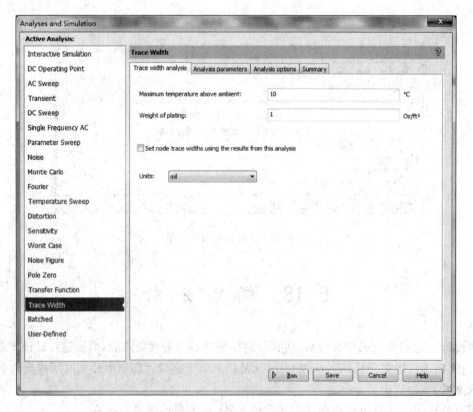

图 5.67　线宽分析参数设置对话框

Trace width analysis 设置中各参数说明如下所述。

- Maximum temperature above ambient：用于设置导线的温度输入的激励源。
- Weight of plating：设置导线厚度的类型。导线厚度由 PCB 板的覆铜厚度决定，一般用线重（单位：Oz/ft^2）来计算覆铜厚度。
- Set node trace widths using the results from this analysis：选择是否用本次分析的结果建立导线的宽度，单位有 mil 和 mm。

（2）设置线宽分析参数。

在 Trace Width Analysis 中设置 Maximum temperature above ambient 为 20，Weight of plating 为 1；在 Analysis parameters 中设置 Initial conditions（初始条件）为 Set to zero（设置为 0）。

（3）单击图 5.67 所示对话框下面的"Run（仿真）"按钮，可以得到该电路的如图 5.68 所示的线宽分析仿真结果。由线宽分析结果可知，对电阻 R_4 而言，其流过的电流值为 0.000 767 388 A 的情况下，为保证电路正常运行，引脚 1、2 的最小布线宽度为 0.00 100 448 mil。

图 5.68　线宽分析仿真结果

5.19 批处理分析

在电路分析中,很多时候用户可能要对同一个电路进行多种分析,这时,用户可以将不同的分析或不同场合的相同分析批次处理,批处理分析(Batched)是给高级用户提供了一个从单一的命令中执行多重分析的简便方法。

下面以图 5.69 所示电路图为例,来说明批处理分析。

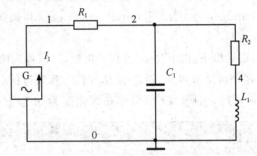

图 5.69 批处理分析电路

批处理分析使用方法如下所述。

(1) 单击"Simulate"(仿真)菜单下的"Analyses and simulation"中的"Batched"(批处理分析)命令,这时会弹出如图 5.70 所示的批处理分析参数设置对话框。

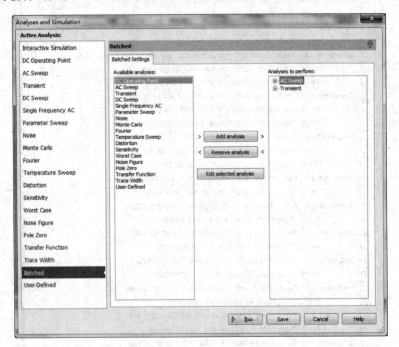

图 5.70 批处理分析参数设置对话框

(2) 选择要添加的分析方法到批处理执行列表中,选择分析方法并单击"Add Analysis"按钮,就可以弹出当前所选分析方法的参数设置对话框,用户在此对话框可以对所选分析方法的参数进行设置。

（3）对所选分析方法的参数设置后，单击"Add to list"按钮就可以将当前分析方法加入可执行的分析方法（Analysis to perform）列表中。在此如图 5.70 进行设置，AC sweep 和 Transient 中所有参数保持默认，输出节点选择 V(2)。

（4）重复上述步骤，就可以添加另外的分析方法，用户也可以通过"Remove analysis"来删除不需要的分析方法，也可以通过"Edit selected analysis"来对某种分析方法的参数重新进行设置。

（5）单击图 5.70 所示对话框下面的"Run（仿真）"按钮，可以得到批处理仿真结果，如图 5.71 所示。

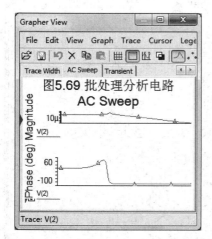
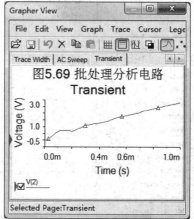

图 5.71　批处理分析结果

5.20　用户自定义分析

SPICE 是一个著名的电路模拟软件，从 1972 年至今，其已经成为国际公认的成熟的电路仿真软件，XSPICE、PSPICE、PROTEL、Multisim 等仿真软件都是在 SPICE 基础上发展起来的。用户自定义分析（User-Defined）就是由用户通过 SPICE/XSPICE 命令来定义某些仿真分析的功能，以达到扩充仿真分析的目的，其允许用户手工加载一个 SPICE 卡或网络表并且输入 SPICE 命令。

用户自定义分析给用户带来比界面操作更多的自由空间，但对用户的 SPICE 知识要求更高。

下面以一个实例来说明用户自定义分析。

（1）创建 SPICE 网络表。

方法：打开文本编辑器，输入下面内容后保存 D 盘，并命名为 example. cir，注意，在保存时需要选择所有的文件，否则保存的文件名为 example. cir. txt。

```
* Basic RC Circuit
v1 1 0 sin(0 1 1000)
r1 1 2 1000
```

```
c1 2 0 1e-6
.tran 0.1m 1m
.end
```

（2）单击"Simulate"（仿真）菜单下的"Analyses and simulation"中的"User-Defined"（用户自定义分析）命令,这时会弹出如图 5.72 所示的用户自定义分析参数设置对话框。

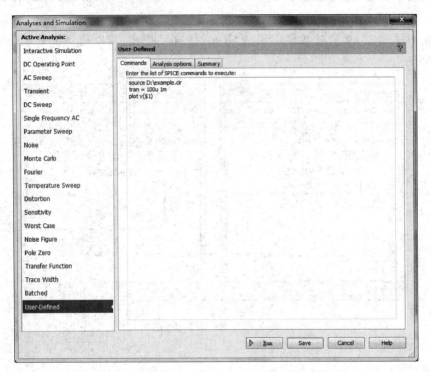

图 5.72　用户自定义分析参数设置对话框

（3）在"Commands"中输入下面内容。

source D:\example.cir

tran = 100u 1m

plot v($1)

（4）单击图 5.72 所示对话框下面的"Run（仿真）"按钮,可以得到用户自定义分析仿真结果,如图 5.73 所示。

（5）导入 example.cir SPICE 网络表到 Multisim 14.0。

　　方法:单击菜单"File"下的"Open"命令,在 All supported files 中选择 SPICE netlist files（*.cir）,选中 D 盘下的 example.cir 文件,打开后,example.cir 文件就被导入 Multisim 14.0 中,并显示基于文本的 SPICE 网络表的原理图,如图 5.74 所示。

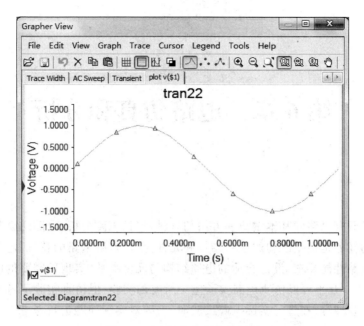

图 5.73 自定义分析仿真结果

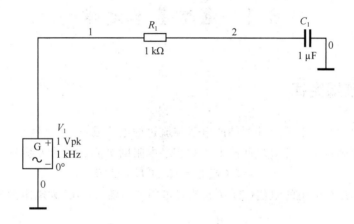

图 5.74 SPICE 网络表的原理图

第6章　电路仿真和分析

电路理论是研究电路的基本定律和方法的学科,包括电路分析、电路综合与设计两大类问题。电路分析的任务是根据已知的电路结构和元件参数,求解电路的特性;电路综合与设计是根据所提出的电路性能要求,设计合适的电路结构与元件参数,实现所需要的电路。

Multisim 14.0 几乎可以仿真电路实验室中所有的实验,但仿真实验不考虑元件的额定值及实际实验的危险性等,在进行实际电路实验时,需要对实际问题进行考虑。

6.1　电路基本定律

6.1.1　欧姆定律

欧姆定律是指"线性电阻元件两端的电压与流过的电流成正比,比例常数是电阻元件的电阻值"。欧姆定律确定了线性电阻两端电压和流过电阻的电流之间的关系为

$$U=RI \text{ 或 } U=IR \text{ 或 } U=U/R$$

上面三式中,R 为电阻的阻值(Ω),I 为流过电阻的电流(A),U 为电阻两端的电压(V)。

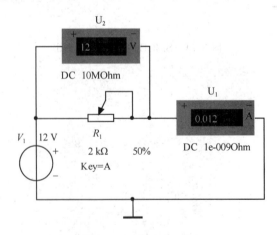

图 6.1　欧姆定律示例

如图 6.1 所示,理论上电流值应为

$$I=U/R=12 \text{ V}/1 \text{ k}\Omega=0.012 \text{ A}$$

仿真后,根据电流表中的示数,可见仿真与理论计算所得的电流值的大小一致,结果正确。可以改变电阻 R_1,多次分析电路中的电压表与电流表读数是否与理论数据一致。

6.1.2　基尔霍夫电压定律

基尔霍夫电压定律(KVL)指出:"在集总电路中,任何时刻,沿任一回路,所有支路电压的代数和恒等于零"。

如图 6.2 所示,理论上可以计算出三个电阻上的电压分别为 3 V、3 V、6 V,其和与电源供电压值相等。

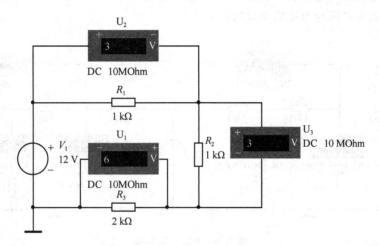

图 6.2　基尔霍夫电压定律

仿真后,根据三个电压表读数之和与电源供电压相等,可见仿真与理论计算所得的电压值的大小一致,验证了 KVL 的正确性。

6.1.3　基尔霍夫电流定律

基尔霍夫电流定律(KCL)指出:"在集总电路中,任何时刻,对任一结点,所有流出结点的支路电流的代数和恒等于零"。

如图 6.3 所示,理论上可以计算出支路 4 上的电流为支路 1、2、3 上的电流之和,其值为

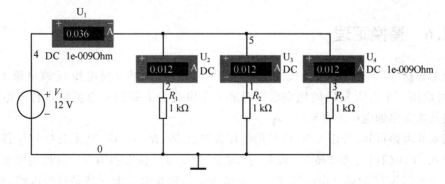

图 6.3　基尔霍夫电流定律

0.036 A,仿真后,将 U₂、U₃、U₄ 三个电流表读数相加得 0.036 A,这与支路 4 的电流 U₁ 测得的电流是相等的,可见仿真与理论计算所得的电流值的大小一致,验证了 KCL 的正确性。

6.1.4 齐次定理

齐次定理描述了线性电路中激励与响应之间的比例关系,定理内容为:"对于具有唯一解的线性电路,当只有一个激励源(独立电压源或电流源)作用时,其响应(电路中任一处的电压或电流)与激励成正比"。

由图 6.4 电流表与电压表的读数来看,当激励源翻倍时,电流表与电压表的读数也翻倍,从而验证了电流或电压与激励成正比的结论。

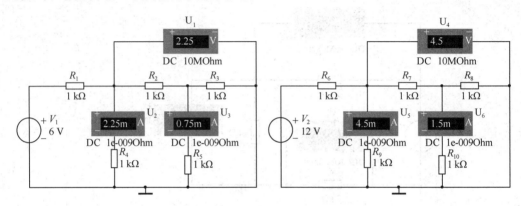

图 6.4 齐次定理实验

6.1.5 叠加定理

叠加定理指"对于唯一解的线性电路,多个激励源共同作用时引起的响应(电路中各处的电流或电压)等于各个激励源单独作用时所引起的响应之和"。

也可以理解为对于线性电路,任一支路的电流(电压)可以看成是电路中每一个独立电源单独作用于电路时,在该支路产生的电流(电压)的代数和。

由图 6.5 电流表与电压表的读数来看,当电路中电流源与电压源同时作用于同一电路时,相当于电流源或者电压源分别作用于电路之和,这个结论由电流表与电压表的读数可知正确。

6.1.6 替换定理

替换定理指"对于有唯一解的线性或非线性网络,或已知某支路电压 U 或电流 I,则在任意时刻,可以用一个电压为 U 的独立电压源或一个电流为 I 的独立电流源代替该电路,而不影响网络其他支路的电压或电流"。

由图 6.6 电路可知,当用一个 36 V 的电压源替换 R_2、R_4、V_2 后,电流表 U_2、U_3 读数不变;当用一个 0.31 A 的电流表替换 V_1 和 R_1 后,电流表 U_2、U_3 读数也不变。这就说明在电路中,可以用一个电压为 U 的独立电压源或一个电流为 I 的独立电流源代替某部分电路,而不影响网络中其他支路的电压或电流。

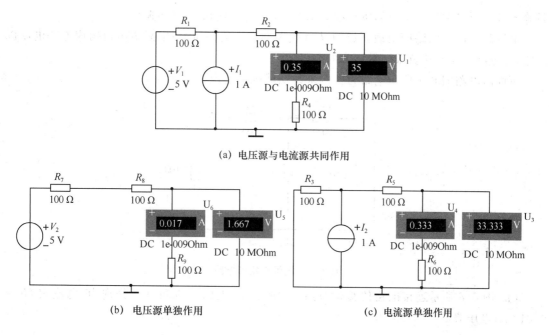

(a) 电压源与电流源共同作用

(b) 电压源单独作用　　　　　　　　　　　(c) 电流源单独作用

图 6.5　叠加定理实验

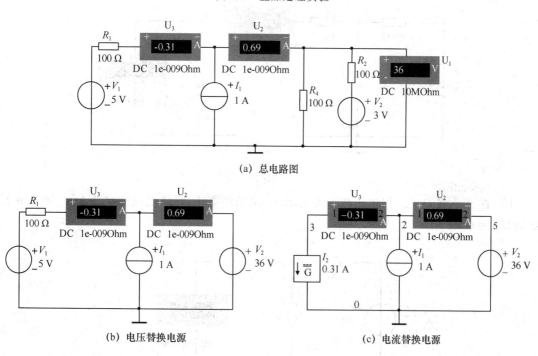

(a) 总电路图

(b) 电压替换电源　　　　　　　　　　　(c) 电流替换电源

图 6.6　替换定理

6.1.7　戴维南定理

戴维南定理是"指任何有源线性二端口网络,对其外部特性而言,都可以用一个直流源串联一个电阻的支路替代,其中电压源电压等于该有源二端口网络输出端的开路电压,串联的电

153

阻等于该有源二端口网络内部所有独立源为零时在输出端的等效电阻"。

电压源 U_{TH} 为电路中负载开路时从负载端看进去的电压值;电阻 R_{TH} 为构成电路电压源短路、电流源开路时从负载端看出去的电阻值。

下面以电路图 6.7 所示电路为实例来说明戴维南定理。

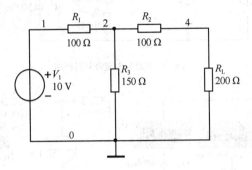

图 6.7　戴维南定理电路

(1) 图 6.8 所示连接电路仿真运行后,可测出 R_L 上的电流和电压分别为:电流表 $U_1 = 0.017$ A,电压表 $U_2 = 3.333$ V。

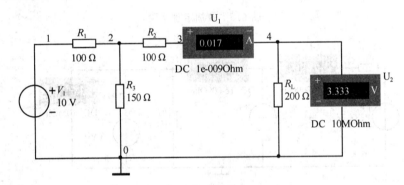

图 6.8　戴维南定理 1

(2) 断开负载 R_L 后,用电压挡来测量原 R_L 两端的电压,将该电压命名为 U_{TH},图 6.9 所示的 $U_{TH} = 6$ V。

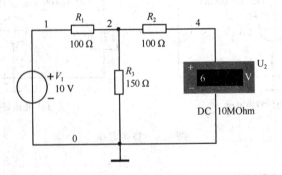

图 6.9　戴维南定理 2

(3) 在图 6.9 所示的电路图的基础上,将电压源短路,用万用表测代替电压表 U_2,来测量原 R_L 两端的电阻值,并命名为 R_{TH},其结果 $R_{TH} = 160$ Ω,如图 6.10 所示。

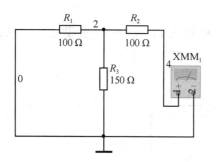

图 6.10　戴维南定理 3

（4）R_L 左边的电路根据戴维南定理等效为 U_{TH} 和 R_{TH} 串联的形式，再与 R_L 相连接，将 U_{TH} 和 R_{TH} 的值代入等效电路得到戴维南定理等效电路，如图 6.11 所示。

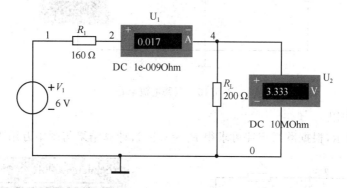

图 6.11　戴维南定理 4

6.1.8　诺顿定理

诺顿定理是指"任何有源二端口网络，对其外部特性而言，都可用电流源并联一个电阻的支路来代替，其中电流源等于有源二端口网络输出端的短路电流，并联电阻等于有源二端口网络内部所有独立源为零时的等效电阻"。

如图 6.12 所示，根据诺顿定理，可将 R_4 左侧的二端口电路可等效为电流源与电阻的并联。

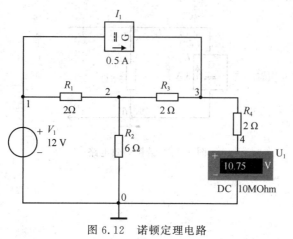

图 6.12　诺顿定理电路

（1）求短路电流

如图 6.13 所示，根据欧姆定律、KCL 定律和 KVL 定律，可求得 $I_{sc}=3$ A，其结果与图 6.13 中电压表读数 3.017 A 基本相符。

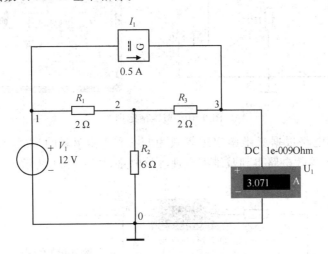

图 6.13　短路电流电路

（2）求等效内阻

如图 6.14 所示，根据欧姆定律可求得 $R_o=3.5$ Ω，计算结果与图中万用表所示结果相同。

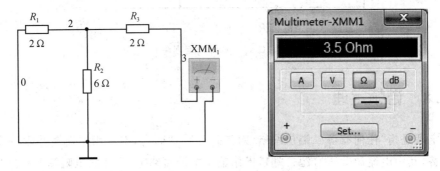

图 6.14　等效电阻电路

（3）诺顿等效电路

诺顿等效电路如图 6.15 所示。

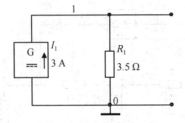

图 6.15　诺顿等效电路

6.2 RC 一阶电路

RC 电路含有储能元件 L 或 C，在电路状态发生改变时，会产生过渡状态，在过渡状态时，电路中的电压、电流处于暂时的不稳定状态，称为暂态过程。

RC 一阶电路是由一个等效电阻 R 和一个等效电容 C 组成的电路，其电路方程为一阶微分方程。由于电容具有储能特性，所以电路的全响应是电容储能引起的零输入响应与外加输入信号产生的零状态响应之和，且电容电压不能突变。当输入信号是直流信号时，电容电压为指数上升或指数下降的充放电波形。改变电阻或电容的参数可以改变充放电的时间常数（$t = RC$），R 或 C 较大时，时间常数大，充放电慢；反之，充放电快。

6.2.1 RC 一阶电路充放电

如图 6.16 所示，当动态元件电容（电感）初始储能为零时，仅由外加激励产生的响应称为零状态响应；如果在换电路瞬间动态元件电容（电感）已储存有能量，那么即使电路中没有外加激励电源，电路中的动态元件电容（电感）将能通过电路放电，在电路中产生响应，即零输出响应。

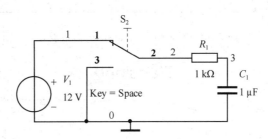

图 6.16　一阶 RC 充放电电路

1. RC 充电（零状态响应）

控制开关 S_2 接入激励源 V_1，选择 RC 电路工作在充电（零状态响应）状态，利用 Multisim 14.0 提供的瞬态分析（Transient）来分析零状态响应曲线，瞬态响应参数设置如图 6.17 所示。

在输出选项（Output）中选择 V(3)节点，运行（Run）后，可以看到该电路的零状态响应曲线如图 6.18 所示。

2. RC 放电（零输入响应）

控制开关 S_2 接地，选择 RC 电路工作在放电（零输入响应）状态，同样可以利用 Multisim 14.0 提供的瞬态分析（Transient）来分析零输入响应曲线，瞬态响应参数设置如 RC 充电设置，保持不变。

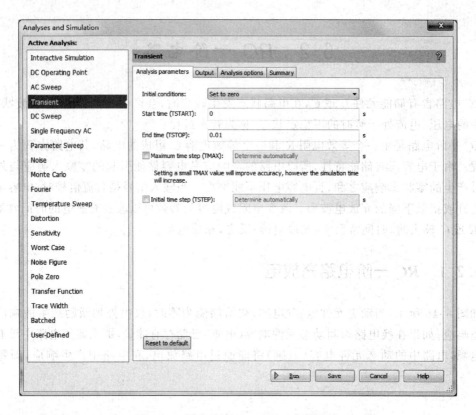

图 6.17　瞬态响应（Transient）参数设置

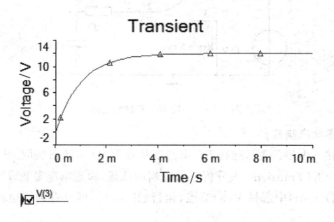

图 6.18　零状态响应曲线

在输出选项（Output）中选择 V(3)节点，运行（Run）后，可以看到该电路的零状态响应曲线如图 6.19 所示。

6.2.2　*RC* 一阶电路全响应

当一个非零初始状态的一阶电路受到激励时，电路产生的响应称为全响应。对于线性电路，全响应是零输入响应和零状态响应之和。*RC* 一阶全响应电路如图 6.20 所示，函数信号发生器设置如图 6.21 所示，此时，一阶 *RC* 电路的全响应输入/输出波形如图 6.22 所示。

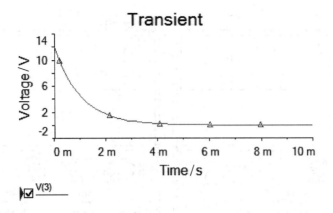

图 6.19　零输入响应曲线

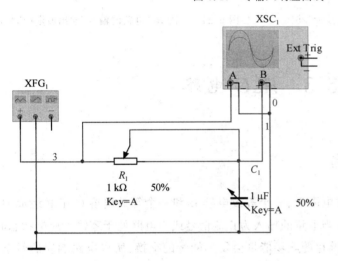

图 6.20　RC 一阶全响应电路

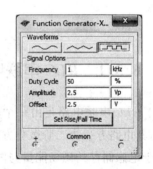

图 6.21　函数信号发生器设置

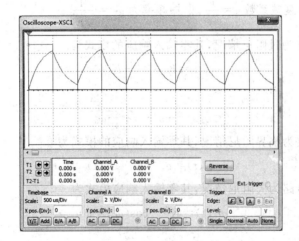

图 6.22　一阶 RC 电路的输入/输出波形

　　当电阻与电容的参数均为总值 25％和 75％时，全响应的输入/输出波形如图 6.23、图 6.24 所示。

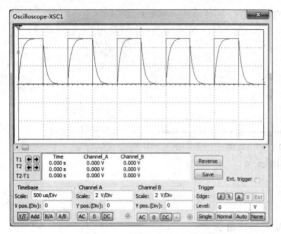 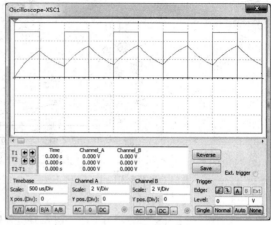

图 6.23　一阶 RC 电路的输入/输出波形（25%）　　　图 6.24　一阶 RC 电路的输入/输出波形（75%）

6.3　*RLC* 电路

6.3.1　*RLC* 串联电路

RLC 串联电路是由一个等效电阻 R、一个等效电感 L 和一个等效电容 C 串联组成的电路，其电路方程为二阶微分方程。当电路的输入为直流信号或当电路处于零输入放电状态时，由于电感储存的磁场能量与电容储存的电场能量会发生能量的交换，所以电路响应的暂态部分会随着电阻不同出现欠阻尼或过阻尼状态。

RLC 串联电路的衰减系数 $\alpha = \dfrac{R}{2L}$，谐振频率为 $\omega_0 = \dfrac{1}{\sqrt{LC}}$。

当 $\alpha > \omega_0$ 时，电路为过阻尼情况，其零输入响应的模式为

$$u_c(t) = K_1 e^{-s_1 t} + K_2 e^{-s_2 t}$$

式中

$$s_{1,2} = -\alpha \pm \sqrt{\alpha^2 - \omega_0^2}$$

当 $\alpha = \omega_0$ 时，电路为临界阻尼情况，其零输入响应的模式为

$$u_c(t) = e^{-\alpha t}(K_1 + K_2 t)$$

当 $\alpha < \omega_0$ 时，该电路为欠阻尼情况，其零输入响应模式为

$$u_c(t) = K e^{-\alpha t} \cos(\omega_d t + \varphi)$$

式中

$$\omega_d = \sqrt{\omega_0^2 - \alpha^2}$$

（1）欠阻尼状态

如图 6.25 所示，由理论分析可得

$$R_{\mathrm{d}} = 2\sqrt{\frac{L_1}{C_1}} = 2 \text{ k}\Omega$$

由于 $R_1 = 100 \ \Omega < R_{\mathrm{d}} = 2 \text{ k}\Omega$，因此，电路工作于欠阻尼的衰减性振荡状态。

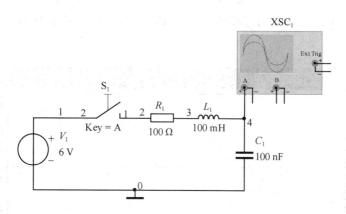

图 6.25　欠阻尼电路

仿真前，调整示波器参数如图 6.26 所示，打开仿真开关，运行后单击 S_1（或按 A 键），接通电路，则可在示波器上看到 RLC 串联二阶实验电路电容器电压的欠阻尼衰减振荡响应波形，波形如图 6.26 所示，在电路接通瞬间，电压会衰减振荡响应，运行一段时间后保持不变。

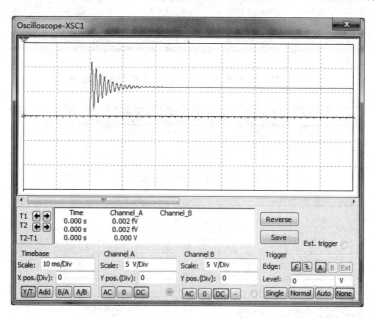

图 6.26　输出电容电压欠阻尼衰减振荡响应波形

（2）过阻尼状态

调整图 6.25 中所示电路中的电阻，使得 $R_1 = R_{\mathrm{d}} = 8 \text{ k}\Omega$，示波器参数设置保持不变，打开仿真开关，运行后单击 S_1（或按 A 键），接通电路，则可在示波器上看到 RLC 串联二阶实验电路电容器电压的过阻尼非振荡响应波形，波形如图 6.27 所示，在电路接通瞬间，电压会渐变，运行一段时间保持不变。

（3）临界阻尼状态

调整图 6.25 中所示电路中的电阻，使得 $R_1 = R_d = 2\ \text{k}\Omega$，示波器参数设置保持不变，打开仿真开关，运行后单击 S_1（或按 A 键），接通电路，则可在示波器上看到 RLC 串联二阶实验电路电容电压的临界阻尼非振荡响应波形，波形如图 6.28 所示，在电路接通瞬间，电压会快速变化之后保持不变。

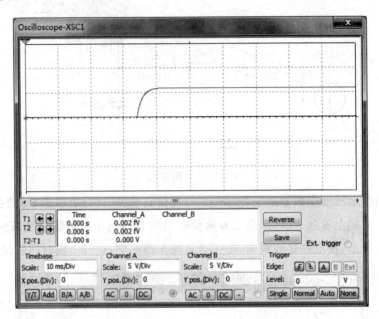

图 6.27　输出电容电压过阻尼非振荡响应波形

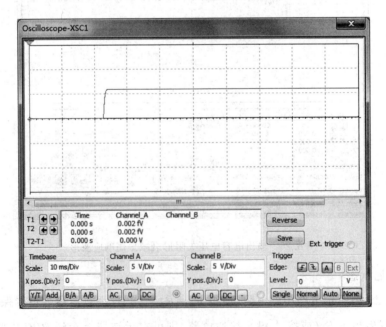

图 6.28　输出电容电压临界阻尼非振荡响应波形

6.4　RLC 串联谐振电路

图 6.29 所示为 RLC 串联谐振电路,该电路的固有频率为

$$f=\frac{1}{2\pi\sqrt{L_1\cdot C_1}}=1.6\ \mathrm{kHz}$$

当信号设置为 1.6 kHz 时,电路就发生谐振。

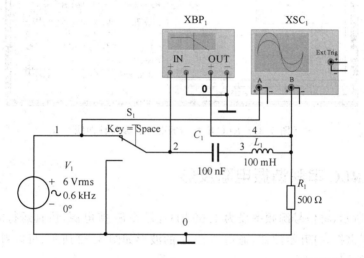

图 6.29　RLC 串联谐振电路

6.4.1　RLC 串联谐振电路幅频特性

如图 6.29 所示,将开关 S_1 接地,此时 RLC 串联谐振电路处于自由振荡状态,打开波特图示仪,可看到该电路的幅频特性曲线如图 6.30 所示,将游标移动到波形峰值处时,其频率为 1.577 kHz,与1.6 kHz 接近。

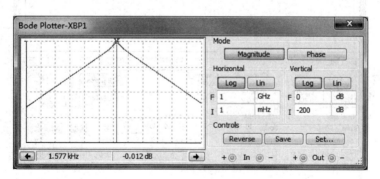

图 6.30　RLC 串联谐振电路幅频特性曲线

6.4.2 *RLC* 串联谐振电路相频特性

如图 6.29 所示,将信号源频率设为 1.69 kHz,开关 S_1 接电源,运行后波特图示仪显示的相频特性曲线如图 6.31 所示。

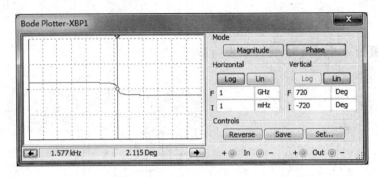

图 6.31 *RLC* 串联谐振电路相频特性曲线

6.4.3 *RLC* 串联谐振电阻波形

如图 6.29 所示,将信号源频率设为 1.69 kHz,开关 S_1 接电源,仿真运行时,此时 *RLC* 串联谐振电路处于谐振,打开示波器,通道 A、B 上的波形如图 6.32 所示,可以看到电阻 R_1 上的波形与信号源的波形同相位。

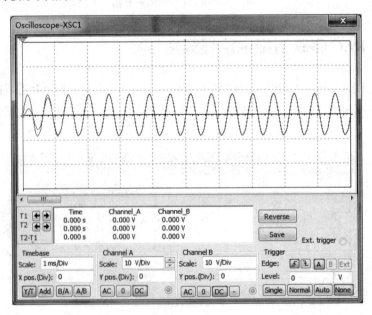

图 6.32 *RLC* 串联谐振时电阻 R_1 与信号源波形对比

6.4.4 *RLC* 串联失谐时 *R₁* 上的波形

如图 6.29 所示,将电源频率设为 6 kHz,开关 S₁ 接信号源,仿真运行后,示波器显示波形如图 6.33 所示,通道 A、B 上的波形相位已不一致,信号源频率高于谐振频率。

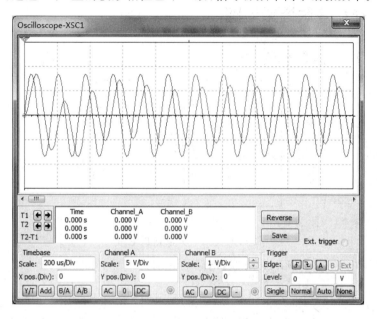

图 6.33 *RLC* 串联谐振时信号源频率高于谐振频率时的波形

当将电源频率设为 0.6 kHz,开关 S₁ 接信号源,仿真运行后,示波器显示波形如图 6.34 所示,通道 A、B 上的波形相位已不一致,信号源频率高于谐振频率。

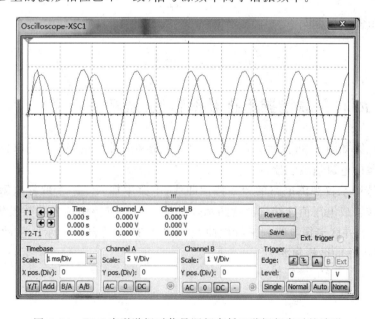

图 6.34 *RLC* 串联谐振时信号源频率低于谐振频率时的波形

6.5 RLC 并联谐振电路

6.5.1 RLC 并联谐振电路

RLC 并联谐振电路如图 6.35 所示。

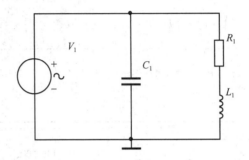

图 6.35 RLC 并联谐振电路

图 6.35 所示电路中,C 和 R、L 并联,电路的导纳为

$$Y=\frac{1}{R+j\omega L}+j\omega C=\frac{R}{R^2+(\omega L)^2}+j\left[\omega C-\frac{\omega L}{R^2+(\omega L)^2}\right]$$

在谐振时,电路中电压和电流同相,此时电路为纯电阻,电路中的电纳为零,即复导纳的虚部为零,即

$$\omega C-\frac{\omega L}{R^2+(\omega L)^2}=0$$

由此得到电路的谐振频率为

$$f_0\approx\frac{1}{2\pi\sqrt{LC}}$$

6.5.2 RLC 并联谐振电路频率特性(波特图示仪)

并联谐振电路如图 6.36 所示。C_1 和 R_1、L_1 支路构成并联电路,R_2 是取样电阻,R_2 两端的电压与电流源的电流值成正比。

为了用波特图示仪观测电路的频率特性曲线,电路中加入了一个取样电阻 R_2,以便将交流电流源的值转换成电压值连接到波特图示仪的输入端。波特图仪各参数设置如图 6.37 右边部分所示,RLC 并联谐振电路频率特性曲线如图 6.37 左边部分所示。移动游标至曲线的峰值处,可读得电路的谐振频率为 5.179 kHz。

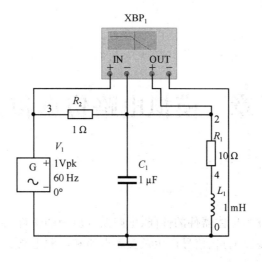

图 6.36　并联谐振电路

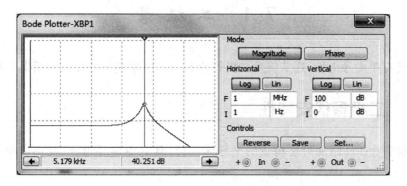

图 6.37　波特图示仪显示的幅频曲线

第7章　模拟电路仿真和分析

模拟电子线路是研究半导体器件的性能、电路及其应用的学科,它主要包括晶体管放大电路、反馈放大电路、有源滤波电路、信号产生及变换电路和电源电路。

7.1　二极管

二极管具有单向导电性,这节将对二极管的 IV 特性、单向导电性及应用做一些仿真。

7.1.1　二极管伏安特性

晶体二极管由 PN 结加封装构成的半导体器件,具有单向导电性、反向击穿性和结电容特性。

晶体二极管伏安特性曲线就是晶体二极管的曲线模型,在 Multisim 14.0 中可用 IV 特性分析仪获得,仿真结果如图 7.1 所示,由图可以看到,二极管是非线性电阻器件,主要表现在单向导电性上。

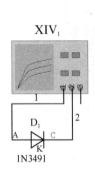

(a) 电路

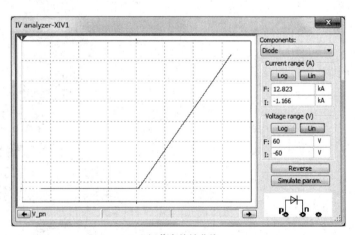

(b) 伏安特性曲线

图 7.1　晶体二极管 PN 结伏安特性

7.1.2　二极管整流

二极管半波整流电路如图 7.2(a)所示,当输入为 5 V/1 kHz 正弦波时,由于二极管的单向导电性,交流电压波形的正半周导通,负半周截止,输出的正半周波形图如图 7.2 所示。

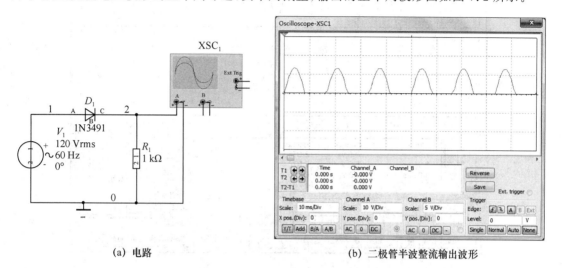

(a) 电路　　　　　　　　　　　　(b) 二极管半波整流输出波形

图 7.2　二极管半波整流电路

二极管桥式整流电路也是一个应用非常广泛的电路,如图 7.3 所示。

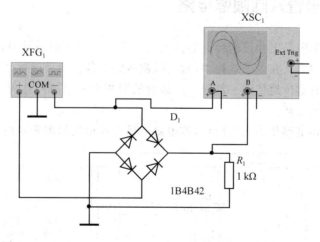

图 7.3　二极管桥式整流电路

如果在信号发生器中选择 10 V、1 kHz 的正弦信号,其输出结果如图 7.4 所示,由实验结果来看,电阻 R_1 两端的输出电压被整流输出。

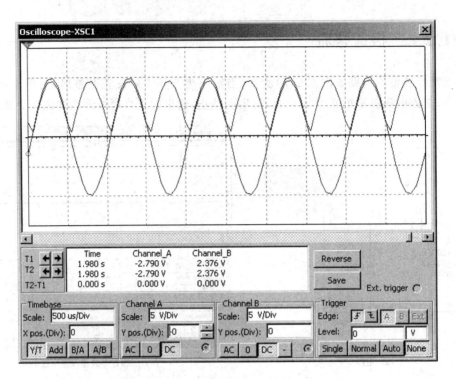

图 7.4　二极管桥式整流电路输出结果

7.1.3　二极管双向限幅电路

利用二极管的单向导电和正向导通后其正向压降基本恒定的特性,可将输出信号电压幅值限制在一定的范围内。在电子线路中,常用限幅电路对各种信号进行处理,以使输入信号在预置的电压范围内有选择地传输一部分。二极管的限幅电路也可用作保护电路,以防止半导体器件由于过压而被烧坏。

二极管双向限幅电路如图 7.5 所示,该电路的输出波形图如图 7.6 所示。

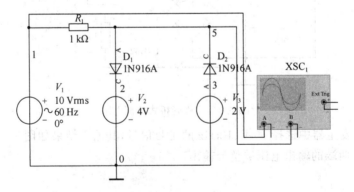

图 7.5　二极管双向限幅电路

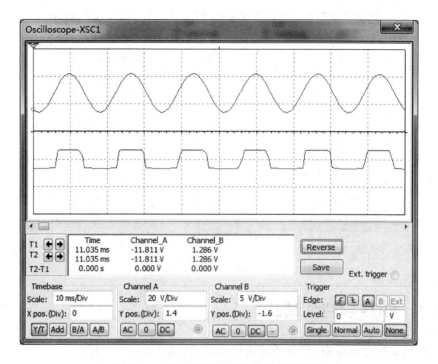

图 7.6　二极管双向限幅电路输出波形图

7.2　晶　体　管

晶体管由两个 PN 结加封装构成的半导体器件,具有单向导电性、反向击穿性和结电容特性。

7.2.1　晶体管伏安特性

晶体管伏安特性可由 IV 分析仪进行测试,其结果如图 7.7 所示。其中图(a)为 NPN 三极管 IV 伏安分析电路,图(b)为 IV 分析仪参数设置,图(c)为 IV 特性曲线。

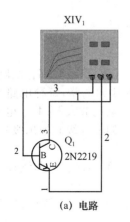

(a) 电路

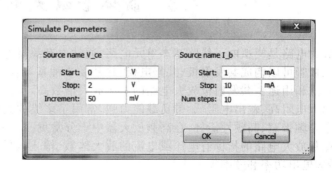

(b) IV仿真参数设置

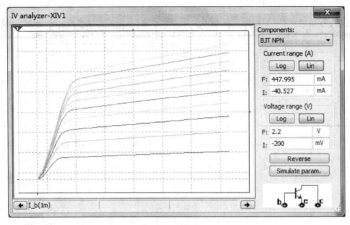

(c) IV特性曲线

图 7.7　晶体三极管特性测试

7.2.2　MOS 管特性测试

MOS 管伏安特性也可由 IV 分析仪进行测试,其结果如图 7.8 所示。

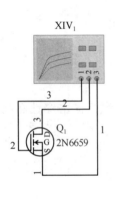

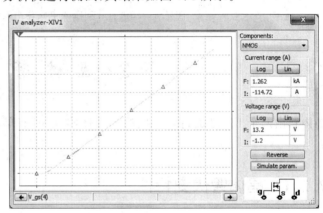

图 7.8　MOS 管特性测试

7.3　晶体管放大电路

　　放大电路是模拟电子线路基本单元电路,通常由有源器件、信号源、负载和耦合电路构成。晶体三极管可以构成共发射极、共集电极、共基极 3 种基本组态的放大电路,每种电路都有自己的特点和用途。共发射极放大电路的电压放大倍数高,是常用的电压放大器;共集电极放大电路输入电阻高、输出电阻低、带负载能力强,常用于多级放大电路的输入级和输出级;共基极放大电路频带宽、高频性能好,在高频放大器中十分常见。

　　衡量放大电路的指标有电压或电流的放大倍数、输入与输出电阻、通频带、非线性失真系数、最大输出功率和效率等。

　　由于共发射极放大电路能够放大电路既有电压增益,又有电流增益,从而得到广泛应用,常用作各种放大电路中的主放大级。

共发射极放大电路是一种分压式单管放大电路,电路如图 7.9 所示,其偏置电路采用 R_4、R_5、R_6,在发射极中接有电阻 R_1、R_8,以稳定放大电路的静态工作点,当放大电路输入信号 U_i (V_1)后,输出端 U_o(节点 $V(6)$)可输出一个与 U_i 相位相反、幅度增大的输出信号,从而实现电路的放大作用。

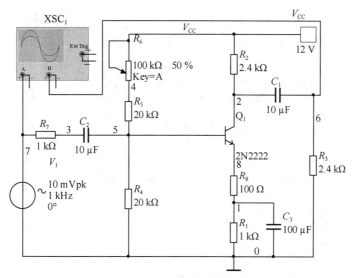

图 7.9　共发射极放大电路

7.3.1　放大电路静态工作分析

放大电路静态工作点直接影响放大电路的动态范围,进而影响放大电路的电流/电压增益和输入/输出电阻等参数指标,故设计一个放大电路首先要设计合适的静态工作点。

（1）输入、输出波形

晶体管 VT 从部件中调用晶体三极管,信号源设置为 $10 \text{ mVpk}/1 \text{ kHz}$,调整可调电阻器 R_6,通过示波器观察节点 $V(6)$ 的波形如图 7.10 所示,此时放大电路输入、输出波形不失真。

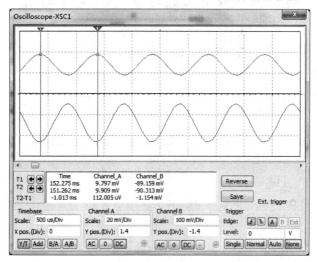

图 7.10　放大电路输入、输出波形

（2）直流工作点分析

在输出波形不失真的情况下，单击"Simulate"（仿真）菜单下的"Analyses and simulation"中的"DC Operating Poin"（直流工作点的分析）命令，在 Output 中选择节点 V(1)、V(2)、V(3)、V(4)V(5)、V(6)、V(7)、V(8)来进行直流工作点分析，分析结果如图 7.11 所示。

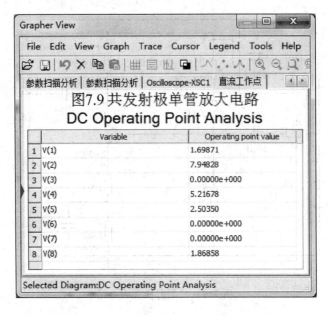

图 7.11　直流工作点分析结果

（3）电路直流扫描

通过直流扫描分析可以观测电源电压对发射极的影响。单击"Simulate"（仿真）菜单下的"Analyses and simulation"中的"DC Sweep"（直流分析）命令，在 Output 中选择节点 V(8)来进行直流工作点分析，分析结果如图 7.12 所示。

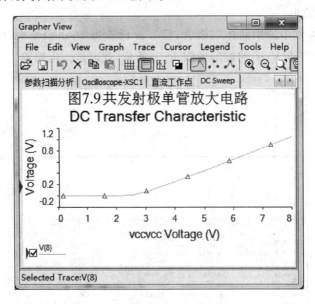

图 7.12　直流扫描分析

（4）电流参数扫描

为选择合适的偏置电阻值 R_b，可以使用直流参数扫描选择 R_b 的数值。首先选择工作点电压 U_{ceq} 对电阻 R_b 进行扫描，也就是说这对 R_6 值从 9 kΩ 到 100 kΩ 进行变化，观测晶体管发射极（V(8)）和集电极（V(2)）随着 R_w 变化的情况如图 7.13 所示。

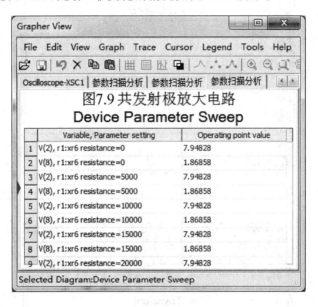

图 7.13　电流参数扫描分析

7.3.2　动态分析

放大器动态指标包括电压放大倍数、输入电阻、输出电阻、最大不失真输出电压（动态范围）和通频带等。

（1）放大电路的交流分析

通过交流分析可以观测节点 V(6) 的波形。选择菜单 Simulate（仿真）下的 Analyses and simulation 中的 AC Sweep（直流分析），交流分析参数设置 Frequency Parameters 中设置如下所述。

- Start Frequency（起始频率）：1 Hz。
- Stop Frequency（终止频率）：10 GHz。
- Sweep Type（X 刻度类型）：Decade。
- Number of Pointer per decade（十倍频程刻度数）：10。
- Vertical Scale（Y 轴刻度类型）：Logarithmic（对数）。

在 Output 中选择节点 V(6)，然后单击"Run"按钮来进行交流分析，结果如图 7.14 所示。

（2）放大电路的瞬态分析

通过瞬态分析来分析输入节点 V(7)、输出节点 V(6) 的电压波形情况。单击"Simulate"（仿真）菜单下的"Analyses and simulation"中的"Transient"（交流扫描分析）命令，瞬态分析分析参数 Analysis Parameters 采用默认设置在 Output 中选择节点 V(6)、V(7)，然后单击"Run"按钮来进行瞬态分析，分析结果如图 7.15 所示。

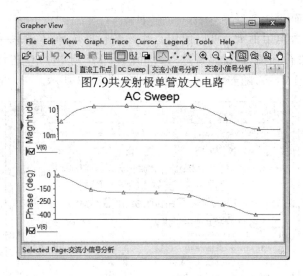

图 7.14　交流分析

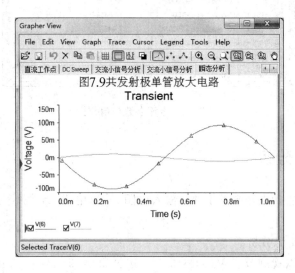

图 7.15　放大电路输入、输出瞬态分析

7.3.3　放大器电压增益的测量

放大器的电压增益是指输出电压与输入电压之比的数值大小,可以使用交流电压表测量输出/输入波形,根据其峰值大小进行计算获得。

使用交流电压表测量的特点是快捷,但波形可能严重失真,这时测量的增益值是没有意义的;使用示波器进行测量读数麻烦、精度不高、但会发现波形的失真情况。实际测量时可以同时使用示波器和交流电压表进行测量。

对图 7.16 进行仿真后,打开示波器面板,如图 7.10 所示,由波形图可以看到输入与输出波形无明显失真。此时电路的电压增益为

$$A_u = \frac{0.064 \text{ V}}{7.07 \text{ mV}} \approx 9.05$$

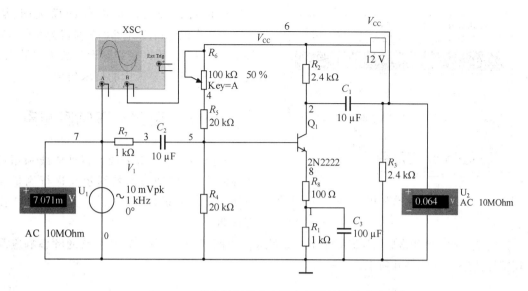

图 7.16 共发射极放大电路电压增益测量电路

或者可由图 7.10 中的示波器读数计算,例如由 T_2 所对应的通道 A、B 中的读数亦可计算,注意此时由于示波器游标的移动其值有变化,因此和电压表所测数据稍有出入。

$$A_u = \frac{90.313\ \text{mV}}{9.909\ \text{mV}} \approx 9.11$$

7.3.4 失真度测量

构成放大器的晶体管是一种非线性的元件,所以实际构成放大器都存在一定的失真,衡量失真大小通常用失真度来表示。

在前面实验过程中,示波器上的波形感觉没有太大的失真,此时可以在电路中接入失真度分析仪,电路如图 7.17 所示。

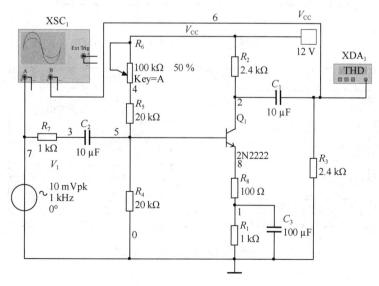

图 7.17 共发射极放大电路电压失真度测量

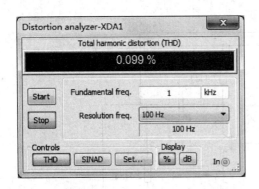

图 7.18　共发射极放大电路电压失真度测量数据

仿真后打开失真分析仪的面板图，从图 7.18 中可以看到，该电路的失真度为 0.099%，基本没有失真，所以在实际设计放大电路时，失真度是一个需要考虑的技术指标。

7.3.5　电路频率响应测量

电路的频率响应分幅频特性曲线和相频特性曲线，可以通过波特图示仪进行测量或者使用交流分析进行分析，在此使用波特仪进行测量。

按图 7.19 接好电路后，仿真并打开波特图示仪的面板图，从中可以看电路的频率响应及幅频特性曲线，如图 7.20 所示。

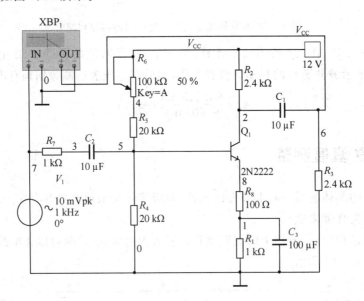

图 7.19　共发射极放大电路频率响应测量电路

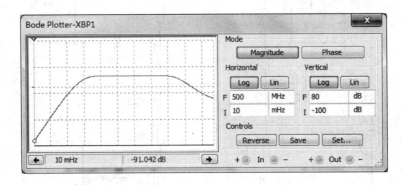

图 7.20　共发射极放大电路频率响应测量数据

7.4　射极跟随器

在射极跟随器电路中,信号由基极和地之间输入,由发射极和地之间输出,集电极交流等效接地,所以,集电极是输入/输出信号的公共端,故称为共集电极电路。又由于该电路的输出电压是跟随输入电压变化的,所以又称为射极跟随器。射极跟随器电路如图 7.21 所示。

7.4.1　静态工作点的调整

按图 7.21 连接电路,输入信号由信号发生器产生一个幅度为 $100\,\mathrm{mV}$、频率为 $1\,\mathrm{kHz}$ 的正弦信号。调节 R_5,使信号不失真输出。

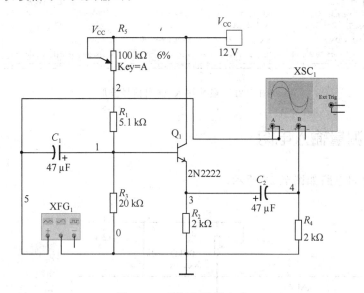

图 7.21　射极跟随器电路

7.4.2　跟随范围调节

增大输入信号直到输出出现失真,观察出现了饱和失真还是截止失真,再增大或减小 R_5,使失真消除。再次增大输入信号,若出现失真,再调节 R_5,使输出波形达到最大不失真输出,此时电路的静态工作点是最佳工作点,输入信号是最大的跟随范围。最后输入信号增加到 $4\,\mathrm{V}$,R_5 调在 6%,电路达到最大不失真输出。最大输入、输出信号波形如图 7.22 所示。

7.4.3　测量电压放大倍数

观察图 7.22 所示输入、输出波形,射极跟随器的输出信号与输入信号同相,幅度基本相等,所以,放大倍数 $A_\mathrm{u}\approx 1$;或者可由图 7.22 中 T_2 所对应的通道 A、B 中的读数亦可计算。

$$A_\mathrm{u}=\frac{3.894\,\mathrm{V}}{3.934\,\mathrm{V}}\approx 1$$

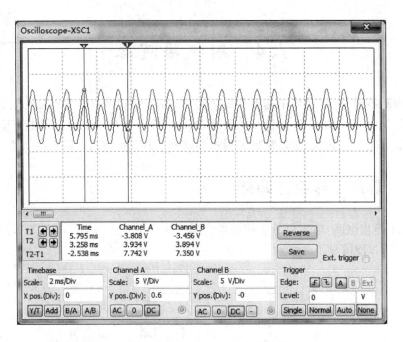

图 7.22 最大输入、输出信号波形

7.4.4 测量输入电阻

测量输入电阻电路如图 7.23 所示。

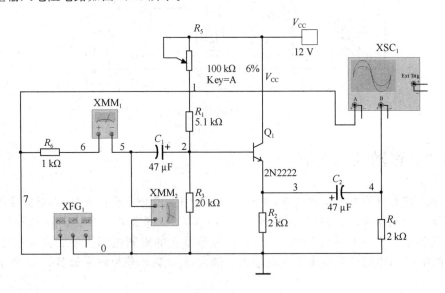

图 7.23 输入电阻测试电路

在输入端接入电阻 $R_6 = 1\ \text{k}\Omega$，XMM_1 调到交流电流挡，XMM_2 调到交流电压挡，输入端输入频率为 1 000 Hz，电压为 1 V 的输入信号，示波器监测输出波形不能失真。打开仿真开关，两台万用表的读数如图 7.24 所示。

图 7.24　电阻测试电路万用表读数

此时,电路的输入电阻为

$$r_\mathrm{i}=\frac{U_\mathrm{i}}{I_\mathrm{i}}=\frac{615.878}{91.215}\approx6.8\ \mathrm{k\Omega}$$

7.4.5　测量输出电阻

在测量共射极放大电路的输出电阻时,采用的是不接负载时测一次输出电压,再接负载测一次,通过计算得到输出电阻的大小。这里再介绍一种测量输出电阻的方法,即将电路的输入端短路,将负载拆除,在输出端加交流电源,测量输出端的电压和电流,如图 7.25 所示。

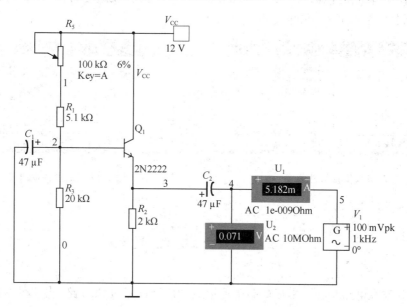

图 7.25　输出电阻测试电路

此时,电路的输出电阻为

$$r_\mathrm{o}=\frac{U_\mathrm{o}}{I_\mathrm{o}}=\frac{0.071}{5.169}=13.7\ \Omega$$

7.4.6　测量电路的频率特性

电路频率特性曲线可采用波特图仪来,连接电路如图 7.26 所示。

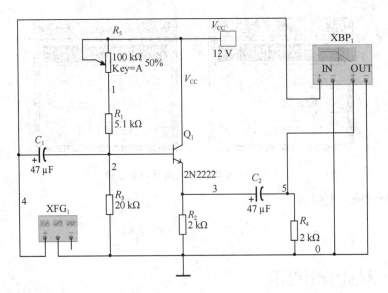

图 7.26　波特图仪测量电路的频率特性

　　图 7.27 所示是幅频特性曲线,图 7.28 所示是相频特性曲线,各项参数设置如图中所示。移动数轴,可以读取电路的下限频率和上限频率,求得通频带。并且从幅频曲线可以知道,在通频带内,输出与输入的比约为 1∶1;从相频曲线可以看到,在通频带内,电路的输出与输入相位差为 0,说明输出与输入信号同相。

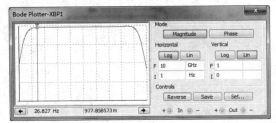

图 7.27　幅频特性曲线

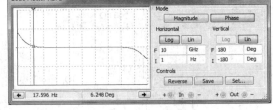

图 7.28　相频特性曲线

7.5　差分放大电路

　　基本差分放大电路是模拟集成电路中使用最为广泛的单元级电路,它几乎是所有模拟集成电路的输入级,决定着这些电路的差模输入特性、共模输入特性、输入失调特性和噪声特性。差分放大电路对差模信号有放大能力,而对共模信号具有抑制作用。差模信号指电路的两个输入端输入大小相等,极性相反的信号。

　　差分放大电路可以看成由两个电路参数完全一致的单管共发射极电路所组成。差分放大电路有双端输入和单端输入两种输入方式,有双端输出和单端输出两种输出方式。单端输入可以等效成双端输入。

7.5.1　差模输入时电路的放大倍数

实验电路如图 7.29 所示，这是一个双端输入长尾式差动放大电路，输入信号是一个频率为 1 kHz、幅度为 100 mV 的正弦交流信号。

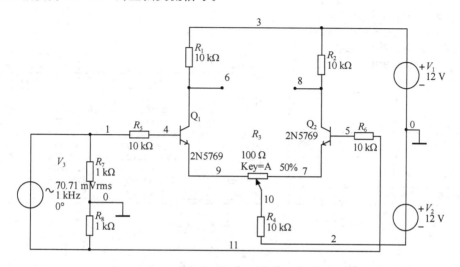

图 7.29　差分放大电路

测量差模输入时，电路的放大倍数。按图 7.29 连接电路，用示波器观测 V(6)、V(8) 端的波形，如图 7.30 所示，可以看到两个信号相位相反。也可用瞬态分析方法得到 V(6)、V(8) 端输出的波形，再利用后处理器，将两波形相减得到双端输出电压波形。

单击分析菜单中的"Simulate"下的"Analyses and Simulation"中的"Transient"命令，在弹出的对话框中将 End time 设置为 0.002 s，Output 选项卡中选取两输出端 V(6) 和 V(8) 为输出变量，仿真结果如图 7.30 所示。

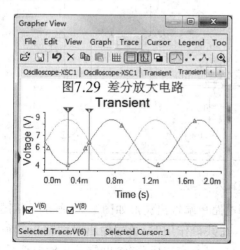

Cursor		
	V(6)	V(8)
x1	262.0690μ	262.0690μ
y1	4.4698	8.4154
x2	496.5517μ	496.5517μ
y2	6.3867	6.4992
dx	234.4828μ	234.4828μ
dy	1.9169	-1.9162
dy/dx	8.1749k	-8.1720k
1/dx	4.2647k	4.2647k

图 7.30　差动放大电路单端输出电压波形

从图 7.30 中可以看出：两个输出端输出电压的交流成分大小相等，方向相反，由于输出端没有隔直电容，因此输出中叠有直流分量，这个直流分析是静态时 U_C 的值。

单端输出交流分量的输出幅值约为 8.4154−6.4992＝1.9162 V,单端输出差模电压放大倍数 A_1＝1.916 2V/100 mV＝19.162。

启动后处理器,设置后处理方程为 V(6)- V(8),得到双端输出电压波形,如图 7.31 所示。

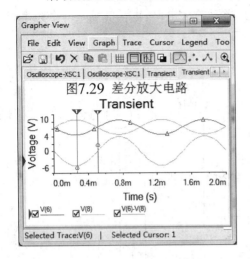

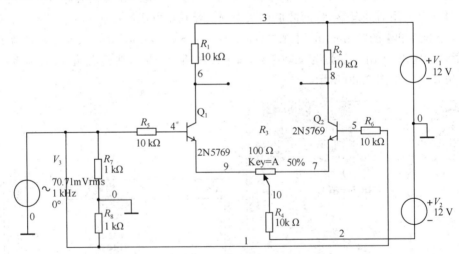

图 7.31　双端输出波形

7.5.2　测量共模输入时电路的放大倍数

共模输入时电路如图 7.32 所示。

图 7.32　共模输入时电路

当输入共模信号时,用瞬时分析法分析得到电路单端输出波形如图 7.33 所示。从图中可以看出:由于 Multisim 14.0 仿真元件非常一致,在共模作用时,单端输出时两输出端得到的信号完全相同,这时信号中既有直流成分(静态值),又有交流成分(输出信号),输出信号的峰-峰值为 6.4870−6.3906＝0.0964 V,幅值为 0.0964/2＝0.00487 V。单端输出时共模电压放大倍数 A_2＝0.0487 V/100 mV ＝ 0.487。

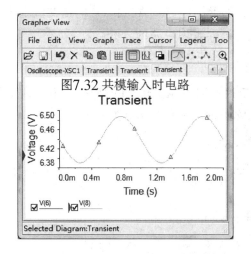

图 7.33　共模输入时单端输出电压波形

7.6　负反馈放大器

在放大电路中引入负反馈,可以改善放大电路的性能指标,如提高增益的稳定性、减小非线性失真、展宽通频带、改变输入/输出电阻等。根据引入反馈方式的不同,可以分为电压串联型负反馈、电压并联型负反馈、电流串联型负反馈和电流并联型负反馈。

7.6.1　电路负反馈对增益的影响

负反馈放大电路如图 7.34 所示。

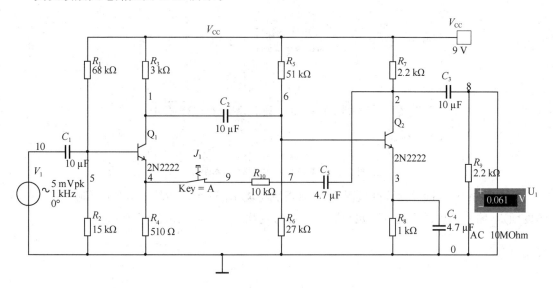

图 7.34　负反馈放大电路

闭合开关 J_1,这时电阻 R_{10} 和电容 C_5 构成负反馈通路,电路正常工作,此时用交流电压表测量输出负载 R_9 两端的交流电压,测量结果为 0.061 V,此时电路的总增益为

$$A_u = \frac{0.061 \text{ V}}{5 \text{ mV}} \approx 17.3$$

断开开关 J_1,这时电阻 R_{10} 和电容 C_5 构成负反馈通路不能工作,此时用交流电压表测量输出负载 R_9 两端的交流电压,测量结果为 0.337 V,此时电路的总增益为

$$A_u = \frac{0.337 \text{ V}}{5 \text{ mV}} \approx 67.4$$

由此可见,当负反馈通路工作时,电压的增益下降。

7.6.2 负反馈深度对增益的影响

电阻 R_{10} 和电容 C_5 构成负反馈通路对电路的增益影响较大,电阻 R_{10} 的阻值越大,则反馈深度越小;反之,R_{10} 的阻值越小,则反馈深度越大。闭合 J_1 时,可用参数扫描分析来观察 R_{10} 分别为 5 kΩ、10 kΩ、15 kΩ 时,节点 V(8) 的瞬态输出波形。

单击"Simulate"(仿真)菜单下的"Analyses and simulation"中的"Parameters Sweep"命令(参数扫描分析),采用默认设置在 Output 中选择节点 V(8),参数设置如图 7.35 所示。

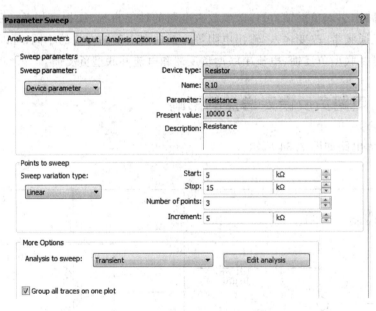

图 7.35　参数扫描分析时参数设置

单击"Run"按钮运行后,可从图 7.36 查看到电阻 R_{10} 的大小对输出波形的影响,由于输入幅度固定,输入幅度的变化同时也反映了增益的变化。

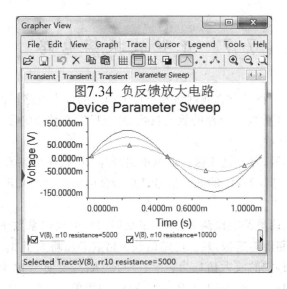

图 7.36　反馈深度对输出的影响

7.6.3　负反馈深度对幅频特性的影响

闭合 J_1 时,可用参数扫描分析来观察 R_{10} 分别为 5 kΩ、10 kΩ、15 kΩ 时,节点 V(8)的输出波形。

单击"Simulate"(仿真)菜单下的"Analyses and simulation"中的"Parameters Sweep"(参数扫描分析)命令,各参数设置参照图 7.35,注意在"Analysis to sweep"中选择"AC Sweep"。Output 中选择节点 V(8),单击"Run"按钮运行后,可看到电阻 R_{10} 对输出的幅频特性曲线和相频特性曲线的影响,如图 7.37 和图 7.38 所示。

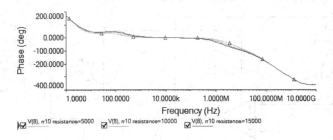

图 7.37　反馈深度对相频特性曲线的影响

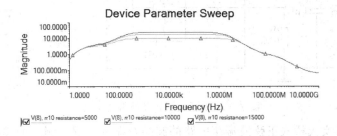

图 7.38　反馈深度对幅频特性曲线的影响

7.7 正弦波振荡电路

正弦波振荡电路是一种具有选频网络和正反馈网络的放大电路。振荡的条件是环路增益为 1，即 $AF=1$。其中 A 为放大电路的放大倍数，F 为反馈系数。为了使电路能够起振，应使环路的增益 AF 略大于 1。

根据选频网络的不同，可以把正弦波振荡电路分为 RC 振荡电路和 LC 振荡电路。RC 振荡电路主要用来产生小于 1 MHz 的低频信号，LC 振荡电路主要用来产生大于 1 MHz 的高频信号。

文氏桥式正弦波振荡电路在振荡工作时，正反馈网络的反馈系数 $F=1/3$，放大电路的放大倍数 $A=3$。要使电路能够起振，放大电路的放大倍数必须略大于 3。在图 7.39 中，放大电路是一个同相比例电路，它的放大倍数为 $A=1+(R_5/R_4)$，要使 A 略大于 3，只要取 R_5 略大于 R_4 的 2 倍即可，如电路中 $R_4=6$ kΩ，$R_5=15$ kΩ。电路的振荡频率为 $f=1/(2\pi RC)$。

自动稳幅原理：当输出信号幅值较小时，D_1 和 D_2 接近于开路，r_d 为二极管 D_1、D_2 的动态等效电阻，由于 R_5 阻值较小，由 D_1、D_2 和 R_5 组成的并联支路的等效电阻近似为 R_5 的阻值，$A=1+[(r_d//R_5)/R_4]\approx 1+R_5/R_4$。但是随着输出电压的增加，$D_1$ 和 D_2 的等效电阻将逐渐减小，负反馈逐渐增强，放大电路的电压增益也随之降低，直至降为 3，振荡器输出幅值一定的稳定正弦波。如果没有稳幅环节，当输出电压增大到过高时，运算放大器工作到非线性区，这时振荡电路就输出失真的波形。

7.7.1 正弦波振荡电路起振过程仿真

按照图 7.39 所示文氏桥式正弦波振荡电路绘制电路。

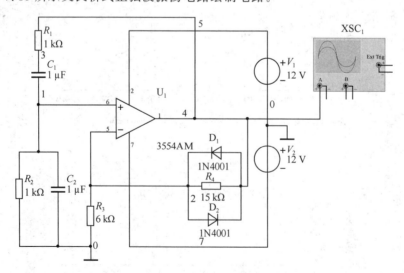

图 7.39 文氏桥式正弦波振荡电路

用示波器观察文氏桥式正弦波振荡电路的起振及振荡过程。测得的输出波形如图 7.40 所示。

移动数据指针,可测得振荡周期 $T = 6.3$ ms,则振荡频率 $f = 1/T = 1/6.4$ ms≈158 Hz,与理论计算值基本一致。起振时间大约为 114 ms。

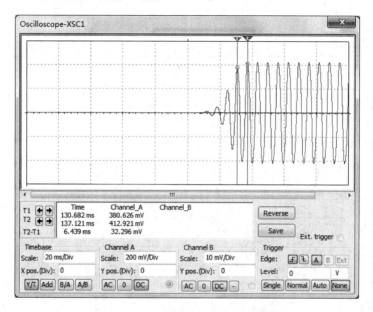

图 7.40　$R_5 = 15$ kW 时的振荡电路输出波形

7.7.2　电阻变化对起振时间的影响

改变 R_4 的值,R_4 分别取 10 kΩ 和 30 kΩ,观察输出波形。当 $R_4 = 10$ kΩ 时,没有输出信号,因为电路的放大倍数 $A = 1 + (R_4/R_3) = 1 + (10/6) < 3, AF < 1$,电路不能起振;当 $R_4 = 30$ kΩ 时,示波器波形如图 7.41 所示。比较图 7.40 和 7.41 可以看出,随着 R_4 的增大,起振速度加快。当 $R_4 = 30$ kΩ 时,起振时间大约是 10 ms,但振荡频率没有改变。

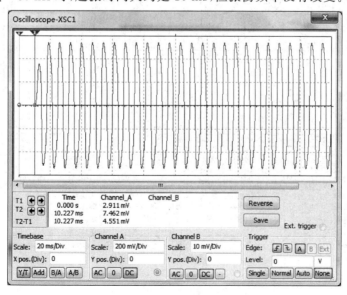

图 7.41　$R_5 = 30$ kΩ 时的输出波形

将电阻 R_1 和 R_2 的阻值都改为 $2\ \text{k}\Omega$，$R_4 = 30\ \text{k}\Omega$。打开仿真开关，从示波器观察输出波形，如图 7.42 所示。比较图 7.41 和图 7.42 可知，振荡频率减小为原来的 1/2 时，起振速度加快，起振时间大约是 20 ms。

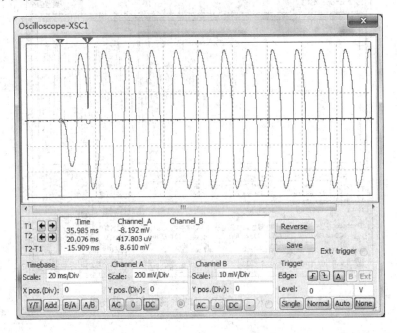

图 7.42　$R_1 = R_2 = 2\ \text{k}\Omega$ 时的输出波形

将电阻 R_1 和 R_2 的阻值都改为 $2\ \text{k}\Omega$，$R_4 = 30\ \text{k}\Omega$，双击二极管 D_2，设置为开路状态（Excluded），测得输出波形，如图 7.43 所示，输出产生了失真。

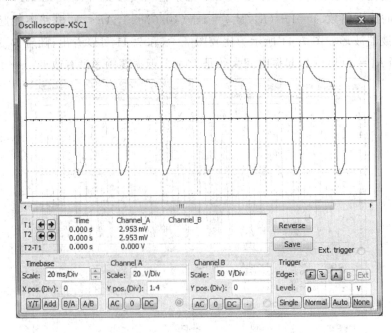

图 7.43　D_2 开路时输出波形

7.8　集成运放电路

集成运放实质上是一个高增益多级直接耦合放大电路。它的应用主要分为两类,一类是线性应用,此时电路中大都引入了深度负反馈,运放两输入端间具有"虚短"或"虚断"的特点,主要应用是和不同的反馈网络构成各种运算电路,如加法、减法、微分、积分等。另一类就是非线性应用,此时电路一般工作在开环或正反馈的情况下,输出电压不是正饱和电压就是负饱和电压,主要应用是构成各种比较电路和波形发生器等。

7.8.1　加法电路

加法电路可以实现两个电压信号的相加。加法电路在构成上有反相输入求和、同相输入求和等不同的电路形式。

加法电路如图 7.44 所示。

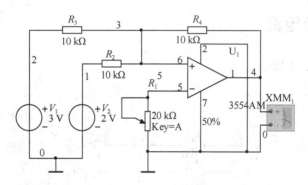

图 7.44　加法电路

按图 7.44 连接电路,两输入信号 V_1 和 V_2 从集成运放的反相输入端输入,构成反相加法运算电路。设置 $V_1 = 2$ V,$V_2 = 3$ V,电压表选择"DC",打开仿真开关,测得输出电压 $U_o = -5.002$ V。反相输入加法运算电路的输出电压与输入电压的关系式为

$$U_o = -\left(\frac{R_f}{R_1} V_{i1} + \frac{R_f}{R_2} V_{i2} \right)$$

按图 7.44 中给定的各参数计算得

$$U_o = -(V_1 + V_2) = -5 \text{ V}$$

7.8.2　减法电路

减法电路如图 7.45 所示。

按图 7.45 连接电路,V_1 从反相输入端输入,V_2 从同相输入端输入,设置 $V_1 = 2$ V,$V_2 = 3$ V,电压表选择"DC",打开仿真开关,测得输出电压 $U_o = -0.998.981$ mV。减法运算电路的输出电压和输入电压之间的关系式为

$$U_o = -\frac{R_f}{R_1} (V_{i1} - V_{i2})$$

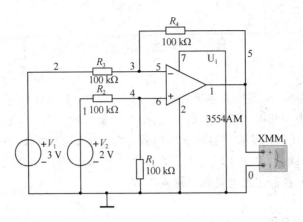

图 7.45　减法电路

按图 7.45 中给定的各参数计算得

$$U_o = V_2 - V_1 = -1 \text{ V}$$

由此可说明电路的输出与输入是减法运算关系。

7.8.3　积分电路

积分电路如图 7.46 所示。

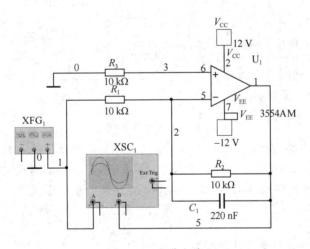

图 7.46　积分电路

按图 7.46 连接电路,双击函数信号发生器,输入信号设置频率为 100 Hz,幅值为 5 V 的方波信号。打开示波器,观察输入、输出波形,如图 7.47 所示。输入信号是方波,输出信号是三角波,可见,积分电路具有波形变换的功能。积分电路的输出与输入之间的关系为

$$U_o = -\frac{1}{RC}\int V_i \mathrm{d}t$$

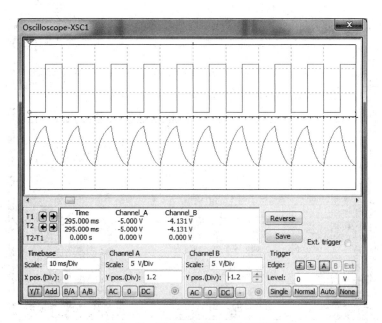

图 7.47　积分电路输入、输出波形

7.8.4　微分电路

微分运算电路是电子电路设计中广泛应用的电路之一,微分电路如图 7.48 所示。

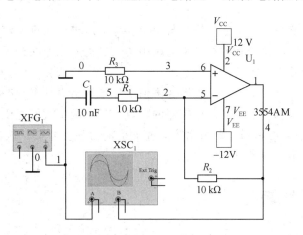

图 7.48　微分电路

按图 7.48 连接电路,双击函数信号发生器,输入信号设置频率为 100 Hz,幅值为 5 V 的三角波信号。打开示波器,观察输入、输出波形,如图 7.49 所示。输入信号是三角波,输出信号是矩形波,可见,微分电路也具有波形变换的功能。

微分电路的输出与输入之间的关系为

$$U_o = -RC \frac{\mathrm{d}V_i}{\mathrm{d}t}$$

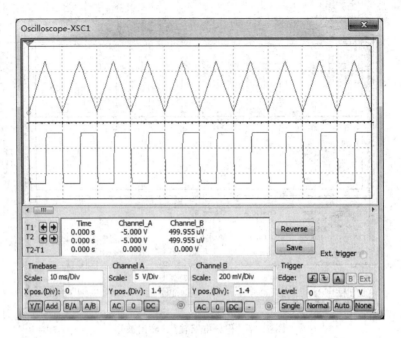

图 7.49 微分电路输入、输出波形

7.9 电压比较器

电压比较器的功能是能够将输入信号与一个参考电压进行大小比较,并用输出高、低电平来表示比较的结果。电压比较器的特点是电路中的集成运放工作在开环或正反馈状态。输出与输入之间呈现非线性传输特性。

过零比较器的特点是阈值电压等于零。阈值电压指输出由一个状态跳变到另一个状态的临界条件所对应的输入电压值。滞回比较器的特点是具有两个阈值电压。当输入逐渐由小增大或由大减小时,阈值电压不同。滞回比较器抗干扰能力强。窗口比较器的特点是能检测输入电压是否在两个给定的参考电压之间。

7.9.1 过零比较器

如图 7.50 所示的过零比较器电路,稳压二极管采用 IN4733A。

设置信号发生器产生频率为 100 Hz,幅值为 2 V 的正弦信号,如图 7.51 所示。打开仿真开关,用示波器观察过零比较器的输入、输出波形,移动数据指针,读取输出波形的幅值。过零比较器的输入、输出波形如图 7.52 所示,从波形可以看出,输入信号过零时,输出信号就跳变一次。输出高低电平的值由稳压二极管限制,约为 5.5 V。

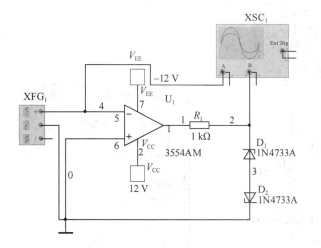

图 7.50　过零比较器图

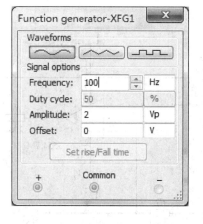

图 7.51　函数信息发生器参数

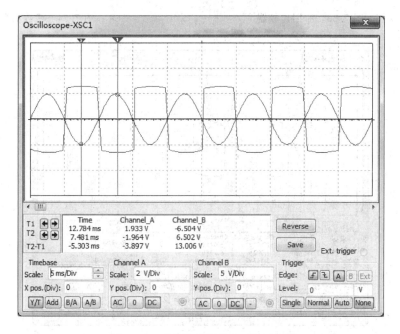

图 7.52　过零比较器输入、输出波形

7.9.2　滞回比较器

滞回比较器电路如图 7.53 所示。

设信号发生器参数设置如图 7.54 所示。仿真后可从示波器观察到输入、输出波形如图 7.55 所示。移动数据指针,可以读取其幅值,当输入由小到大逐渐增大到 1.1 V 时,输出由高电平跳变到低电平;当输入由大到小逐渐减小到 -1.1 V,输出由低电平跳变到高电平。因此,该滞回比较器的下限阈值电压为 -1.1 V,上限阈值电压为 1.1 V。

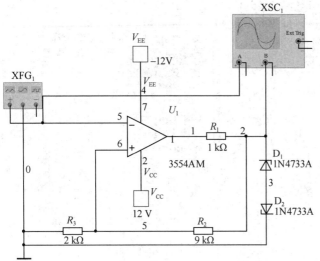

图 7.53　滞回比较器

图 7.54　函数信息发生器参数

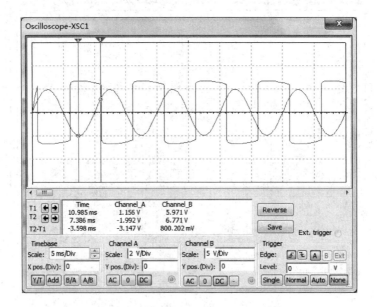

图 7.55　滞回比较器输入、输出波形

第8章 数字电路仿真和分析

8.1 逻辑代数基础

8.1.1 逻辑函数描述及其相互转换

逻辑函数的表示方法通常有真值表、逻辑表达式、电路图、卡诺图等。在数字电路中,这些方法可以相互转换,用逻辑转换仪可以实现这些表示方法的相互转换,或者化简。

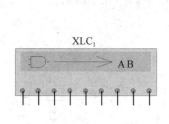

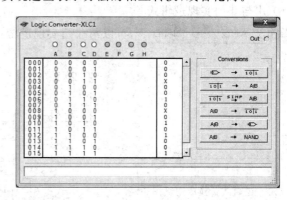

图 8.1 逻辑转换仪面板

(1) 逻辑图转换为真值表

图 8.2 为一组合逻辑电路图,双击逻辑转换仪图标,打开逻辑转换仪面板,如图 8.1 所示,单击 ⟶ 1 0 1 ,可将图 8.2 转换成真值表,如图 8.3 所示。

(2) 真值表转换为逻辑图

单击 1 0 1 ⟶ AIB ,可以将如图 8.3 所示的真值表转换成逻辑式,其结果显示为标准的与或式:$A'B'C'D + A'B'CD' + A'B'CD + A'BC'D + A'BCD' + A'BCD + AB'C'D' + AB'C'D + AB'CD' + AB'CD + ABC'D + ABCD' + ABCD$。

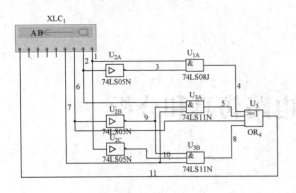

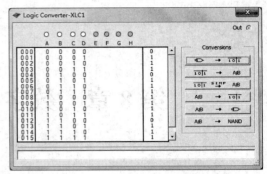

图 8.2　逻辑电路图　　　　　　　　图 8.3　逻辑图转换成真值表

（3）真值表转换为逻辑图

由（2）得出的结果可以看到，如果将此逻辑式转换为逻辑图，将会用到多个门电路，因此可以单击 `1 0 1` `SIMP` `A|B`，由真值表转换成最简逻辑式 $AB'+C+D$。

（4）逻辑式转换为真值表

单击 `A|B` `→` `1 0 1`，可以将逻辑式转换为真值表。

（5）逻辑式转换成逻辑图

单击 `A|B` `→` `⊃-`，可以将逻辑式转换为逻辑图，逻辑式 $AB'+C+D$ 的结果如图 8.4 所示。

（6）用与非门实现逻辑式

单击 `A|B` `→` `NAND`，可以与非门实现逻辑式，其结果如图 8.5 所示。

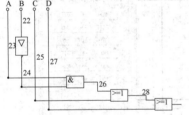

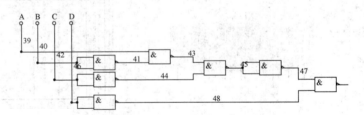

图 8.4　逻辑式转换成逻辑图　　　　图 8.5　用与非实现逻辑式

以上仿真可参见虚拟仪器中的逻辑转换仪。

8.1.2　逻辑门仿真

逻辑门电路是实现一些基本逻辑关系的电路，基本的逻辑门电路有与、或、非门电路及常见组合逻辑门与非、或非、与或非、异或、同或等。

（1）与门

与门仿真图如图 8.6 所示，可以改变开关 S_1 和 S_2 断开与闭合来设置 A、B 的高低电平，观测 Y 的亮灭。

通过实验，可观测到该电路的功能表和真值表如表 8.1、表 8.2 所示。

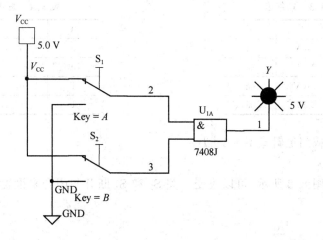

图 8.6　与门仿真图

表 8.1　功能表

A	B	Y
0 V	0 V	灭
0 V	5 V	灭
5 V	0 V	灭
5 V	5 V	亮

表 8.2　真值表

A	B	Y
0	0	0
0	1	0
1	0	0
1	1	1

由真值表可得与门逻辑式 $Y = A \cdot B$。

（2）或门

或门仿真图如图 8.7 所示，可以改变开关 S_1 和 S_2 断开与闭合来设置 A、B 的高低电平，观测 Y 的亮灭。

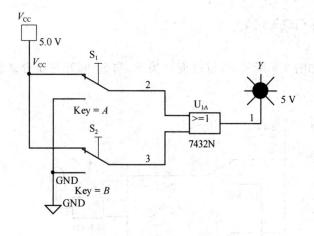

图 8.7　或门仿真图

通过实验，可观测到该电路的功能表和真值表如表 8.3、表 8.4 所示。

表 8.3	功能表	
A	B	Y
0 V	0 V	灭
0 V	5 V	亮
5 V	0 V	亮
5 V	5 V	亮

表 8.4	真值表	
A	B	Y
0	0	0
0	1	1
1	0	1
1	1	1

由真值表可得或门逻辑式 $Y=A+B$。

（3）非门

非门仿真图如图 8.8 所示，可以改变开关 S_1 和 S_2 断开与闭合来设置 A、B 的高低电平，观测 Y 的亮灭。

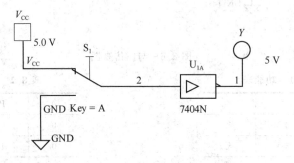

图 8.8　非门仿真图

通过实验，可观测到该电路的功能表和真值表如表 8.5、表 8.6 所示。

表 8.5	功能表
A	Y
0 V	亮
5 V	灭

表 8.6	真值表
A	Y
0	1
1	0

由真值表可得非门逻辑式 $Y=\overline{A}$。

（4）与非门

与非门仿真图如图 8.9 所示，可以改变开关 S_1 和 S_2 断开与闭合来设置 A、B 的高低电平，观测 Y 的亮灭。

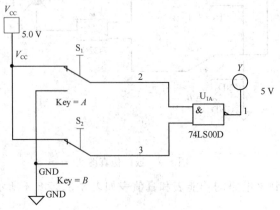

图 8.9　与非门仿真图

通过实验,可观测到该电路的功能表和真值表如表 8.7、表 8.8 所示。

<table>
<tr><td colspan="3" align="center">表 8.7　功能表</td></tr>
<tr><td align="center">A</td><td align="center">B</td><td align="center">Y</td></tr>
<tr><td align="center">0 V</td><td align="center">0 V</td><td align="center">亮</td></tr>
<tr><td align="center">0 V</td><td align="center">5 V</td><td align="center">亮</td></tr>
<tr><td align="center">5 V</td><td align="center">0 V</td><td align="center">亮</td></tr>
<tr><td align="center">5V</td><td align="center">5 V</td><td align="center">灭</td></tr>
</table>

<table>
<tr><td colspan="3" align="center">表 8.8　真值表</td></tr>
<tr><td align="center">A</td><td align="center">B</td><td align="center">Y</td></tr>
<tr><td align="center">0</td><td align="center">0</td><td align="center">1</td></tr>
<tr><td align="center">0</td><td align="center">1</td><td align="center">1</td></tr>
<tr><td align="center">1</td><td align="center">0</td><td align="center">1</td></tr>
<tr><td align="center">1</td><td align="center">1</td><td align="center">0</td></tr>
</table>

由真值表可得与非门逻辑式 $Y=\overline{A \cdot B}$。

（5）或非门

或非门仿真图如图 8.10 所示,可以改变开关 S_1 和 S_2 断开与闭合来设置 A、B 的高低电平,观测 Y 的亮灭。

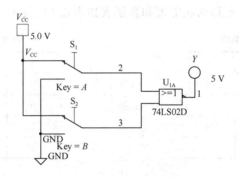

图 8.10　或非门

通过实验,可观测到该电路的功能表和真值表如表 8.9、表 8.10 所示。

<table>
<tr><td colspan="3" align="center">表 8.9　功能表</td></tr>
<tr><td align="center">A</td><td align="center">B</td><td align="center">Y</td></tr>
<tr><td align="center">0 V</td><td align="center">0 V</td><td align="center">亮</td></tr>
<tr><td align="center">0 V</td><td align="center">5 V</td><td align="center">灭</td></tr>
<tr><td align="center">5 V</td><td align="center">0 V</td><td align="center">灭</td></tr>
<tr><td align="center">5 V</td><td align="center">5V</td><td align="center">灭</td></tr>
</table>

<table>
<tr><td colspan="3" align="center">表 8.10　真值表</td></tr>
<tr><td align="center">A</td><td align="center">B</td><td align="center">Y</td></tr>
<tr><td align="center">0</td><td align="center">0</td><td align="center">1</td></tr>
<tr><td align="center">0</td><td align="center">1</td><td align="center">0</td></tr>
<tr><td align="center">1</td><td align="center">0</td><td align="center">0</td></tr>
<tr><td align="center">1</td><td align="center">1</td><td align="center">0</td></tr>
</table>

由真值表可得或非门逻辑式 $Y=\overline{A+B}$。

（6）异或门

异或门仿真图如图 8.11 所示,可以改变开关 S_1 和 S_2 断开与闭合来设置 A、B 的高低电平,观测 Y 的亮灭。

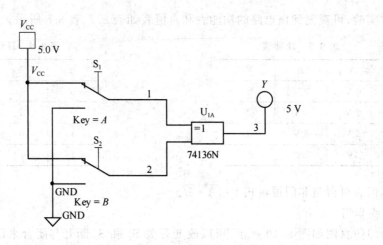

图 8.11　异或门仿真图

通过实验,可观测到该电路的功能表和真值表如表 8.11、表 8.12 所示。

表 8.11　功能表

A	B	Y
0 V	0 V	灭
0 V	5 V	亮
5 V	0 V	亮
5 V	5 V	灭

表 8.12　真值表

A	B	Y
0	0	0
0	1	1
1	0	1
1	1	0

由真值表可得异或门逻辑式 $Y = A \oplus B$。

（7）同或门

同或门仿真图如图 8.12 所示,可以改变开关 S_1 和 S_2 断开与闭合来设置 A、B 的高低电平,观测 Y 的亮灭。

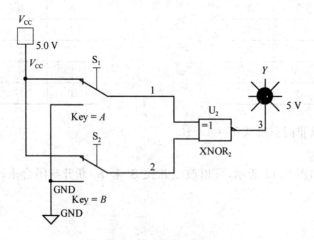

图 8.12　同或门仿真图

通过实验,可观测到该电路的功能表和真值表如表 8.13、表 8.14 所示。

表 8.13　功能表		
A	B	Y
0 V	0 V	亮
0 V	5 V	灭
5 V	0 V	灭
5 V	5 V	亮

表 8.14　真值表		
A	B	Y
0	0	1
0	1	0
1	0	0
1	1	1

由真值表可得同或门逻辑式 $Y = A \odot B$。

8.2　TTL 门电路

数字电路中,常用晶体二极管、晶体三极管及场效应管的导通和截止分别表示逻辑状态 0 和 1。

8.2.1　晶体二极管的开关特性

晶体二极管是由 PN 结构成,具有单向导电性。

由图 8.13 可见,二极管加正向电压时,二极管导通,压降约为 0.7 V,相当于开关闭合;二极管加反向电压时,二极管截止,压降约为 5 V,相当于开关断开。

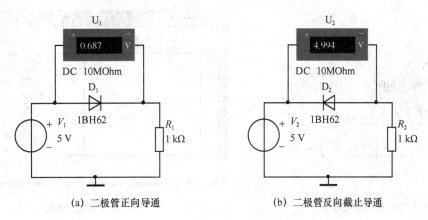

(a) 二极管正向导通　　　　　　　　(b) 二极管反向截止导通

图 8.13　二极管开特性

8.2.2　晶体三极管的开关特性

双极型三极管是通过一定工艺,将两个 PN 结结合在一起的器件,有 NPN 型和 PNP 型两种,因有电子和空穴参与导电过程,故称为双极型三极管。

如图 8.14 所示,当控制开关接 5 V 电源,此时,三极管 be 之间导通,三极管工作在深度饱和区,ce 间的压降为 0.077 V。

当控制开关接地时,此时,be 之间截止,ce 间截止,三极管工作在截止区,ce 间的压降约为 5 V。

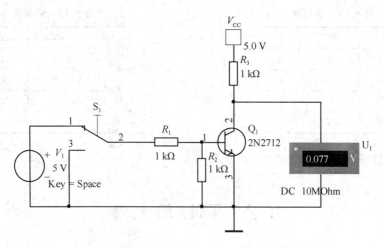

图 8.14   晶体三极管的开关特性

由上分析可得该电路可实现非门。

8.2.3   MOS 管开关特性

MOS 管是电压控制器件,具有与晶体管相似的非线性特性,当 G、S 两端加正向电压时,D、S 导通,相当于开关闭合;当 G、S 两端加反向电压时,D、S 截止,相当于开关断开。

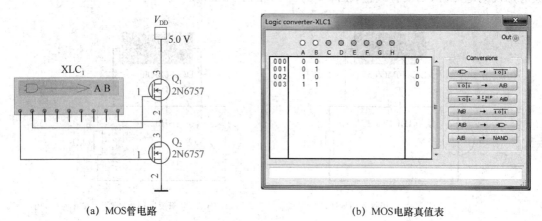

(a) MOS管电路   (b) MOS电路真值表

图 8.15   MOS 的开关特性

8.3   组合逻辑电路仿真

在数字电路中,组合逻辑电路在电路设计中是较为常见的电路形式,其主要有编码器、译码器、加法器、数据选择器等。

8.3.1 编码器

编码器的功能是将输入的高低电平信号编成一个对应的二进制代码,并输出,常用的有普通编码器和优先编码器。普通编码器要求同一时刻只有一路信号有输入,其他线路无信号;优先编码器允许在输入端有多个输入信号同时输入,但编码器会按输入线编号的大小来排列优先级,只对同时输入的多个信号中优先权最高的一个进行编码。

下面以优先编码器 74LS148N 为例来进行仿真分析,如图 8.16、图 8.17 所示。

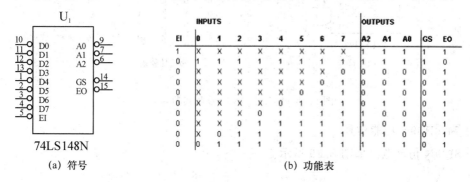

EI	INPUTS								OUTPUTS				
	0	1	2	3	4	5	6	7	A2	A1	A0	GS	EO
1	X	X	X	X	X	X	X	X	1	1	1	1	1
0	1	1	1	1	1	1	1	1	1	1	1	1	0
0	X	X	X	X	X	X	X	0	0	0	0	0	1
0	X	X	X	X	X	X	0	1	0	0	1	0	1
0	X	X	X	X	X	0	1	1	0	1	0	0	1
0	X	X	X	X	0	1	1	1	0	1	1	0	1
0	X	X	X	0	1	1	1	1	1	0	0	0	1
0	X	X	0	1	1	1	1	1	1	0	1	0	1
0	X	0	1	1	1	1	1	1	1	1	0	0	1
0	0	1	1	1	1	1	1	1	1	1	1	0	1

(a) 符号　　　　　　　　　　　　　　　　(b) 功能表

图 8.16　74LS148N 符号及其功能表

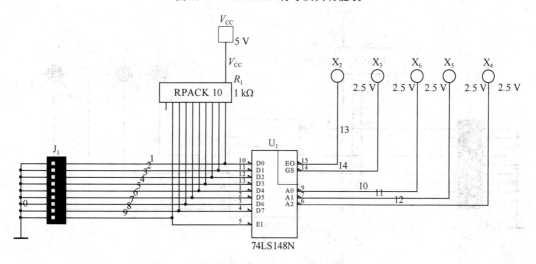

图 8.17　编码器 74LS148N 仿真电路

电路要正常工作,EI 端输入为低电平,如要对 D_5 输入的信号进行编码,此时需要将 J_1 中与 D_5(线路 7)对应的开关置为低电平(74LS148N 输入低电平有效)。J_1 中的开关拨到右边是相当于闭合;拨到左边相当于断开。这时编码输出为 010(反码输出)。

8.3.2 译码器

译码是编码的逆过程,即将具有特定含义的一组代码"翻译"出它的原意的过程称为译码。实现译码功能的逻辑电路称为译码器,广泛应用于计算机中的地址选择。数字电路中,常用的译码器有二进制译码器、二-十进制译码器和显示译码器等。

1. 二-四译码器 74LS139

(1) 二-四译码器 74LS139 符号及功能表

74LS139 符号及功能表如图 8.18 所示。

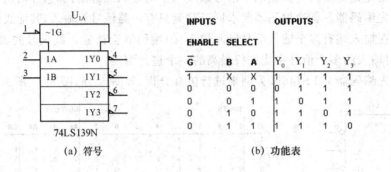

INPUTS			OUTPUTS			
ENABLE	SELECT					
$\overline{G}$	B	A	Y_0	Y_1	Y_2	Y_3
1	X	X	1	1	1	1
0	0	0	0	1	1	1
0	0	1	1	0	1	1
0	1	0	1	1	0	1
0	1	1	1	1	1	0

(a) 符号   (b) 功能表

图 8.18 74LS139N 符号及其功能表

(2) 74LS139N 功能仿真

74LS139N 仿真电路如图 8.19 所示。

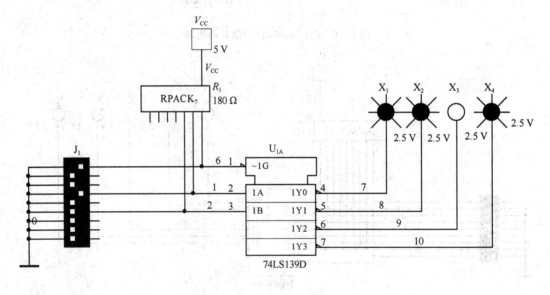

图 8.19 74LS139N 仿真电路

(2) 74LS139N 扩展

用 2 线-4 线译码器扩展成 3 线-8 线译码器,可利用使能端将两个 2 线-4 线译码器组合成一个 3 线-8 线译码器。

要求:自己设计电路,画出电路图,并进行验证。测试时,引脚 G、B、A 接电平开关,8 个输出引脚 $Y_0 \sim Y_7$ 接电平指示灯。改变引脚 G、B、A 的电平,产生 8 种组合。观测并记录指示灯的显示状态。分析电路工作原理。

2. 三-八译码器 74LS138D

(1) 符号及功能表

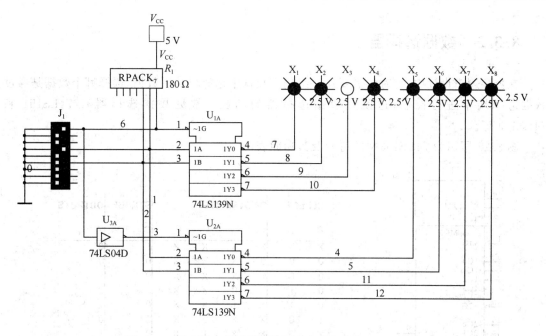

图 8.20　用 2 线-4 线译码器扩展成 3 线-8 数据选择器电路

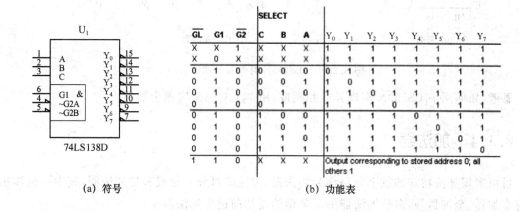

			SELECT										
$\overline{GL}$	G1	$\overline{G2}$	C	B	A	Y_0	Y_1	Y_2	Y_3	Y_4	Y_5	Y_6	Y_7
X	X	1	X	X	X	1	1	1	1	1	1	1	1
X	0	X	X	X	X	1	1	1	1	1	1	1	1
0	1	0	0	0	0	0	1	1	1	1	1	1	1
0	1	0	0	0	1	1	0	1	1	1	1	1	1
0	1	0	0	1	0	1	1	0	1	1	1	1	1
0	1	0	0	1	1	1	1	1	0	1	1	1	1
0	1	0	1	0	0	1	1	1	1	0	1	1	1
0	1	0	1	0	1	1	1	1	1	1	0	1	1
0	1	0	1	1	0	1	1	1	1	1	1	0	1
0	1	0	1	1	1	1	1	1	1	1	1	1	0
1	1	0	X	X	X	Output corresponding to stored address 0; all others 1							

(a) 符号　　　　　　　　　　　　　(b) 功能表

图 8.21　74LS138D 符号及其功能表

(2) 74LS138D 功能仿真

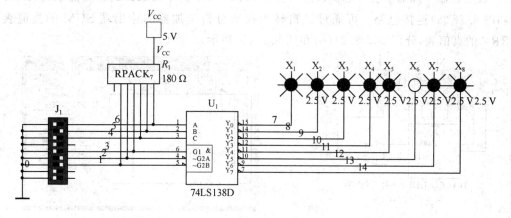

图 8.22　74LS138D 仿真电路

8.3.3 数据选择器

在数字逻辑设计中,有时候需要从一组输入数据中选择出某一数据,选择哪个数据是通过数据选择端来进行控制,这就是数据选择器的功能。常见数据选择器有 74LS151 和 74LS153 等。

图 8.23 所示为 74LS153N 的符号及其功能表。

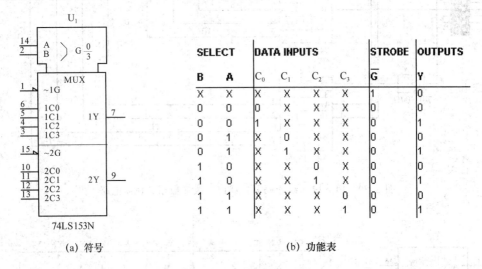

SELECT		DATA INPUTS				STROBE	OUTPUTS
B	A	C_0	C_1	C_2	C_3	$\overline{G}$	Y
X	X	X	X	X	X	1	0
0	0	0	X	X	X	0	0
0	0	1	X	X	X	0	1
0	1	X	0	X	X	0	0
0	1	X	1	X	X	0	1
1	0	X	X	0	X	0	0
1	0	X	X	1	X	0	1
1	1	X	X	X	0	0	0
1	1	X	X	X	1	0	1

(a) 符号   (b) 功能表

图 8.23 74LS153N 符号及其功能表

思考,如何用 74LS153N 实现异或和同或;用 74LS153N 实现全加器。

8.3.4 加法器

可以实现加法功能的数字电路称为加法器,加法器可分一位或多位加法器,其中一位加法器有半加器、全加器等,多位加法器中最典型的是超前进位加法器。

1. 半加器

一位二进制半加器不会考虑低位的进位,图 8.24 所示为半加法器的仿真测试,按图 8.24 (a)和图 8.25(a)连接电路。可通过逻辑转换仪来分析全加器的输出端 SUM 的真值表和 CARRY 的真值表,分别如图 8.24(b)和图 8.25(b)所示。

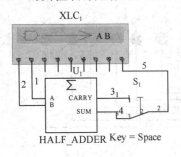

(a) 电路   (b) 真值表

图 8.24 半加器电路及 SUM 真值表

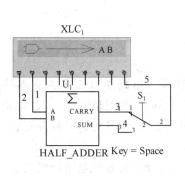

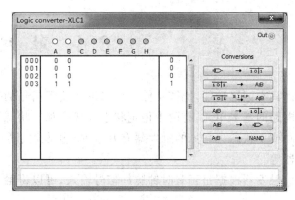

(a) 电路　　　　　　　　　　　　　　　(b) 真值表

图 8.25　半加器电路及 CARRY 真值表

2. 全加器

全加器应该考虑低位的进位,如图 8.26、图 8.27 所示。

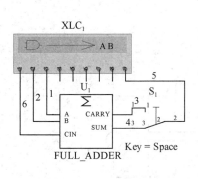

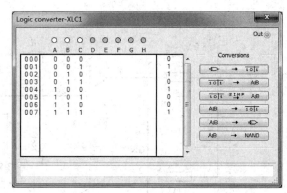

(a) 电路　　　　　　　　　　　　　　　(b) 真值表

图 8.26　全加器电路及 SUM 真值表

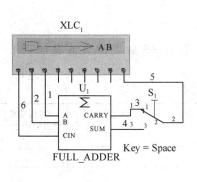

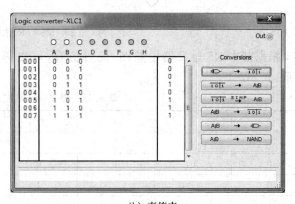

(a) 电路　　　　　　　　　　　　　　　(b) 真值表

图 8.27　全加器电路及 CARRY 真值表

8.4　触　发　器

具有记忆功能,能够存储一位二进制数字信号的基本逻辑单元电路称为触发器,是时序逻辑电路的基本单元,有两个稳定状态 0 状态和 1 状态。当外加不同的触发信号时,可以将其置为 0 或 1 状态。常见的触发器有基本 RS 触发器、同步 RS 触发器、D 触发器、JK 触发器、T 触发器等。

触发器根据是否有时钟脉冲信号输入,可以将触发器分为时钟触发器和基本触发器。

8.4.1　基本 RS 触发器

基本 RS 触发器是最基本的二进制数存储单元,由两个与非门交叉连接组成,有 2 个输入端 R'、S' 端,2 个互补输出端 Q、$\overline{Q}$,如图 8.28 所示,可对开关键进行选择组合查看输出。

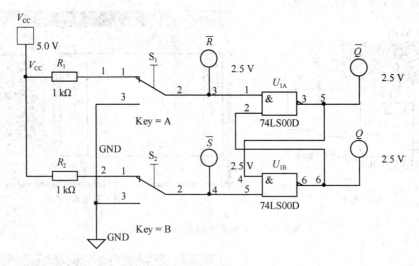

图 8.28　基本 RS 触发器

根据基本 RS 触发器电路图,通过仿真,可以得出其基本 RS 触发器真值表如表 8.15 所示。

表 8.15　基本 RS 触发器真值表

$\overline{R}$	$\overline{S}$	Q^n	$\overline{Q^n}$	Q^{n+1}	$\overline{Q^{n+1}}$	逻辑功能
0	0	0	1	1	1	不允许
0	0	1	0	1	1	
0	1	0	1	0	1	置0
0	1	1	0	0	1	
1	0	0	1	1	0	置1
1	0	1	0	1	0	
1	1	0	1	0	1	保持
1	1	1	0	1	0	

通过真值表分析,可以得出基本 RS 的特征方程如下:

$$\begin{cases} Q^{n+1} = \overline{\overline{S}_D} + \overline{R}_D Q^n = S_D + \overline{R}_D Q^n \\ \overline{R}_D + \overline{S}_D = 1 \end{cases}$$

当然,可以用集成的基本 RS 触发器来代替两个与非门,如图 8.29 所示。

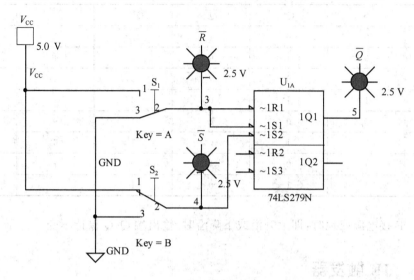

图 8.29　基本 RS 触发器 74LS279

8.4.2　同步 RS 触发器

所谓同步触发器就是要求只有在同步信号到达时,触发器的状态才能发生变化。而这个同步信号称为时钟信号(时钟脉冲),用 CP 表示。

同步触发器电路如图 8.30 所示。

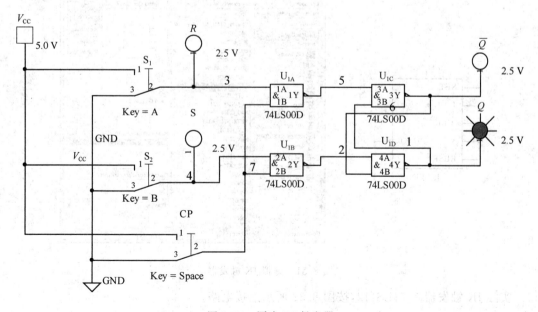

图 8.30　同步 RS 触发器

根据同步 RS 触发器电路图,通过仿真,可以得出:

(1) 当 CP(S_1 和 S_2)接地时,即 CP$=$0 时,输出端 Q、$\overline{Q}$ 保持不变。

(2) 当 CP(S_1 和 S_2)接电源时,即 CP$=$1 时,同步 RS 触发器真值表如表 8.16 所示。

表 8.16 同步 RS 触发器真值表

R	S	Q^n	$\overline{Q^n}$	Q^{n+1}	$\overline{Q^{n+1}}$	逻辑功能
0	0	0	1	1	1	不允许
0	0	1	0	1	1	
0	1	0	1	0	1	置 0
0	1	1	0	0	1	
1	0	0	1	1	0	置 1
1	0	1	0	1	0	
1	1	0	1	0	1	保持
1	1	1	0	1	0	

(3) 当 CP 接电源或地时,即上升沿或下降沿时,输出端 Q、$\overline{Q}$ 保持不变。

8.4.3 JK 触发器

JK 触发器是边沿触发器,可由 CP 时钟脉冲的上升沿或下降沿来触发电路,从而提高了触发器工作的可靠性。

JK 触发器有虚拟元件和实际元件两种,调用虚拟 JK 触发器时,可通过下列方式来调用虚拟 JK 触发器,如图 8.31 所示。

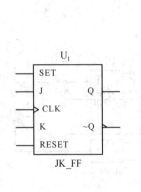
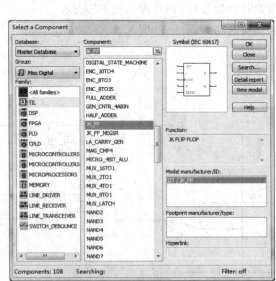

图 8.31 虚拟 JK 触发器

实际 JK 触发器是 74LS112,按图 8.32 所示连接电路。

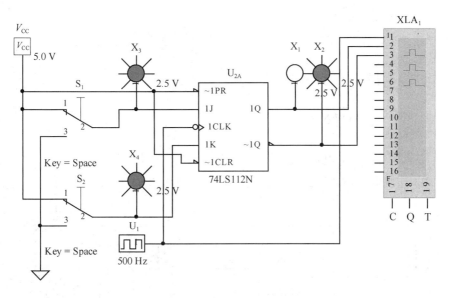

图 8.32　JK 触发器电路

JK 触发器实验电路仿真结果如图 8.33 所示。

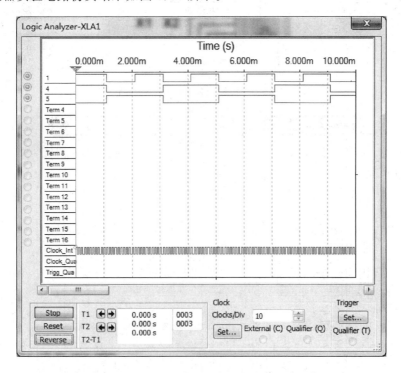

图 8.33　JK 触发器实验电路仿真结果

8.4.4　D 触发器

　　D 触发器也是一种常用的边沿触发器,常见实际 D 触发器是 74LS47N,图 8.34 所示为 D 触发器 74LS47N 符号及功能表。

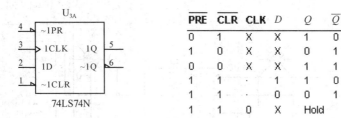

图 8.34　D 触发器 74LS47N 符号及功能表

按图 8.35 连接电路，可以观测 D 触发器的输出，如图 8.36 所示。

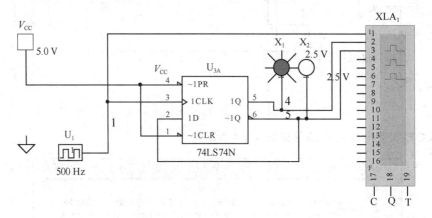

图 8.35　D 触发器 74LS47N 电路

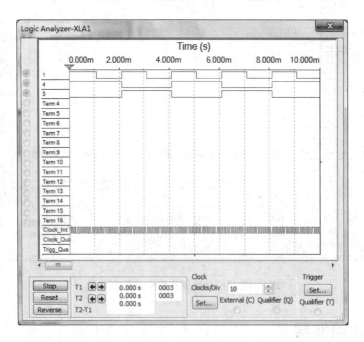

图 8.36　D 触发器 74LS47N 电路仿真结果

8.5 时序逻辑电路

时序逻辑电路是指任一时刻的输出信号不仅取决于该时刻的输入信号,而且还取决于电路原来的状态。它由组合逻辑电路和存储电路组成。

8.5.1 时序逻辑电路分析

时序逻辑电路的分析,就是根据给定的时序逻辑电路图,找出该时序逻辑电路在输入信号及时钟信号作用下,电路的状态及输出的变化规律,从而了解该时序逻辑电路的逻辑功能。一般有下面几个步骤:

(1)根据给定逻辑图,写出时序电路的输出方程和各触发器的驱动方程;

(2)将驱动方程代入所用触发器的特征方程,获得时序电路的状态方程;

(3)根据时序电路的状态方程和输出方程,建立状态转移表;

(4)由状态转移表画出状态图,进而画出波形图;

(5)分析电路的逻辑功能。

下面以图 8.37 所示连接电路。

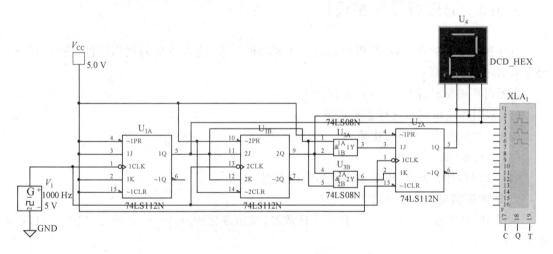

图 8.37 时序逻辑电路仿真分析电路图

对图 8.37 所示的电路进行仿真之后,数码管的变化从 0 到 7 进行变化,相当于一个 3 位的二进制加法计数器,其输出波形如图 8.38 所示。

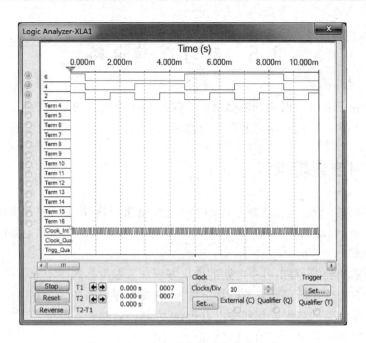

图 8.38　时序逻辑分析电路输出波形

8.5.2　时序逻辑电路设计

时序逻辑电路的设计,就是根据给定的逻辑功能要求,选择适当的逻辑器件,设计出符合要求的时序逻辑电路。

进行时序电路设计时,其一般步骤如下:

(1) 对时序逻辑问题进行逻辑抽象;

(2) 列出状态表,并进行化简;

(3) 分配状态;

(4) 选定器件类型,求出驱动方程和输出方程。

1. 时序逻辑电路设计介绍

试用 JK 触发器设计一个 3 位扭环形计数器,状态变化为 000－＞100－＞110－＞111－＞011－＞001－＞000。

设计过程略,参考电路如图 8.39 所示。

2. 任意进制计数器设计介绍

数字电路中,时序逻辑电路在电路设计中使用最为广泛的是计数器,它能够记忆输入脉冲个数。计数器不但可以计数,而且还用于定时、分频、产生脉冲和数字运算等。

计数器是一个周期性的时序电路,其状态图有一个闭合环,闭合环循环一次所需要的时钟脉冲的个数称为计数器的模值 M。由 n 个触发器构成的计数器,其模值 M 一般应满足 $2^{n-1} < M \leqslant 2^n$。

计数器有许多不同的类型:①按时钟控制方式来分,有异步、同步两大类;②按计数过程中数值的增减来分,有加法、减法、可逆计数器三类;③按模值来分,有二进制、十进制和任意进制计数器。

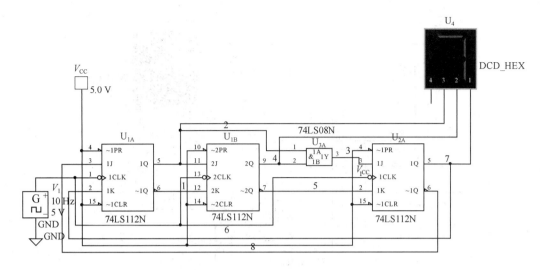

图 8.39 3 位扭环形计数器

图 8.40 所示为常用计算数器 74LS161N 的符号及功能表。

INPUTS						OUTPUTS		OPERATING MODE
$\overline{MR}$	CP	CEP	CET	$\overline{PE}$	DN	QN	TC	
0	X	X	X	X	X	0	0	Reset (clear)
1	·	X	X	l	l	0	0	
1	·	X	X	l	h	1	(1)	Parallel load
1	·	h	h	h	X	count	(1)	Count
1	X	l	X	h	X	q_b	(1)	Hold (do nothing)
1	X	X	l	h	X	q_b	0	

图 8.40 74LS161N 的符号及功能表(功能表有问题)

下面讨论任意进制数的设计,假定已有 N 进制计数器,而需要得到 M 进制计数器。

(1) 当 $M<N$ 时:应使计数过程中跳过 $N-M$ 个状态,在 M 个状态中循环即可,可用置零法、置数法和利用进位 C 设计。

① 用 74LS161N 设计七进制计数器,要求使用置零法。

由于 74LS161N 的 CLR 端是异步清零,因此在设计时,要多一种过渡状态,其状态变化为 0000(0)到 0110(6),过渡状态为 0111(7),将 Q_3、Q_2、Q_1 经与非门送到清零端即可,设计如图 8.41 所示。

② 用 74LS161N 设计七进制计数器,要求采用置数法,预置数为 0011。

由于 74LS161N 的 Load 端是同步置数,因此在设计时,无须过渡状态,其状态变化为 0011(3)到 1001(9),也就是将 Q_3、Q_1 经与非门送到转数端即可,设计如图 8.42 所示。

③ 用 74LS161N 设计七进制计数器,要求使用进位 C 来设计。

由于 74LS161N 的 C 在 Q_3、Q_2、Q_1、Q_0 输出为 1111 时,其值为 1,而在其他情况下都为 0,因此,设计七进制数时最后一个状态为 1111,倒推 7 种状态,即 1111(F)至 1001(9),并将 1001 接到输入 A、B、C、D 端,C 经与非门送到 Load 端即可,设计如图 8.43 所示。

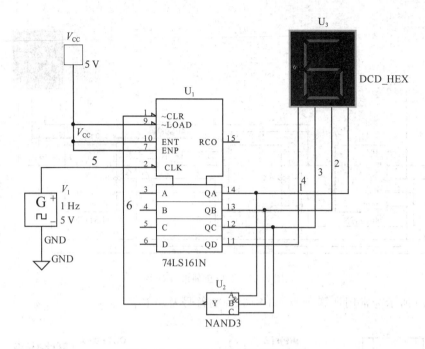

图 8.41 置零法设计 7 进制计数器

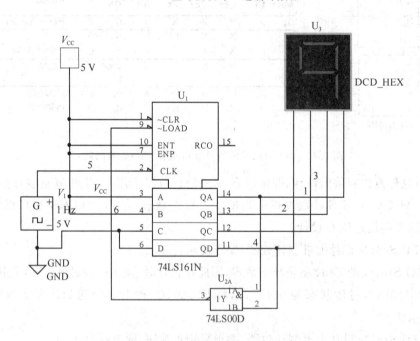

图 8.42 置数法设计七进制计数器

(2) 当 $M > N$ 时：必须将多片计数器级联，分为整体清"0"法（整体置数法）和分解法。

整体清"0"法的基本思路：先将 n 片计数器级联组成 $N^n(N^n > M)$ 进制计数器，计满 M 个状态后，采用整体清"0"或整体置数法实现 M 进制计数器。

分解法基本思路是指将 $M = M_1 \times M_2 \times \cdots \times M_n$，其中 M_1、M_2、$\cdots$、M_n 均不大于 N，则用 n 片计数器分别组成 M_1、M_2、$\cdots$、M_n 进制的计数器，然后级联即可构成 M 进制计数器。

① 用整体法设计五十四进制计数器。

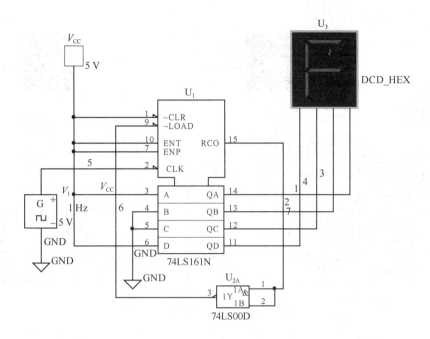

图 8.43　进位 C 设计 7 进制计数器

首先两片 74LS160N 级联成一百进制计数器,然后使其状态变化从(0000 0000)8421BCD (0)变化到(0101 0011)8421BCD(53)共 54 种状态即可,设计如图 8.44 所示。

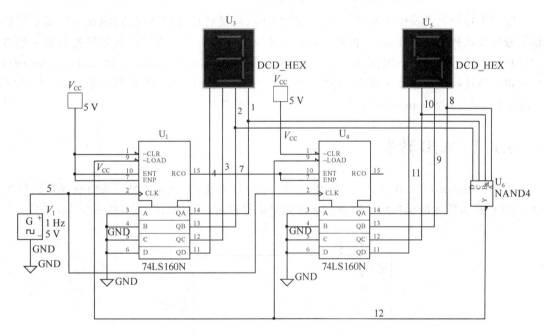

图 8.44　整体置数法设计五十四进制计数器

② 用分解法设计五十四进制计数器。

采用分解法用 74LS160N 设计五十四进制计数器时,有两种方法,分别为 9(九进制)个 6 (六进制)或 6(六进制)个 9(九进制),图 8.45 所示为个位为九进制,十位为六进制,共五十四 进制计数器。

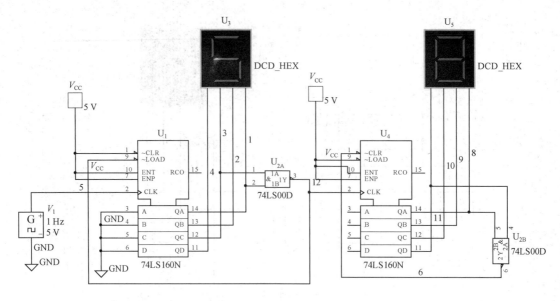

图 8.45　分解法设计五十四进制计数器

8.6　模数/数模电路仿真

　　数字信号相比于模拟信号,具有抗干扰能力强、存储处理方便等优点,因此常常要求将模拟信号转换成数字信号处理后,再将数字信号转换成模拟信号。由模拟信号转换成数字信号的过程称为模/数变换,一般由 A/D 转换器实现,简称为 ADC(Analog to Digital Converter);由模拟信号转换成数字信号的过程称为数/模变换,一般由 D/A 转换器实现,简称为 DAC(Digital to Analog Converter)。

8.6.1　A/D 转换

　　以 NI Multisim 14.0 仿真软件中的一种 A/D 转换电路(ADC)为例来构成模数转换电路。ADC 是将输入的模拟信号转换成 8 位数字信号输出,符号如图 8.46 所示。

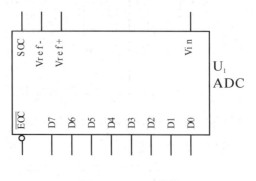

图 8.46　ADC 符号

ADC 中各引脚说明如下。

VIN：模拟电压输入端子。

VREF＋：参考电压"＋"端子，要接直流参考源的正端，其大小视用户对量化精度而定。

VREF－：参考电压"－"端子，一般与地相接。

SOC：启动转换信号端子，只有端子电平从低电平变成高电平时，转换才开始，转换时间为 $1\,\mu s$，期间 EOC 为低电平。

EOC：转换结束标志位端子，高电平表示转换结束。

OE：输出允许端子，可与 EOC 接在一起。

仿真电路如图 8.47 所示，可通过改变电位器 R_1 的大小，即改变输入模拟量，在仿真电路中观测出数码管数值的变化。

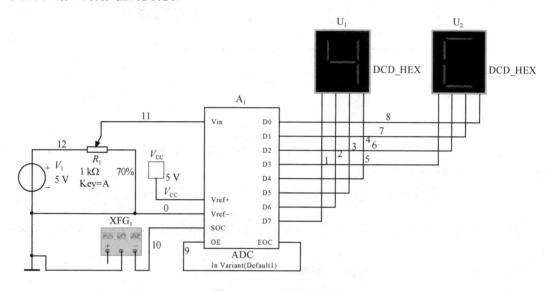

图 8.47　AD 转换器电路

8.6.2　D/A 转换

在 NI Multisim 14.0 仿真软件中有两种 D/A 转换电路，一个是电流型 DAC，即 IDAC，另一个是电压型 DAC，即 VDAC，如图 8.48 所示。

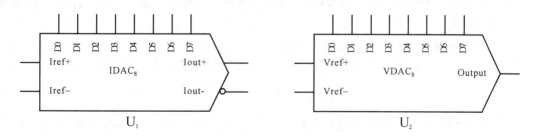

图 8.48　IDAC 和 VDAC 符号

在仿真工作区绘制图 8.49 所示电路。

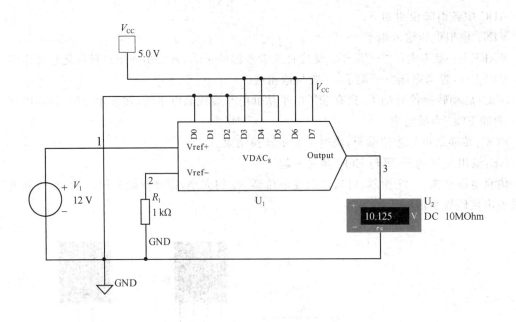

图 8.49　DAC 电路

在图 8.49 所示电路中，参考电压为 12V，输入数字量为 $D_7D_6D_5D_4D_3D_2D_1D_0 = (11011000)_2$，此时输出的电压为

$$V_O = \frac{V_{REF} \times (D_7D_6D_5D_4D_3D_2D_1D_0)_2}{2^n} = \frac{12 \times (11011000)_2}{2^8} = \frac{12 \times (11011000)_2}{2^8} = \frac{12 \times 216}{256} = 10.125 \text{ V}$$

计算数值与伏特表的输出值一致，从而验证了 DAC 元件可以将数字信号变成电压信号输出。

IDAC 使用方法与 VDAC 类似，只是输入的参考值为电流值。

8.7　脉冲波形的产生与整形

脉冲是脉动和短促的意思，凡是具有不连续波形的信号均可称为脉冲信号。广义讲，各种非正弦信号都是脉冲信号。

在数字系统中常常需要用到各种幅度、宽度以及具有陡峭边沿的矩形脉冲信号，如触发器的时钟脉冲(CP)。

矩形脉冲信号的主要参数如图 8.50 所示。

占空比 D 中脉冲信号的一个主要参数中，其值为脉冲宽度与脉冲周期的比值，即

$$D = \frac{t_W}{T}$$

获取这些脉冲信号的方法通常有两种方法，一种是脉冲电路直接产生，有多谐振荡器；另一种是利用已有的周期信号整形、变换得到，有单稳态触发器、施密特触发器。

555 定时器是一种常用的数字—模拟混合集成电路，利用它可以很方便地构建施密特触发器、单稳态触发器和多谐振荡器。

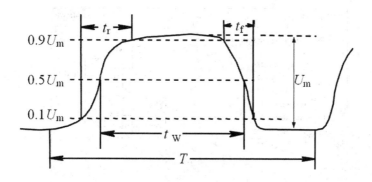

图 8.50　矩形脉冲信号的主要参数

8.7.1　555 定时器的创建

555 定时器电路的内部构造大同小异,对于外电路而言,其引脚功能也基本一致,常用的 555 定时器电路有 NE555、LM555 等集成电路。

555 定时器是一种数字和模拟电路混合的元件,可在主元件库 Mixed 中找到,如图 8.51 所示。

LM555 定时器的引脚功能如下所述。

- 1 引脚:接地。
- 2 引脚:555 定时器的负跳变触发端。
- 3 引脚:信号的输出引脚。
- 4 引脚:555 定时器的清零信号。
- 5 引脚:555 定时器内部参考电平的滤除高频干扰的引脚,一般接电容。
- 6 引脚:555 定时器的正跳变触发端。
- 7 引脚:积分电容的放电引脚。
- 8 引脚:电源引脚。

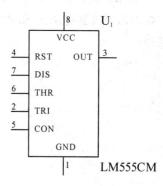

图 8.51　LM555 定时器

8.7.2　单稳态电路

单稳态电路可在菜单 Tools 下的 Circuit Wizards 中打开 555 Time Wizard,就可以启动 555 定时器使用向导,在 555 Time Wizard 对话框中如果选择 Monostable operation(单稳态电路)时,其对话框如图 8.52 所示。

在 555 Time Wizard-Monostable operation 对话框中各参数说明如下所述。

- Type(类型):Monostable operation(单稳态电路)。
- Vs:555 定时器工作电压。
- Vini:外部输入电源电压。
- Vpulse:脉冲电压。
- Frequency:工作频率。

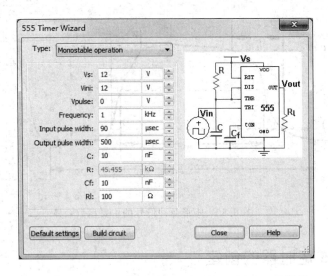

图 8.52　555 Time Wizard-Monostable operation 对话框

- Input pulse width:输入脉冲宽度。
- Output pulse width:输出脉冲宽度。
- C、C_f:电容。
- R、R_L:电阻。

根据需要设置好图 8.52 中的各参数后,单击 Build circuit,可生成如图 8.53 所示的单稳态电路。

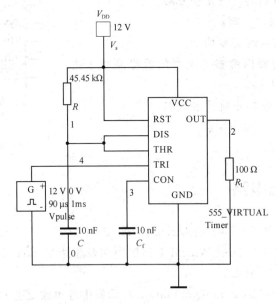

图 8.53　单稳态电路

8.7.3　振荡器电路

单击菜单"Tools"下的"Circuit Wizards"中的"555 Time Wizard"命令,就可以启动 555 定

时器使用向导,在 555 Time Wizard 对话框中如果选择 Astable operation(振荡器电路)时,其对话框如图 8.54 所示。

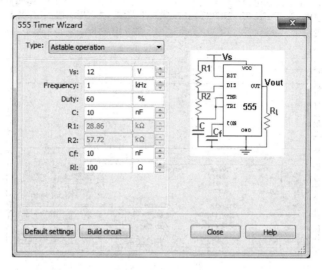

图 8.54　555 Time Wizard- Astable operation 对话框

在 555 Time Wizard- Astable operation 对话框中各参数说明如下所述。

- Type(类型):Astable operation(振荡器电路)。
- Vs:工作电压。
- Frequency:工作频率。
- Duty:占空比。
- C_1、C_f:电容。
- R_1、R_2、R_L:电阻。

根据需要设置好图 8.54 中的各参数后,单击 Build circuit,可生成如图 8.55 所示的振荡器电路。

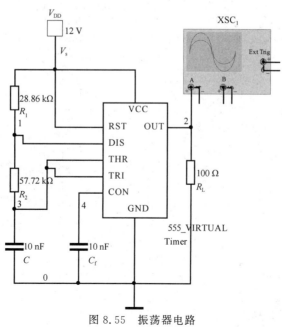

图 8.55　振荡器电路

225

图 8.55 所示电路中,节点 V(2)输出波形如图 8.56 所示。

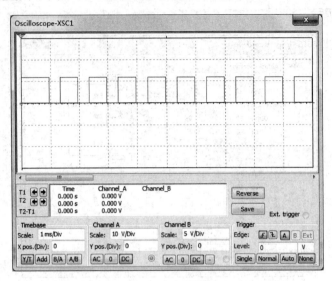

图 8.56　节点 V(2)输出波形

第9章 单片机电路仿真

9.1 Multisim 单片机仿真平台

9.1.1 概述

Multisim 14.0 除了可以仿真常规元件构成的电路外,还可以对 805X 系列和 PIC 系列的单片机进行仿真,不过其单片机仿真软件是 Multisim 14.0 MCU,这是 Multisim 14.0 的一个软件包。Multisim 14.0 MCU 模块为 Multisim 14.0 软件增添了微控制器 Multisim 14.0 MCU 协同仿真功能,从而可以在使用 SPICE 建模的电路中加入一个可使用汇编语言或 C 语言进行编程的微控制器。

Multisim 微控制器单元(MCU)模块可提供如下功能。

(1) 具有高级的外部设备,具有交通指示灯、液晶显示器模块、键盘等;

(2) 支持常用单片机芯片,支持 8051/8052、PIC16F84 和 PICF84A;

(3) 支持汇编语言和 C 语言开发;

(4) 支持定时器、中断、通用异步收发器;

(5) 强大的高度环境,可进行断点、单片机调整,及各类存储单元、寄存器信息查询。

Multisim 14.0 MCU 的工作环境如图 9.1 所示,与前面普通电路仿真环境相比,主要有两个差别:一是项目管理器中原理图多了一个程序项;二是在右边多了一个 MCU Memory View。

9.1.2 MCU 工作向导

利用 MCU 向导,用户可以容易地在电路原理图中放置单片机,并围绕其进行编辑。

(1) 单击工具栏上的单片机按钮 MCU,弹出图 9.2 所示对话框,在 Family 族中,有单片机 805X、PIC 以及存储器 RAM 和 ROM。

(2) 选择 8051 放置在电路中,会弹出 MCU 向导第 1 步 MCU Wizard-Step 1 of 3 对话框,如图 9.3 所示,在 Workspace path 中设置文件工作路径(选择默认设置,如果该文件夹不存在,则在单击"Next"按钮后会提示是否创建该工作路径),在 Workspace name 中设置所仿真的单片机文件名(如 example)。

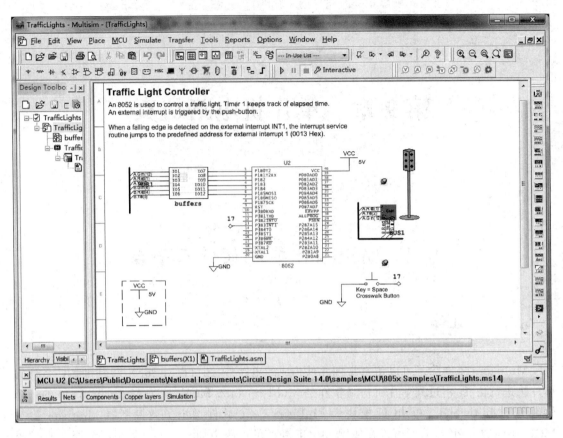

图 9.1　Multisim MCU 工作环境

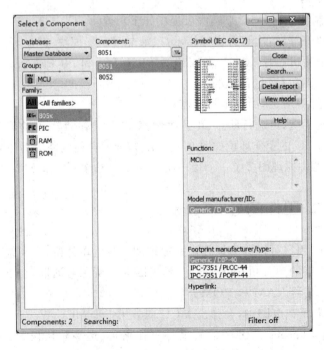

图 9.2　单片机选取对话框

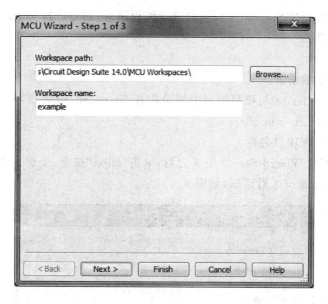

图 9.3　MCU Wizard-Step 1 of 3

（3）设置好 MCU Wizard-Step 1 of 3 之后，单击"Next"按钮，会弹出 MCU 设置向导第 2 步 MCU Wizard-Step 2 of 3 对话框，如图 9.4 所示。

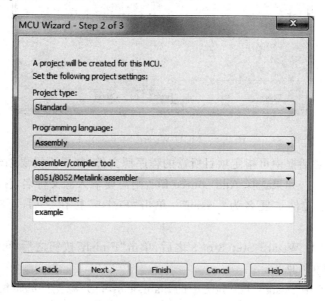

图 9.4　MCU Wizard-Step 2 of 3

在图 9.4 所示对话框中可设置与所设计的单片机项目相关的一些信息，详细说明如下。

Project type：用于设置项目类型。

- Standard（标准类型）：选择标准类型时，包含了用于创建机器代码（intel hex）文件的程序和源代码。
- Load External Hex File（加载外部的 Hex 文件）：选择加载外部的 Hex 文件时，可以使用第三方编译软件（如 Keil uVision4）生成的 Hex 文件代码。

Project Language：用于设置编程语言。

项目类型中如果选择 Standard,可在此选择编程语言;如果选择 Load External Hex File,则在此不能进行设置。

- C:C 语言。
- Assembly:汇编语言。

Assembler/compiler tool:项目类型中如果选择 Standard,设置该项目可指定编译软件,默认为 Hi-Tech C51-Lite compiler。

Project name:工程项目名称。

(4) 设置好 MCU Wizard-Step 2 of 3 之后,单击"Next"按钮,会弹出 MCU 设置向导第 3 步 MCU Wizard-Step 3 of 3 对话框,如图 9.5 所示。

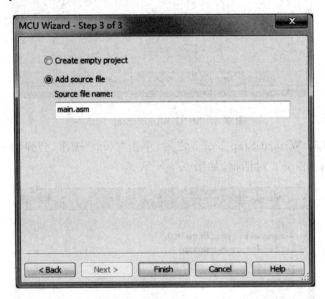

图 9.5　MCU Wizard-Step 3 of 3

在图 9.5 所示对话框中可指定项目所需的程序源文件,如果不需要创建源文件,可以选择 Create empty project。如果选择 Add source file,则需要输入源文件名,注意 C 语言文件扩展名为". c",汇编语言文件扩展名为". asm"。单击"Finish"按钮之后,可完成在原理图中对 MCU 的放置。

(5) 设置好 MCU Wizard-Step 3 of 3 之后,单击"Finish"按钮之后,可完成在原理图中对 MCU 的放置,如图 9.6 所示。

(6) 选择图 9.6 中 Design Toolbox 中的 main. asm,打开源文件编辑窗口,窗口内容如下:

$ MOD51; This includes 8051 definitions for the Metalink assembler

; Please insert your code here.

END

用户可在 Please insert your code here 中输入所需要的代码。

9.1.3　MCU 代码管理

双击 8051 单片机,弹出 8051X 对话框,可设置 805X 的相关参数,用户也可以在 Code 选

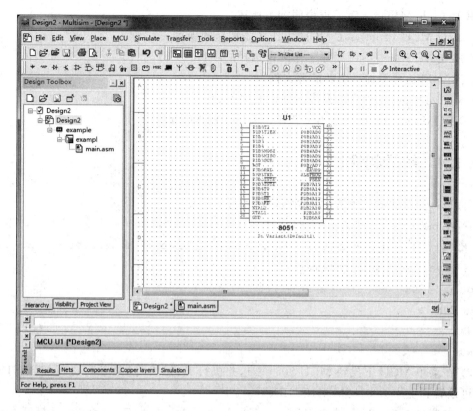

图 9.6　单片机工作区

项卡中单击 Properties，打开 MCU Code Manager，如图 9.7 所示。

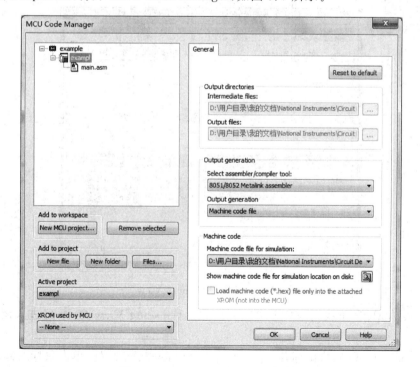

图 9.7　MCU Code Manager 对话框

MCU Code Manager 对话框说明如下所述。

- New MCU Project：在 MCU 工作区添加新的项目。
- Remove Selected：可删除工作区所选择的项目。
- New File：可添加一个新的源文件。
- Active project：用于选择当前操作的项目。
- XROM used by MCU：用于选择当前所用的 ROM。

9.1.4 编译和调试

下面以一个简单的实例来说明 MCU 的编译和调试。

（1）在 main.asm 中输入下面代码。

```
$MOD51; This includes 8051 definitions for the Metalink assembler
; Please insert your code here.
mov a, #20H
mov 20H, a
sjmp $
END
```

（2）在菜单 MCU 下找到 MCU 8051 U1，并执行 Build 命令，对项目进行编译，打开项目文件，可以看到生成了文件"MAIN.HEX"。

（3）在菜单 MCU 下找到 MCU 8051 U1，并执行 Memory View 命令，可打开存储器窗口，可以在程序调试过程中实时观察命令的执行状态，如图 9.8 所示。

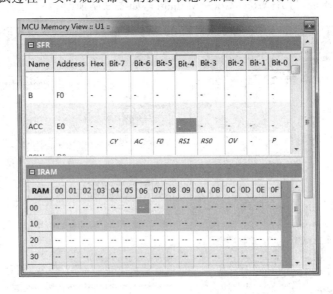

图 9.8　MCU Memory View

（4）在菜单 MCU 下找到 MCU 8051 U1，并执行 Debug View 命令，可进入调试窗口，如图 9.9 所示。

（5）在 main.asm 中，将鼠标移到[00002]F520 mov 20h, A 处，单击鼠标右键，选择 Toggle breakpoint，创建一个断点。

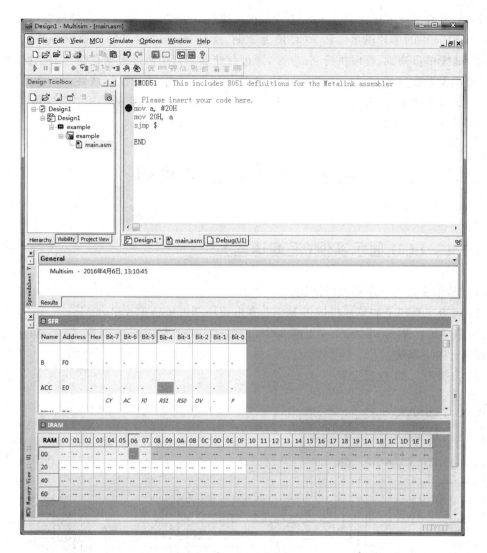

图 9.9　MCU 调试窗口

（6）单击"Multisim"仿真按钮，进入程序调试状态，如图 9.10 所示。

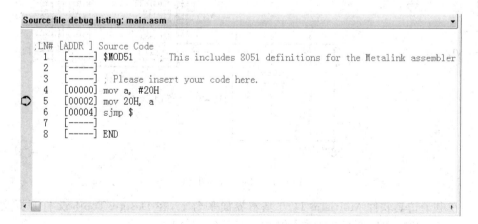

图 9.10　程序调试状态

（7）单击单步调试按钮 step into(F11)，程序执行 mov 20H，a，此时存储器窗口中特殊功能寄存器 SFR 中的单片机累加器 ACC 值为 20H，这是 mov a，♯20H 的执行结果。

（8）继续单步调试，程序执行 sjmp ＄，通过存储器窗口中内部数据存储器 IRAM，可以看到单片机内部数据存储器单元值变为 20H，这是 mov a，♯20H 的执行结果。

（9）通过上述步骤，可以进行程序调试，发现程序设计过程存在的错误并及时修正。

（10）结束程序调试。

9.2　单片机仿真实例

9.2.1　LCD 显示实例（汇编语言）

LCD 显示实例运行步骤如下所述。

（1）单击工具栏上的单片机按钮 MCU，在电路原理区旋转单片机 8051。

（2）在 MCU Wizard 的 Step 2 of 3 中，Programming language 选择 Assembly（汇编语言），其他选项可默认。

（3）按照图 9.11 连接电路。

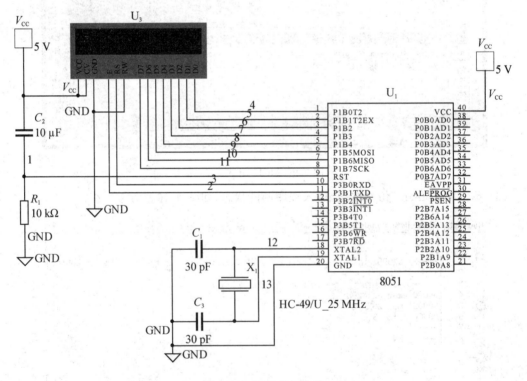

图 9.11　LCD 显示电路

（4）在电子仿真软件 Multisim 14.0 基本界面平台上，在 Design Toolbox 打开源文件名 main.asm，通过代码编辑器对所需要的代码进行编写，代码如下：

　　＄MOD51 ；This includes 8051 definitions for the metalink assembler

```
ORG 0000H
CLR P3.0
SETB P3.1
MOV P1,＃03H
CLR P3.1
SETB P3.1
MOV P1,＃0CH
CLR P3.1
SETB P3.1
MOV P1,＃06H
CLR P3.1
SETB P3.0
SETB P3.1
MOV P1,＃30H
CLR P3.1
SETB P3.1
MOV P1,＃31H
CLR P3.1
SETB P3.1
MOV P1,＃32H
CLR P3.1
SETB P3.1
MOV P1,＃33H
CLR P3.1
CLR P3.0
SETB P3.1
MOV P1,＃01H
CLR P3.1
SETB P3.0
SETB P3.1
MOV P1,＃34H
CLR P3.1
SETB P3.1
MOV P1,＃35H
CLR P3.1
SETB P3.1
MOV P1,＃36H
CLR P3.1
SETB P3.1
MOV P1,＃37H
```

```
CLR P3.1
SETB P3.1
MOV P1,#38H
CLR P3.1
SETB P3.1
MOV P1,#39H
CLR P3.1
SETB P3.1
MOV P1,#41H
CLR P3.1
SJMP $
END
```

（5）在菜单 MCU 下找到 MCU 8051 U1，并执行 Build 命令，对项目进行编译，编译结果如图 9.12 所示。

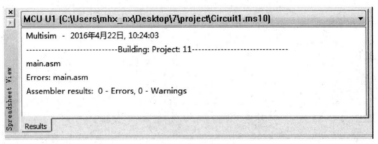

图 9.12　Build 编译结果

（6）切换到电路设计原理图窗口，单击"仿真"按钮，对电路进行仿真，可以看到 LCD 分两次显示数据，第一次显示 1234，第二次显示 456789A。

9.2.2　二极管闪烁(C 语言)

下面以具体的发光二极管闪烁应用实例来说明如何在 Multisim 14.0 中用 C 语言实现单片机仿真。

（1）单击工具栏上的单片机按钮 MCU，在电路原理区放置单片机 8052。

（2）在 MCU Wizard 的 Step 2 of 3 中，Programming language 选择 C(C)，其他选项可按默认设置。

（3）按照图 9.13 所示电路绘制电路图。

（4）在电子仿真软件 Multisim 14.0 基本界面平台上，在 Design Toolbox 中打开源文件名 main.c，输入如下 C 程序。

```
#include <htc.h>
void delay( unsigned int i)
    {
    while(i--) ;
    }
```

```
void main()
{
  while(1)
{
  P1 = 0x00;
        delay(90);
  P1 = 0xff;
  delay(90);
}
}
```

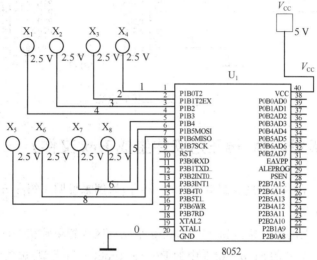

图 9.13　发光二极管闪烁电路

（5）单击主菜单"MCU /MCU8085U2 /Build"，对程序进行编译，如果程序语句逻辑格式有错误，稍等片刻，在程序下方打开的电子数据表视图中可以看到程序分析结果，必须重新检查所编程序，找出错误进行修改，方能进入下一步操作。

本实例运行后在电子数据表视图显示结果如图 9.14 所示。

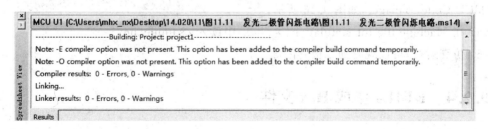

图 9.14　Build 编译结果

（6）切换到电路设计原理图窗口，单击"仿真运行"按钮，对电路进行仿真，可以看到发光二极管闪烁点亮，点亮状态如图 9.15 所示。

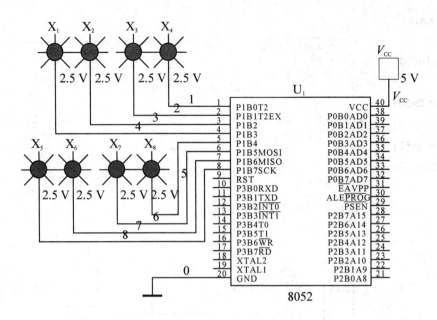

图 9.15　发光二极管点亮

9.2.3　二极管闪烁(第三方软件生成 Hex 文件)

下面就以 9.2.2 节中所讲的二极管闪烁(C 语言)为例来说明用第三方软件如何生成 Hex 文件并进行单片机仿真。

(1)单击工具栏上的单片机按钮 MCU,在电路原理区放置单片机 8052。

(2)在 MCU Wizard 的 Step 2 of 3 中的 Project type(项目类型)选项中选择 Load External Hex File(加载外部的 Hex 文件),即选择加载外部的 Hex 文件时,使用第三方编译软件(如 Keil uVision4)生成 Hex 文件代码。

(3)按照图 9.13 所示电路连接电路。

(4)在 Keil uVision4 中生成 Hex 文件,如命名为 example. Hex,然后双击 8051 单片机,弹出 8051X 对话框,可设置 805X 的相关参数,用户也可以在 Code 选项卡中单击 Properties,打开 MCU Code Manager,如图 9.16 所示。

(5)在 Machine file for simulation(*. hex)中读入 example. hex。

(6)仿真运行,可以观测到二极管闪烁。

9.2.4　KEIL4 生成 Hex 文件

以 9.2.2 节二极管闪烁为例,KEIL4 生成 Hex 文件步骤如下。

(1)安装 Keil uVision4 后,打开 Keil 软件,单击"project"菜单 "new μVision project",新建一个项目,如果不新建项目是无法生成 Hex 文件的。

(2)在接下来的对话框中,选一个目录,然后把这个项目命名为"example",并保存。注意,此时可以自己设置文件目录,以方便后面调用所生成的 Hex 文件。

图 9.16　第三方软件生成 Hex 文件的调用

（3）如图 9.17 所示，在弹出的对话框中为项目选择 CPU，找到 Atmel 后单击"＋"展开，选中 AT89C51，单击 OK 按钮。

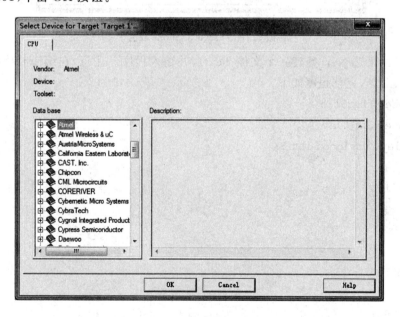

图 9.17　CPU 选择步骤阅读

（4）在弹出的如图 9.18 所示的对话框中会提示是否把启动文件加进项目，选"是（Y）"按钮。

（5）在图标区域单击"Target Options"，图标为 ，会弹出 Target Options 对话框，如图 9.19 所示，其他参数按默认设置，在"Output"选项卡选中 Create HEX File 选项。

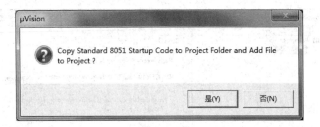

图 9.18 加载文件到工程

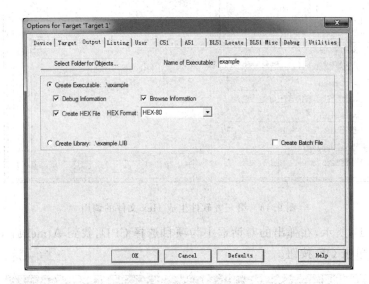

图 9.19 Target Options 设置

(6) 在 File 下选 New 新建一个文件 Text1,并输入程序。注意,在编译时代码前加 # include <reg51.h>,完整程序如下：

```
# include <reg51.h>
# include <htc.h>
void delay( unsigned int i)
{
  while(i - -) ;
}
void main()
{
  while(1)
{
  P1 = 0x00;
        delay(90);
  P1 = 0xff;
  delay(90);
}
}
```

（7）保存上述程序，注意如果此时输入的程序是汇编语言，保存时扩展名为：＊.asm。

（8）添加源文件，在"Source Group 1"上单击鼠标右键，会弹出如图9.20所示对话框，选中"Add Files to Group Source Group 1"，在弹出的对话框中"添加（Add）"前面保存的"example.c"文件。

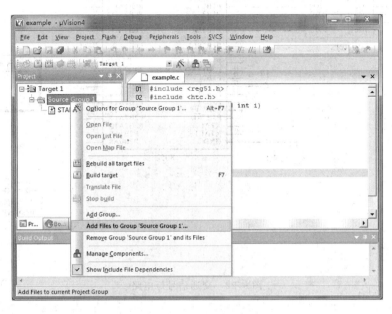

图9.20　添加源文件 example.c

（9）单击"Build"图标，或者按快捷键"F7"，编译生成 Hex 文件，编译结果如图9.21所示。

```
Build Output                                          ▼ ╤ ×
Build target 'Target 1'
assembling STARTUP.A51...
compiling example.c...
example.c(2): warning C318: can't open file 'htc.h'
linking...
Program Size: data=9.0 xdata=0 code=47
creating hex file from "example"...
"example" - 0 Error(s), 1 Warning(s).
```

图9.21　Build 结果

（10）打开工程文件"example"所在的目录，会找到"example.hex"，有关"Hex"调用参照9.2.3节二极管闪烁（第三方软件生成 Hex 文件）。

9.3　单片机其他仿真

单片机其他仿真见仿真实例。

例如，如图9.22所示为一个以8052来控制的交通信号灯电路图，在该电路中，Crosswalk Button 为人行道按钮，当有人需要穿过马路时可以按下此按钮，此时产生一个信号，CPU 执行一个中断处理程序,人行道绿灯亮,行人可穿过马路。

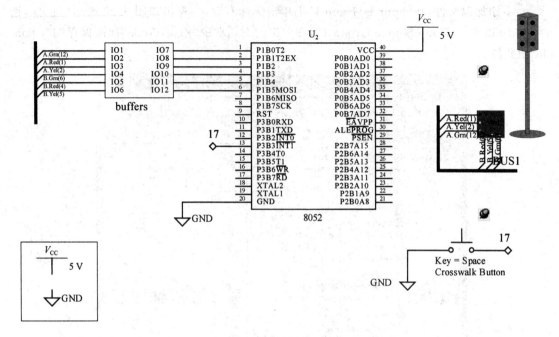

图 9.22　交通信号灯电路

第10章 UItiboard 14.0 简介

Ultiboard 14.0 是美国 NI 公司的 National Instruments Circuit Design Suite 中 PCB 设计软件,是一套 EDA 工具软件。Ultiboard 14.0 主要用于设计印制电路板,完成基本的机械 CAD 设计,为生产印制板做好准备,同时还提供了自动布线等功能。它与 Multisim 14.0 相互结合,可以使电路设计的效率大大提高,利用 Multisim 14.0 提供的前向注视和后向注视功能,则可以保持和 Multisim 14.0 电路原理图的实时更新。

Utiboard 14.0 是工业中最常用的 PCB 布线设计工具之一,其具有自己独特的功能如下所述。

(1)直观、友好的全新菜单,能够与 Multisim 14.0 无缝连接,构成一个整体,生成共享信息,相互转换。

(2)板层多、精度高、可设置最多 32 层。

(3)能够实现快速、自动布线,与以前版本相比,可减少约 40% 的通孔,布线速度快 10～20 倍。

(4)强制矢量和密度直方图。强制矢量就根据一种比较特殊的算法,将每个元器件上的各条有方向和长短的飞线视为一个矢量。用户在放置元器件时,应注意其强制矢量,它可以保证布局时将属于同电气连接网络的元器件尽可能地靠近,从而保证板上的各元器件引脚间连线最短化的要求。密度直方图是用于表示印制板在 X、Y 轴两个方向板面上布线的连接密度,如果板上布线密度十分不均匀,密度过高的地方走线布通就很困难,而密度过低又会浪费板面积,所以布局时最好使整个板面保持相对均匀的连接密度,通过观测密度直方图可调整元器件的布局。

(5)智能化的覆铜技术,使复杂的铜区较易布线。

(6)支持 CAM,能够生成 Gerber 文件,使制板工程师可以不考虑制板厂商文件格式的兼容性。

(7)使用元器件放置器可以大量节省放置元器件的时间。

(8)模拟的三维印制电路板视图,有助于用户观察 PCB 设计效果图,使设计者对所设计的电路有一个直观的认识,从而缩短产品开发周期,降低设计风险。

10.1 Ultiboard 14.0 用户界面

Ultiboard 14.0 的设计界面包括 Menu Bar(菜单栏)、Toolbar(工具栏)、Design Toolbox

（设计工具箱）、Birds Eye（鸟瞰区）、3D Preview（3D 预览区）、Spreadsheet View（数据表格区）、状态栏、设计工作区，分别进行如下说明如下。

（1）Menu Bar（菜单栏）：Ultiboard 14.0 的菜单。

（2）Toolbar（工具栏）：Ultiboard 14.0 的相关工具栏，包括标准工具栏（Standard Toolbar）、主要工具（Main Toolbar）、视窗栏（View Toolbar）、放置栏（Place）、自动布线（Autoroute）等。

（3）Design Toolbox（设计工具箱）：通过设计工具箱用户可以设置显示、隐藏、对电路板中的组件进行淡化显示等。

（4）Birds Eye（鸟瞰区）：通过鸟瞰区可以容易地在工作设计区域完成对设计区域的选择。在拖动鼠标，可以绘制一个矩形框，在工作区中可以对该矩形框内的设计进行显示。

（5）3D Preview（3D 预览区）：以三维的形式对设计的 PCB 进行显示。

（6）Spreadsheet View（数据表格区）：可以快速方便地对电路中的元器件参数进行读取和编辑。

（7）状态栏：用于显示一些重要的有用信息。

（8）设计工作区：用于设计 PCB 的区域。

Ultiboard 14.0 的设计界面主要包括菜单栏、工具栏、3D 视图、设计工具箱、电子表格及状态栏等，如图 10.1 所示。

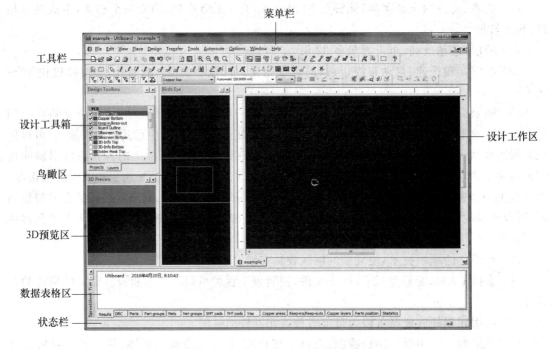

图 10.1　Ultiboard 14.0 的设计界面

10.2　菜单栏

Ultiboard 14.0 菜单栏包括 File、Edit、View、Place、Design、Transfer、Tools、Autoroute、

Options、Window 和 Help 共 11 个菜单。

（1）File 菜单：用于对 Ultiboard 14.0 所创建 PCB 项目文件的管理与操作等。

- New design：新建一个设计文件。
- New Project：新建一个项目文件。
- Open：打开一个项目文件或设计文件。
- Open samples：打开示例文件。
- Close：关闭一个项目文件。
- Close Project：关闭项目文件。
- Close all：关闭所有项目文件。
- Save：保存文件。
- Save as：保存为一个文件，文件可重命名。
- Save all：保存所有已打开的文件。
- Import：导入 DXF 文件。
- Export：输出文件。
- Load technology settings：加载技术设置。
- Save technology settings：保存技术设置。
- Print：打印。
- Recent designs：最近操作的设计文件。
- File information：文件信息。
- Exit：退出。

（2）Edit 菜单：主要对 PCB 窗口中的电路或元件进行删除、复制或选择等操作。

- Undo：撤销。
- Redo：重复。
- Cut：剪切。
- Copy：复制。
- Paste：粘贴。
- Paste special：选择性粘贴。
- Delete：删除。
- Copper Delete：覆铜删除。
- Select All：选择全部。
- Select entire trace：选择整条印制线。
- Find：查找。
- Group selection：组合所选对象。
- Ungroup selection：取消所选对象的组合。
- Lock：锁定。
- Unlock：解锁。
- Selection filter：选择过滤器。
- Orientation：方向（上下翻转、左右翻转或旋转）。
- Align：元件对齐方式。
- Vertex：顶点。

- In-place part edit：就地零件编辑。
- Properties：显示所选择对象的属性。

（3）View 菜单：用于显示或隐藏电路窗口中的某些内容（如工具栏、栅格等），以及 3D 预览等。

- Full Screen：全屏显示。
- Redraw Screen：重画屏幕。
- Zoom In：放大电路窗口。
- Zoom Out：缩小电路窗口。
- Zoom Area：缩放区域。
- Zoom full：缩放到满屏。
- Copper areas：覆铜区。
- Clearances：间隙。
- Grid：网格。
- Ruler Bars：显示或隐藏标尺。
- Status Bar：显示或隐藏状态栏。
- Desity Bars：显示或隐藏密度栏。
- Birds Eye：鸟瞰区。
- Design Toolbox：设计工具箱。
- Spreadsheet View：显示或隐藏电子表格视窗。
- 3D Preview：3D 预览。
- Toolbars：显示或隐藏快捷工具。包括标准、视图、主、绘图设置、编辑、对齐、绘制、选择、向导、自动布线等工具栏的显示或隐藏。

（4）Place 菜单：用于在 PCB 中放置导线、字符、焊盘、通孔等各种对象，以及放置坐标、图形绘制等。

- From database：从数据库中选择。
- Line：直线。
- Select：选择。
- Follow-me：跟随布线。
- Connection Machine：连接机。
- Dimension：尺寸。
- Graphics：图形。
- Power plane：电源层。
- Bus：总线。
- Keep-in/keep-out area：留用/禁用区。
- Group array box：组数组块。
- Pins：引脚。
- Via：通孔。
- Test point：测试点。
- Jumper：跳线。
- Net bridge：网桥。

- Hole：孔。
- Automatic test points：自动测试点。
- Unplace parts：取消零件放置。
- Comment：注释。

（5）Design 菜单：用于 DRC 检查，连通性检查，交换引脚等操作。

- DRC and netlist check：DRC 及网络表的检查。
- Connectivity check：连通性检查。
- Error filter manager：错误滤波器管理。
- Copper area splitter：覆铜区分离器。
- Swap pins：交换引脚。
- Swap gates：交换栅极。
- Automatic pin/gate swap：自动引脚/栅极交换。
- Part shoving：零件推挤。
- Set reference point：设定参考点。
- Shield nets：屏蔽网络。
- Fanout SMD：扇出 SMD。
- Add teardrops：添加泪滴。
- Corner mitering：角斜接。
- Remove unused vias：移除未用的通孔。
- Group replicaplace：组重复放置。
- Copy route：复制路由。
- Highlight selected net：高亮度显示选定的网络。

（6）Transfer 菜单：用于原理图与 PCB 编辑器的信息连接。

- Backward annotate to Multisim：反向标注到 Multisim。
- Backward annotate to Multisim 14.0：反向标注到 Multisim 14.0。
  - Backward annotate to file：反向标注到文件。
  - Forward annotatefrom file：从文件正向注解。
- Highlight selectionin Multisim：高亮度显示 Multisim 中的选择。

（7）Tools 菜单：用于 PCB 设计提供各种工具，如网表检查、零件向导等操作。

- Board wizard：电路板向导。
- Part wizard：零件向导。
- Database：数据库。
- PCB transmission line calculator：PCB 传输线计算器。
- PCB differential impedance calculator：PCB 差分组抗计算机器。
- Netlist editor：网表编辑器。
- Group editor：组编辑器。
- Quick layer toggle：快速切换图层。
- Renumber parts：给零件重新编号。
- Equi-space traces：等距印制线。
- Replace part：替换零件。

- Update shapes:更新形状。
- Capture screen area:捕获屏幕区。
- View 3D:查看 3D。

(8) Autoroute 菜单:用于 PCB 自动布线的相关操作。

- Start/resume autorouter:开始/恢复自动布线。
- Stop/pause autorouter:停止/暂停自动布线。
- Autoplace parts:自动放置零件。
- Autoplace selected parts:对选定的零件自动布局。
- Autoroute selected nets:对选定的网络进行自动布线。
- Autoroute specified buses:为指定的总线自动布线。
- Optimize routing:优化布线。
- Autoroute /place options:自动布线/放置选项。

(9) Options 菜单:用于设置 Untiboard 14.0 基本环境参数。

- Global options:全局参数设置。
- PCB properties:PCB 属性设置。
- Lock toolbars:锁定工具栏。
- Customize interface:自定义界面。

(10) Window 菜单:对于 Untiboard 14.0 窗口进行各种操作。

- New window:新建窗口。
- Close:关闭窗口。
- Close all:关闭所有窗口。
- Cascade:电路窗口层叠。
- Title horizontal:窗口横向平铺。
- Title vertically:窗口纵向平铺。
- Windows:窗口。
- Next window:下一个窗口。
- Previous Window:上一个窗口。

(11) Help 菜单:为用户提供在线技术帮助和使用指导。

- Ultiboard Help:NI Ultiboard 14.0 的帮助文档。
- Getting Srarted:入门。
- Patents:专利说明。
- About Ultiboard:有关 NI Ultiboard 14.0 的说明。

10.3　工　具　栏

Ultiboard 14.0 的工具栏包括 Standard Toolbar(标准工具栏)、Main Toolbar(主工具栏)、View Toolbar(视图栏)、Select Toolbar(选择工具栏)、Draw Settings Toolbar(绘制设置工具栏)、Align Toolbar(对齐工具栏)、Place Toolbar(放置工具栏)、Wizard Toolbar(向导工具栏)、Autoroute Toolbar(自动布线工具栏)。

10.3.1　标准工具栏

标准工具栏如图 10.2 所示,主要用来设置 PCB 文件基本操作。分别为新建(New),打开(Open),打开实例(Open samples),保存(Save),打印(Print direct),剪切(Cut),复制(Copy),粘贴(Past),撤销(Undo),重做(Redo)。

图 10.2　标准工具栏

10.3.2　主工具栏

主工具栏如图 10.3 所示,主要用来设置 PCB 设计的主要工具。分别为 Select(选择),Design Toolbox(显示或隐藏设计工具箱),Spreadsheet View(显示或隐藏电子表格视窗),Database manager(打开元件库管理),Board Wizard(打开电路板向导),Parts Wizard(打开元器件向导),From database(从数据库中选取元件),Line(手动布线),Follow-me(跟随画线),Connection Machine(机器连线),Via(放置空孔),Polygon(多边形连线),DRC and netlist check(DRC 和网表检查),Text(放置文本),View 3D(3D 视图),Capture screen area(抓取屏幕区域),帮助(Help)。

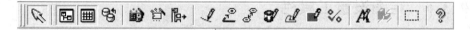

图 10.3　主工具栏

10.3.3　视图栏

视窗栏如图 10.4 所示,主要用来放大或缩小工作窗口。从左到右为:Redraw Screen(重画屏幕),Full screen(全屏),Zoom in(放大),Zoom out(缩小),Zoom area(缩放区域),Zoom full(缩放至满屏)。

图 10.4　视图栏

10.3.4　选择工具栏

选择工具栏如图 10.5 所示,主要用来快速定位各种对象。从左到右为:Enable selecting parts(启用选择零件),Enable selecting traces(启用选择印制线),Enable selecting copper areas(启用选择覆铜区),Enable selecting vias(启用选择通孔),Enable selecting THT pads(启用选择 THT 焊盘),Enable selecting SMD pads(启用选择 SMD 焊盘),Enable selecting attributes(启用选择特性),Enable selecting other objects(启用选择其他对象)。

图 10.5　选择工具栏

10.3.5　绘制工具栏

绘制工具栏如图 10.6 所示,主要用于在 PCB 中放置各种导线、图形、字符以及图像等。从左到右分别为

Comment(注释),Capture screen area(捕获屏幕区域),Select(选择),Line(直线),Ar(圆弧),Elliptical arc(椭圆弧),Bezier curve(贝塞尔曲线),Circle(圆形),Ellipse(椭圆形),Pie(饼形),Polygon(多边形),Rounded rectangle(圆角矩形),Rectangle(矩形),Picture(图片),Follow-me(跟随布线),Bus(总线),Group array box(组数组块),Text(文字),Net bridge(网桥),Hole(孔),Via(通孔),Pins(引脚),Copper area splitter(覆铜区分离器),Remove copper island(移除覆铜岛)。

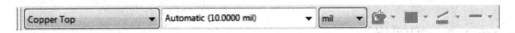

图 10.6　绘制工具栏

10.3.6　绘图设置工具栏

绘图设置栏用于设置电气层的显示属性,包括单位、填充色、填充样式等,如图 10.7 所示。

| Copper Top | Automatic (10.0000 mil) | mil | |

图 10.7　绘图设置栏

10.3.7　自动布线栏工具

自动布线工具栏如图 10.8 所示,主要用来设置不同的布线方式。从左到右为:Autoplace parts(自动放置零件),Autoroute specified buses(为指定的总线自动布线),Optimize routing(优化布线),Start/resume autorouter(开始/恢复自动布线),Stop/pause autorouter(停止/暂停自动布线)。

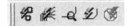

图 10.8　自动布线工具栏

10.4　全局参数设置

安装后初次使用 Ultiboard 14.0 前，应该对 Ultiboard 14.0 基本界面进行设置。设置完成后可以将设置内容保存，以后再次打开 Ultiboard 14.0 时就不必再次设置。

基本界面设置是通过主菜单中"Options"（选项）的下拉菜单进行。单击主菜单中"Options"，选其中的第一项"Global Options"，打开后会弹出 Global Options 对话框，有 8 个选项卡，分别为：General（常规）、Paths（路径）、Message prompts（信息）、Save（保存）、Colors（颜色）、PCB design（PCB 设计）、Dimensions（尺寸）、3D options（3D 选项）。

（1）General 选项卡

可以为 Ultiboard 14.0 进行常规设置，如图 10.9 所示，通过该选项卡可以对 Ultiboard 14.0 的常规选项进行设置，如光标的形式、位置、窗口是否显示滚动条、是否恢复执行缓冲区大小、是否保存文件等进行设置。

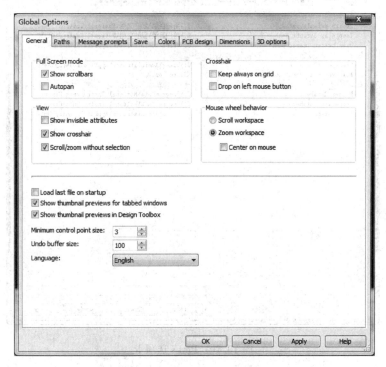

图 10.9　General 选项卡

General 选项卡各参数说明如下所述。

- Show Scrollbars：显示滚动条。
- Autopan：自动滚屏。
- Keep always on grid：始终保持在风格上。
- Drop on left mouth button：鼠标左键单击放置。
- Show invisible attributes：显示隐藏属性。
- Show crosshair：显示十字光标。

- Scroll/zoom workspace without selection：不选择而滚动/缩放。
- Scroll workspace：滚动工作区。
- Zoom workspace：缩放工作区。
- Center on mouse：中心跟随鼠标而移动。
- Load last file on startup：启动后加载最近的文件。
- Show thumbnail previews for tabbed windows：允许弹出选项卡窗口的缩略图预览。
- Show thumbnail previews in Design Toolbox：在工具箱显示缩略图预览。
- Minmum control point size：控制点的最小尺寸。
- Undo buffer size：撤销缓冲区大小。
- Language：语言。

（2）Paths 选项卡

Paths 选项卡用于设置电路默认路径、用户按钮图片路径等信息，如图 10.10 所示。

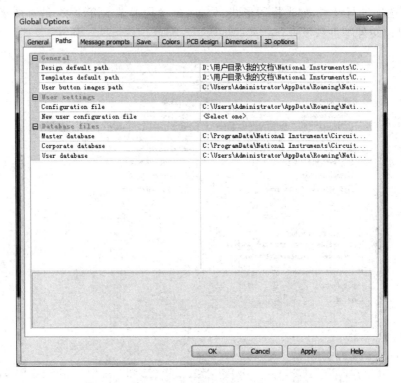

图 10.10　Paths 选项卡

Paths 选项卡参数说明如下所述。

- Design default path：设计默认路径。
- Templates default path：示例默认路径。
- User button images path：用户按钮图像路径。
- Configuration files：配置文件。
- New user configuration files：新用户配置文件。
- Master database：主数据库。
- Corporate database：企业数据。
- User datebase：用户数据库。

（3）Message prompts 选项卡

Message prompts 选项卡是如图 10.11 所示，该选项卡主要用来消息提示，当某个零件被添加到零件组时，提示将所有的零件属性更改为"使用组设置"；当某个零件被添加到网络组时，提示将所有的网络属性更改为"使用组设置"；查看 3D 进在 Ultiboard 和 Windows 字体之间选择。

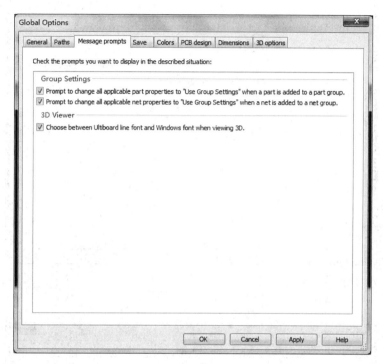

图 10.11　Message prompts 选项卡

（4）Save 选项卡

Save 选项卡如图 10.12 所示，用户可通过 Save 选项卡对设计进行自动保存以及仪器仿真的数据保存等进行设置。例如是否创建一个副本，在原文件损坏或无法使用的情况下，该副本可从与原文件所在位置轻松恢复；是否启用自动保存，启用自动保存后，可设置指定的时间间隔来自动保存设计；是否附上时间戳，让反向注解名称具有唯一性；是否将.txt 文件保存为纯文本（非 Unicode）。

（5）Colors 选项卡

Colors 选项卡进行颜色设置，选项卡如图 10.13 所示，它用于设置 PCB 色彩的配置。

Colors 选项卡各参数说明如下所述。

- Dimness：颜色暗淡调整，可设置最大与最小值。
- Color scheme：配色方案。
- Color element：色元素。
- 在颜色的设置过程中可以通过效果预览"Preview"区观察设置的效果。

（6）PCB Design 选项卡

PCB Design 选项卡如图 10.14 所示，主要用于 PCB 图的显示属性，如默认引脚的大小，何时进行 DRC 与网表的检查等。

图 10.12　Save 选项卡

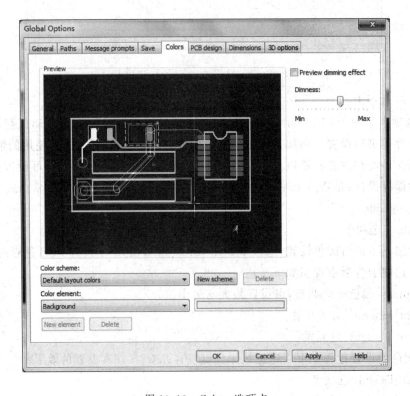

图 10.13　Colors 选项卡

图 10.14　PCB Design 选项卡

PCB Design 选项卡各参数说明如下所述。

- Show pin 1 marking on parts：显示零件上的引脚 1 标记。
- Show Copper Areas：显示覆铜区。
- Show pin infomation in pin：显示引脚内的引脚信息。
- Show global fiducial marks：显示全局基准符号。
- "Select Entire Trace"Select Across Layers：选择整条印制线后对印制线进行跨层。
- Re-route traces during routing：零件有移动进对进行重新布线。
  - Include fixed traces：包括固定印制线。
- Narrow traces during routing：布线期间收窄印制线。
- Delete associated vias when deleting trace：删除印制线时删除关联的通孔。
- Delete associated teardrops when deleting trace：删除印制线时删除关联的泪滴。
- Add teardrop on trace placement：印制线放置完成后添加泪滴。
- DRC & Net check Frequency：DRC 和网表检查频率。
  - No Realtime Check：无实时检查。
  - Check after an action is completed：当某项操作完成后检查。
  - Full Real-time Check：完全时实检查。
- When an action causes a DRC error
  - Overrule the error and continue：否决错误并继续。
  - Ask for confirmation：当 DRC 错误时，对错误请求确认。
  - Cancel the current action：当 DRC 错误时，取消当前操作。
- Follow me router uses Continuous place：跟随布线时是否使用持续布局。

- Crosshair snaps to nearest trace：十字准线对齐到最近的印制线。
- Default jumper pin diameter：默认跳线引脚直径。
- Default test points pin diameter：默认测试点引脚直径。

（7）Dimensions 选项卡

Dimensions 选项卡如图 10.15 所示，用于对放置在 PCB 中的尺寸的显示及相关信息的设置。

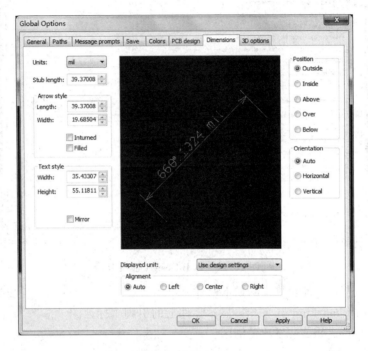

图 10.15　Dimensions 选项卡

Dimensions 选项卡中各参数说明如下所述。

- Units：单位设置。
- StubLength：短线长度。
- Arrow Style：箭头格式，其中包括 Length（长度）、Width（宽度）、Inturned（内弯）、Filled（填充）。
- Test Style：文本格式，其中包括 Width（宽度）、Height（高度）、Mirror（镜面）。
- Position：设置标注文本的位置。
- Orientation：设置标注方向，有 Auto（自动，45°角），Horizontal（水平），Vertical（垂直）。

（8）3D 选项卡

3D Options 选项卡如图 10.16 所示，用于设置 3D 显示的相关信息。

3D 选项卡中各参数说明如下所述。

- Always show copper and silkscreen while moving：当移动时显示覆铜和丝印层。
- Background color：用于设置背景色。
- User Normal Board Thickness：使用常规电路板厚度。
- Thickness for each Thickness：各层的厚度。
- Spacing between layers：层间距设置。

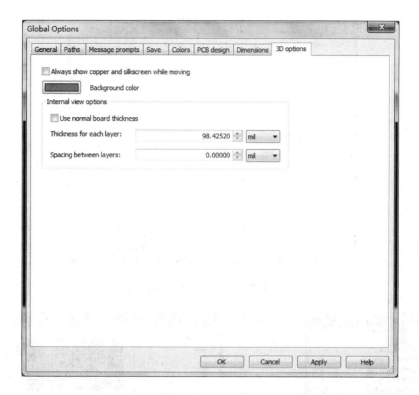

图 10.16　3D 选项卡

10.5　PCB 属性设置

在利用 Ultiboard 14.0 进行 PCB 设计时,一般先设置全局属性,然后对 PCB 的属性进行设置。PCB 属性可通过 PCB Properties 对话框设置。PCB 属性是通过主菜单中"Options"(选项)的下拉菜单进行。单击主菜单中"Options"命令,选其中的第一项"PCB Properties",打开后会弹出 Global Options 对话框,如图 10.9 所示,有 7 个选项卡,分别为:Attributes(特征)、Grid & units(网格与单元)、Copper layers(覆铜层)、Pads/Vias(焊盘/通孔)、General layers(普通层)、Design rules(设计规则)、Favorite layers(常用图层)。

(1) Attributes(特征)选项卡

Attributes(特征)选项卡如图 10.17 所示,主要用于各个图层的特征属性设置。

尽管 PCB 设计默认没有任何特征,但所有的设计对象都有特征。单击"New"按钮,弹出选择一个层设置特性 Select layer for attributes 对话框,如图 10.18 所示。选择一个希望设置特性的 PCB 层,如选择 Copper Top,单击"OK"按钮,弹出 Attributes 对话框,如图 10.19 所示。通过该对话框可设置 PCB 的 Tag(标签)、Value(值)、Visibility(可视性)等特性。

(2) Grid & Units(栅格和单位)选项卡

Grid & Units(栅格和单位)选项卡,如图 10.20 所示,用于设置 PCB 栅格和单位的参数。
Grid & Units 栅格和单位选项卡参数说明如下所述。

图 10.17　Attributes(特征)选项卡

图 10.18　Select layer for attributes

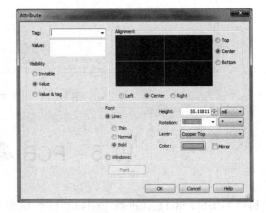

图 10.19　Copper Top attributes

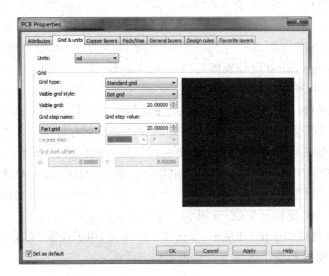

图 10.20　Grid & Units(栅格和单位)选项卡

- Units：用于设置测量单位，有 nm、um、mm、mil、inch。
- Grid Type：栅格类型，可以选择 Standard Grid（标准栅格）、Polar Grid（极坐标栅格）。当改变栅格类型时，可以通过栅格预览区观察选择的栅格类型。
- Visible grid style：栅格样式，可以选择 Invisible（栅格不可见）、Dot grid（点栅格）、Line grid（线栅格）或 Cross Grid（十字栅格）。当改变栅格样式时，可以通过栅格预览区观察选择的栅格样式。
- Visible grid：可见栅格。
- Grid Step Name：栅格阶步名称，可以选择 Part grid（零件栅格）、Copper grid（覆铜栅格）、Via Grid（通孔栅格）或 SMD Grid（SMD 栅格）。
- Grid Step Value：设置栅格阶步值。
- Degree Step：当 Grid Type 选择 Polar Grid（极坐标栅格）时，可对度数步进值进行设置。
- Grid start offset：当 Grid Type 选择 Polar Grid（极坐标栅格）时，可对栅格起始偏移值进行设置。

（3）Copper layers（覆铜层）选项卡

Copper layers（覆铜层）选项卡如图 10.21 所示。当用户在 PCB 上放置通孔时，需要对覆铜层进行设置，用户的选择将直接影响到 PCB 的制造成本。

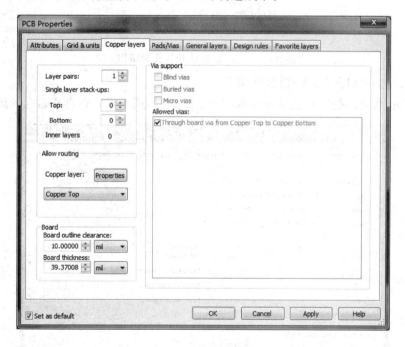

图 10.21　Copper layers（覆铜层）选项卡

Copper layers 覆铜层选项卡中各参数说明如下所述。

- Layer Pairs：层对。至少设置一个层对作为电路板核心。
- Signal Layer stack-ups：单层层叠。
- Via Support：支持通孔类型，用于选择电路中的 Blind vias（盲通孔）、Buried vias（埋通孔）和 Micro vias（微通孔）。

- Allowed Vias：选择允许孔的层，可设置从顶层覆铜到底层覆铜的穿板通孔。
- Board Outline Clearance：板框间隙。
- Board Thickness：电路板厚度。
- 单击"properties"按钮，弹出覆铜层属性设置对话框，设置覆铜层属性，在其中可设置印制线通孔，有水平、垂直和无这 3 个选项。

Ultiboard 14.0 允许用户设置 2~64 层的 PCB。当设置覆铜层的层数时，用户还需要分层设置，这在 PCB 的制造时是很有用的。另外，当使用 Ultiboard 的内部规则来设置盲孔、埋孔和微孔时，这些设置也非常重要。在多层板中，层与层之间信号的连接用通孔、埋孔来完成。在 PCB 中，通孔、埋孔和盲孔的结构如图 10.22 所示。

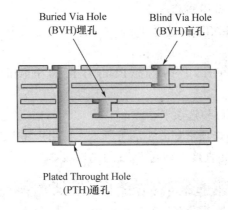

图 10.22　通孔、埋孔和盲孔的结构

（4）Pads/Vias(焊盘/通孔)设置选项卡

Pads/Vias(焊盘/通孔)设置选项卡如图 10.23 所示，用于设置焊盘和通孔的属性。

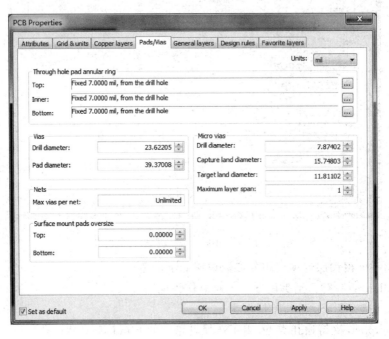

图 10.23　Pads/Vias(焊盘/通孔)选项卡

Pads/Vias 焊盘/通孔设置选项卡中各参数说明如下所述。

- Through Hole Pad Annular Ring：通孔焊盘设置，有 Top、Inner 和 Bottom 参数设置，单击它们右侧的"…"在弹出 Through Hole Pad Properties 对话框（图 10.24）中设置，有 Fixed（固定）、Relative（相对）等参数设置。

图 10.24　Through Hole Pad Properties 对话框

- Vias：通孔设置，用于设置钻孔（Drill Diameter）及焊盘直径（Pad Diameter）的大小。
- Micro Vias：微孔设置，包括 Drill diameter（钻孔直径）、Capture land diameter（捕获域直径）、Target land diameter（目标域直径）、Maximum layer span（最大跨层）的设置。
- Nets：用于设置单位上通孔的最大数量。
- Surface mount pads oversize：用于设置表面贴装焊盘尺寸，有 Top（顶部）和 Bottom（底部）。

（5）General layers（普通层）选项卡

General layers（普通层）选项卡如图 10.25 所示，用于电路板设计中图层的显示设置。

General layers 普通层选项卡中各参数说明如下所述。

Keep-in/keep-out：留用/禁用。

Board Outline：板框。

Silkscreen Top-3D-info Bottom：丝印层顶层—丝印层底层。

3D-Info Top-Info Bottom：3D 信息顶层—阻焊层底层。

Solder Mask Top - Solder Mask Bottom：阻焊层顶层—阻焊层底层。

Paste Mask Top - Paste Mask Bottom：助焊层顶层—助焊层底层。

Assembly Info Top - Assembly Info　Bottom：汇编信息层顶层—汇编信息层底层。

Ratsnest：鼠线。

Design Rule Check：设计规则检查。

Force Vectors：力矢量。

Comment：注释。

Courtyard：院子。

Mechanical 1 - Mechanical 2：机械 1—机械 2。

Mechanical 3 - Mechanical 4：机械 3—机械 4。

Mechanical 5 - Mechanical 6：机械 5—机械 6。

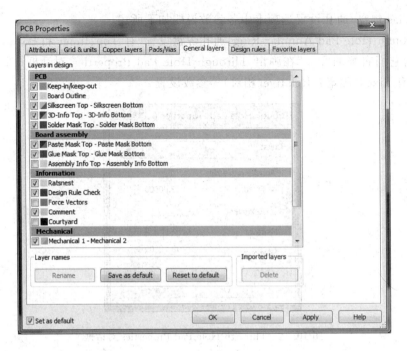

图 10.25　General layers(普通层)选项卡

Mechanical 7 - Mechanical 8:机械 7—机械 8。

Mechanical 9 - Mechanical 10:机械 9—机械 10。

(6) Design Rules(设计规则)选项卡

Design Rules(设计规则)选项卡如图 10.26 所示,用于设置轨迹线的宽度,线宽最大值、最小值,轨迹线的最小长度和最大长度的设置,以及轨迹线的线颈、安全距离、元器件间距等设计规则。

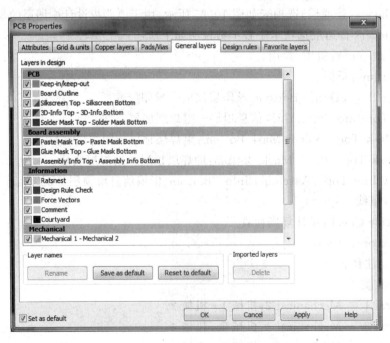

图 10.26　Design Rules(设计规则)选项卡

Design Rules 设计规则选项卡各参数说明如下所述。
- Trace width：用于设置轨迹线的宽度，可以设置线宽最大值、最小值。
- Trace length settings：轨迹线的长度设置，有最小长度和最大长度的设置。
- Trace neck settings：轨迹线的线颈设置，有最小线颈和最大线颈的设置。
- Clearance settings：间隙设置。
- Part spacing settings：元器件间距设置。
- Pin and gate swap settings：引脚和门交换设置。
- Thermal relief：热安全设置。
- Drill technology：孔技术设置。

（7）Favorite Layers（偏好层）选项卡

Favorite Layers（偏好层）选项卡如图 10.27 所示，可以方便快捷地对经常使用的层调用。

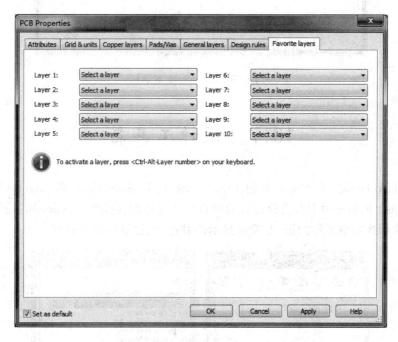

图 10.27　Favorite Layers（偏好层）选项卡

10.6　自定义界面

Ultiboard 14.0 允许用户根据个人的爱好对界面进行定义。单击菜单"Options"下的"Customize Interface"命令，弹出自定义界面 Customize 对话框，如图 10.28 所示。

Customize 对话框中各个选项卡说明如下所述。
- Commands 选项卡：用于添加命令到菜单或工具栏中。
- Toolbars 选项卡：用于设置工具栏上显示或隐藏相应的命令。
- Keyboard 选项卡：用于设置键盘快捷键。
- Menu 选项卡：用于设置鼠标右键的快捷菜单文本。
- Options 选项卡：用于设置工具栏和菜单的属性。

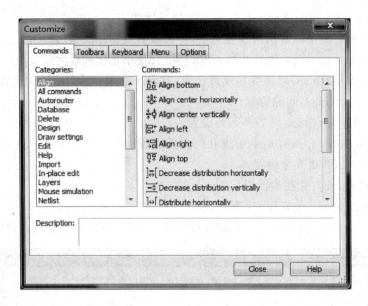

图 10.28 Customize 对话框

10.7 设计工具箱

设计工具箱(Design Toolbox)如图 10.29 所示,由 Project(项目)和 Layers(层)两个标签页组成。Project 标签页用来对当前打开的项目文件进行相应操作 Layers 标签页可以通过鼠标的点选快速切换当前工作的层、改变层显示的颜色、淡化显示或者隐藏。

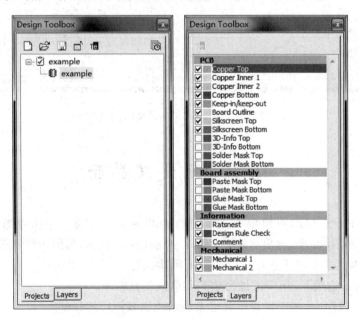

图 10.29 Design Toolbox 设计工具箱

设计工具箱中的 Layers 显示了所有的图层,其详细说明如下所述。

- PCB 层：印刷电路板层，用来选择设计时的工作层。
  - Copper Top：顶层覆铜。
  - Copper Inner 1：内层覆铜 1。
  - Copper Inner 2：内层覆铜 2。
  - Copper Bottom：底层覆铜。
  - Keep-in/Keep-out：留用/禁用。
  - Board Outline：板框。
  - Silkscreen Top：丝印层顶层。
  - Silkscreen Bottom：丝印层底层。
  - 3D-Info Top：3D 信息顶层。
  - 3D-Info Bottom：3D 信息底层。
  - Solder Mask Top：阻焊层顶层。
  - Solder Mask Bottom：阻焊层底层。
- Board assembly 层：电路板组装层，显示与电路板生产有关的层。
  - Paste Mask Top：助焊层顶层。
  - Paste Mask Bottom：助焊层底层。
  - Glue Mask Top：胶合剂掩膜顶层。
  - Glue Mask Bottom：胶合剂掩膜底层。
- Information 层：信息层。用来提示电路设计过程中一些有用的信息。
  - Ratsnest：鼠线。
  - Design Rule Check：设计规则检查。
  - Comment：注释。
- Mechanical 层：机械层。用来显示电路板的尺寸，以及与其他机械 CAD 图相关的属性。
  - Mechanical1：机械 1。
  - Mechanical1：机械 2。

10.8　数据表格视窗

数据表格视窗（Spreadsheet View）如图 10.30 所示，在数据表格视窗中，用户可以快速地显示和编辑元件的参数，如封装，特征及设计约束条件参数等，其包含 15 个标签页：Results、DRC、Parts groups、Nets、Net groups、SMT pad、THT pads、Vias、Copper area、Keep-ins/Keep-outs、Copper layers、Parts Position、Statistics。

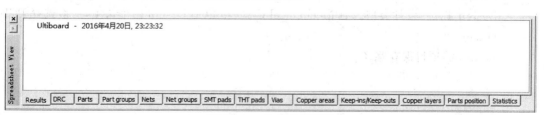

图 10.30　数据表格视窗

第11章 Ultiboard 14.0 基本操作

本章主要介绍 Ultiboard 14.0 的基本操作，包括项目文件之中，利用项目文件的创建及常用元器件的放置方法，另外还介绍了创建新元器件的常用方法。通过本章的学习，读者应熟练掌握 Ultiboard 14.0 的基本操作方法，为以后的深入学习打下基础。

11.1 创建项目文件

项目文件和设计文件不同，设计文件包含于项目文件之中，利用项目文件可以对多个设计文件进行管理和访问。

项目文件的创建方法可通过菜单下的"New Project"命令来创建，如图 11.1 所示，或者通过工具栏中的 New Design，还有设计工具箱（Design Toolbox）中的 New 来创建。

图 11.1 New Project 对话框

New Project 对话框说明如下所述。

- Project name：项目名称。
- Design Type：设计类型。有 Mechanical CAD 和 PCB Design 两个选项，一般选择 PCB Design。
- Location：项目保存路径。

11.2　设计文件的创建

创建了项目文件之后,接下来就可以创建设计文件,利用 Ultiboard 14.0 创建设计文件的常用方法有两种:一种是通过菜单命令创建一个新的设计文件(New Design);另一种是通过网络文件表创建一个设计。

1. 通过菜单命令创建设计文件

单击菜单"File"下的"New Design"命令来创建一个设计文件,如图 11.2 所示。

图 11.2　New Design 对话框

- Design name:设计文件名称。
- Design Type:设计类型。有 Mechanical CAD 和 PCB Design 两个选项,一般选择 PCB Design。
- Add to project:下拉菜单将创建的设计加入相应的项目文件中。

2. 由网络表文件创建设计

Multisim 14.0 和 Ultiboard 14.0 相互结合,可以提高电路的设计效率。利用 Multisim 14.0 的文件转换功能,可以将电路原理图快速转换为 Ultiboard 14.0 所需的网络表文件"＊.EWNET"。文件用网络表的形式给出了电路的连接属性,Ultiboard 14.0 可以通过导入网络文件创建一个新的设计。

利用 Ultiboard 14.0 导入网络表文件的操作方法如下所述。

(1) 单击菜单"File"下的"Open"命令中选择需要导入的网络表文件并单击"OK"按钮。

(2) 系统弹出 Import Netlist 对话框,如图 11.3 所示,用户可在对话框中对元器件的活动状态进行编辑。

(3) 单击 Import Netlist 对话框上的"OK"按钮,便在默认的 PCB 工作区中放置了该网络表中所含有的元器件。

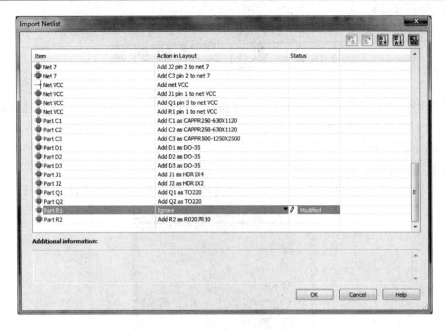

图 11.3　Import Netlist 对话框

11.3　设置板边界

在设计一个新的 PCB 时,板的边界(Board Outline)是不存在的,用户需要设定板边界,板边界的设置方法常用的有四种。

1. 利用绘图工具

(1) 在设计工具箱中选择 Layers 选项卡,并且选择"Board Outline"。

(2) 执行菜单 Place 下的,通过如图 11.4 所示的 Graphics 子菜单选项选择一种形状,并在工作区中绘制该形状。

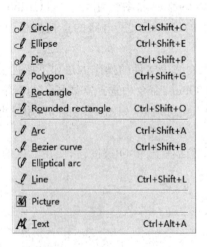

图 11.4　Graphics 子菜单

(3) 完成板边界设置。

2. 利用预定义板边界

用户也可以利用 Ultiboard 数据库中预先定义的板边界,操作方法如下所述。

(1)单击菜单"Place"下的"From Database"命令,弹出 Get a part from the database 对话框。

(2)通过对话框的"Database"栏选择预定义的边界类型。在该对话框中可以看到,Ultiboard 预定义了众多类型的板边界。

(3)通过"Availabe parts"栏选择可用的板边界,选择的板边界可以通过对话框的预览区进行预览,如图 11.5 所示。

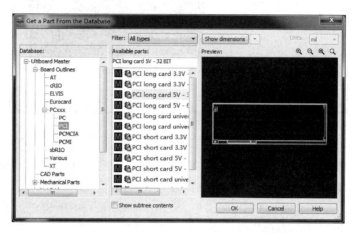

图 11.5 Get a part from the database 对话框

(4)单击"OK"按钮,按照提示完成设置即可。

3. 利用 PCB 向导

用户也可以利用 Ultiboard 中自带的 PCB 向导来完成,操作方法如下所述。

(1)单击菜单"Tool"下的"Board Wizard"命令,在弹出的 Board Wizard-Board Technology 对话框。

(2)通过该对话框可以对层工艺进行改变,如图 11.6 所示。

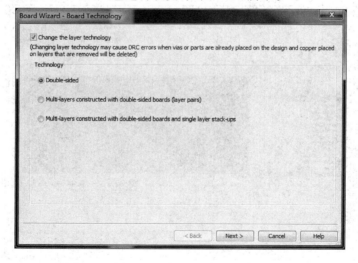

图 11.6 Board Wizard-Board Technology 对话框

（3）单击"Next"按钮，弹出 Board Wizard-Shape of Board 对话框，如图 11.7 所示。

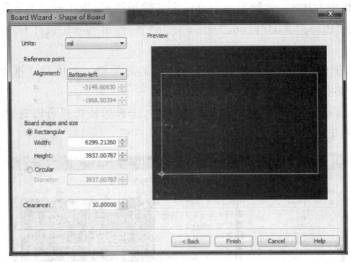

图 11.7　Board Wizard-Shape of Board 对话框

（4）通过对话框设置板的形状和尺寸，单击"Finish"按钮，完成板边界创建。

4. 导入 DXF 文件

通过导入 CAD 设计软件的 DXF 文件导入 Ultiboard 14.0 中创建板边界。

11.4　设置电路板参考点

电路板的参考点设计非常重要，因为所有标尺测量都和参考点相关联。当利用 PCB 向导创建 PCB 时，会自动创建参考点。手动设置参考点的操作方法如下。

（1）执行菜单 Design->Set Reference Point 命令，光标变化为○。

（2）移动光标到设置参考点的地方，单击鼠标左键完成参考点的放置，如图 11.8 所示。

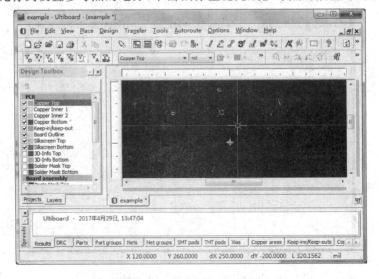

图 11.8　电路板参考点设置

11.5　设计规则错误

在 PCB 设计过程中,Ultiboard 14.0 会对设计中出现的错误会在 Spreadsheet View 中的 DRC 选项卡中进行提示,如图 11.9 所示。

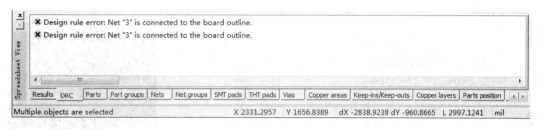

图 11.9　DRC 选项卡设计规则错误提示

根据提示,用户可以对这些错误进行修正,然后 DRC 选项卡中的错误会自动消失。常见的错误信息如下所述。

- Component "[refdes]"(value) has an unknown shape(shape name):给定元器件封装在数据库中不存在。
- Component"[refdes]"is Not On the design:在网络表中注释的元器件在设计中不存在。
- Pin "[Pin number]"from Component "[redfdes]"(value)in Not "[Net name]" is missing from shape"[shape name]":网络表中描述的元器件引脚在该元器件的封装中不存在。
- Unuesd Pin [Pin name] is {close to,connected to}{Unused Pin ,Copper}:没有用到引脚太靠近一个网络或者连接到一个没有使用的引脚或覆铜上。
- Design rule Error:Net[net1 name] {connected to} {Net2 name,Unused pin,copper, Board outline}:给定的网络连接到了其他网络、没有使用的引脚或板子的边界。
- Design Rule Error:Net Gnd Close to Net [Net name][RefID:PIN3-netname]:设计规则错误,网络地太接近另一个网络。

对于设计规则错误,用户可以设置是否实时提示,或者定义当 Ulitiboard 14.0 遇到这些错误时的动作。具体设置可单击菜单"Options"下的"Global Preferences"命令,在弹出的 Preferences 对话框的 PCB Design 选项卡中对 DRC 相关的设置项进行设置。

11.6　放置元器件

在 PCB 设计过程中,元器件放置是一项基本操作,用户应熟悉这些操作,才能快速地完成元器件的放置工作。

当用户打开一个由 Multisim 14.0 或其他设计软件生成的网络表时,在默认情况下网络表中的元器件位于 PCB 的边界线以外。此时用户可以用拖拽元器件的方法将这些元器件放置到 PCB 的目标位置处。

移动光标到需要的拖拽的元器件边界上,按下鼠标左键选中元器件并移动光标拖拽元器件,到目标位置放开鼠标左键,此时元器件被拖拽到目标位置,但仍处于选中状态,单击鼠标左键取消元器件的选择。

1. 使用元器件选项卡

在数据表格视图 Spreadsheet View 的 parts 选项卡中,列出当前电路设计中的元器件清单,如图 11.10 所示。

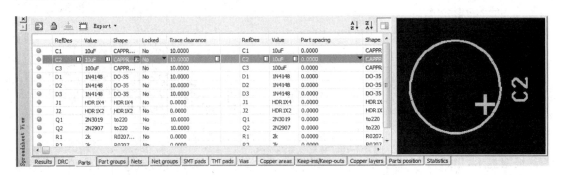

图 11.10　parts 选项卡

在元器件列表清单中,是通过元器件列表最左侧的小绿灯的状态来判断该元器件是否位于 PCB 边界以内。当小绿灯处于亮绿状态时,表示元器件位于设计边界以内;当处于暗绿状态时,表示该 PCB 边界以外。移动光标到列表中改元器件左侧的小绿灯上,按下鼠标左键选中改元器件,并拖动光标。可以看到,当光标未进入设计区时,光标形状变为"◎";当光标进入设计区时,可以看到选择的元器件附着在光标上。移动光标到元器件目标位置,放开鼠标左键,然后单击鼠标左键释放元器件的选择状态,即可将元器件移动到目标位置。

数据表格视图 Spreadsheet View 的 parts 选项卡不但提供了元器件的放置功能,还提供了在 PCB 设计中许多非常有用的功能。这些功能有以下几种。

- Find the select part:查找按钮。在数据表格中选择一个元器件,单击"查找"按钮后,会在 PCB 设计区中查找到该元器件并放大显示。
- Lock the select parts:锁定按钮。对所选择的元器件进行锁定,当移动该元器件时,会弹出询问对话框。
- Start placing the unplaced parts:开始放置未放置的零件。
- Select all:全部选择按钮,选择 PCB 工作区中所有的元器件。
- Export:输出按钮,可以将当前所选择的元器件导出为 CSV 文件、Excel 文件或者文本文件。
- Sort ascending:降序排序按钮。
- Sort descending:升序排序按钮。

2. 通过数据库放置元器件

通过数据库放置元器件的操作如下所述。

(1) 执行菜单 Place 下的 From Database 命令,弹出 Get a part from the database 对话框,如图 11.11 所示。

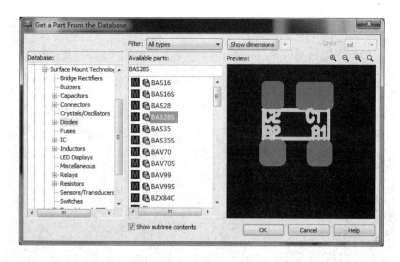

图 11.11　Get a part from the database 对话框

（2）通过对话框的"Database"栏选择元器件所在的位置，在"Available Parts"栏中找到需要放置的元器件。

（3）通过"Preview"预览区可以查看单签元器件的外形。

（4）选择好所需要的元器件后，单击"OK"按钮，弹出 Enter Reference Designation for Component 对话框。

（5）对话框输入元器件的参考注释和值，单击"OK"按钮。

（6）此时可以看到光标上粘附着选择元器件的外形。

（7）移动光标到目标位置，单击鼠标左键完成元器件的放置。

11.7　放置元器件辅助工具

元器件辅助工具可以帮助用户合理、有效地在 PCB 上放置元器件，这些辅助工具有鼠线、强制矢量、元器件推挤、元器件的方向调整等，下面对这些辅助工具一一加以说明。

1. 鼠线

鼠线是连接焊盘的直线，如图 11.12 所示。鼠线表示焊盘直接的连通性，两个焊盘之间的鼠线表明它们在网络中是连接在一起的，但是在 PCB 中没有利用铜线轨迹将它们连接起来。因此，鼠线不同于实际意义的铜导线，只适用于表明一种连接关系。

用户也可以对选择的鼠线进行显示和隐藏设定，打开数据表格视图窗口 Nets 选项卡，选择需要设置的鼠线，在 Show ratsnest 列表栏中相应的数据栏中单击鼠标左键，弹出下拉菜单，选择"Yes"和"No"来设置显示和隐藏选择的鼠线。

2. 强制矢量

强制矢量是用户在 PCB 上放置元器件过程中的一个非常有用的工具。当手动在 PCB 上放置元器件时，用户需要注意在元器件之间形成强制矢量。利用强制矢量，用户可以尽可能地将网络上相连接的元器件放置得尽量近。

强制矢量在 PCB 中同样以一条彩色直线表示，如图 11.13 所示。强制矢量的颜色可以通过设计工具箱的 Layers 选项卡中"Information"栏中"Force Vector"选项调整。

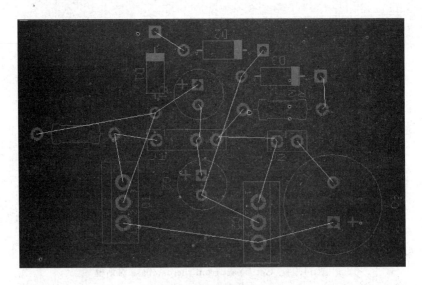

图 11.12 鼠线

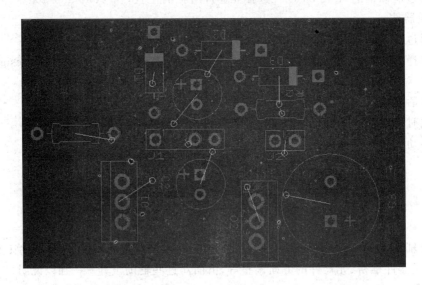

图 11.13 强制矢量

强制矢量在元器件的放置中非常有用,用户在设计过程中应该根据实际的电路特性,在参考强制矢量的情况下,做到恰当的放置元器件。

3. 元器件推挤

在对元器件进行移动时,Ultiboard 14.0 为了放置当前的元器件,会对其他的元器件进行推挤,以确保有足够的空间用于放置该元器件。但是当元器件的引脚连接有覆铜时,元器件推挤功能将失去作用。

用户可以通过执行菜单 Design 下的 Part Shoving 命令来关闭或打开元器件推挤功能;同时也可以调整推挤空间的大小,方法如下:

(1) 选中元器件;

(2) 单击菜单"Edit"下的"Properties"命令,弹出 Part Properties 对话框;

(3) 选择 Part 选项卡,如图 11.14 所示;

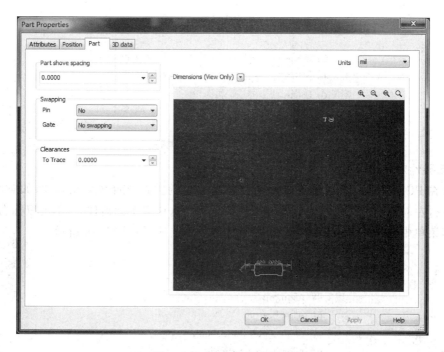

图 11.14　元器件推挤设置

（4）通过 Component 选项卡设置推挤空间的大小。

4．标尺

在 PCB 设计过程中，经常需要对元器件间距离进行测量，以便精确控制。Ultiboard 14.0 提供了测量标尺，可以完成这些测量。

标尺的使用方法如下：

（1）执行菜单 View 下的 Ruler bars 命令，打开标尺工具；

（2）在标尺上单击鼠标可以放置一个标尺操纵箭头，用同样的方法可以放置另一个标尺箭头；

（3）移动光标到标尺操纵箭头上，按下鼠标左键移动光标可以拖动该标尺操作箭头，此时会显示出标尺操纵箭头之间的距离，在目标地址放开鼠标左键即可完成该标尺操纵箭头的放置。

5．元器件方向调整

在 PCB 上放置的元器件，经常需要调整它们的方向以满足设计要求。选中所需要调整方向的元器件，单击鼠标右键，在弹出的快捷键菜单中选择"Orientation"菜单命令，可以看出其子菜单命令选项，如图 11.15 所示。

Orientation 子菜单选项说明如下所述。

- Flip Horizontal：从左到右水平翻转。
- Flip Vertical：从上到下垂直翻转。
- Rotate 90° Clockwise：顺时针 90°旋转。
- Rotate90° Clockwise：顺时针 90°旋转。
- Rotate：任意角度翻转。
- Swap Layer：层交换。

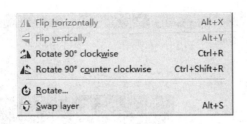

图 11.15　元器件方向调整

6. 元器件对齐和排列

放置在 PCB 中的元器件,很多时候需要按照一定的关系放置众多元器件,如对放置多个元器件进行左对齐、右对齐、设置元器件间距等。用户选中多个元器件后,单击鼠标右键,在弹出的快捷菜单中选择"Align"菜单命令,弹出其子菜单选项,如图 11.16 所示。

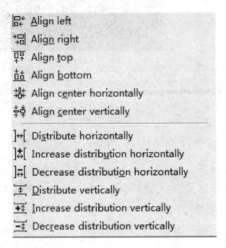

图 11.16　"Align"菜单命令

"Align"菜单命令说明如下所述。

- Align Left:左对齐。
- Align right:右对齐。
- Align Top:顶对齐。
- Align Bottom:底对齐。
- Align Center Horizontal:水平中心对齐。
- Align Center Vertical:垂直中心对齐。
- Distribute horizontal:水平等间距排列。
- Increase distribution horizontal:水平等间距增加排列。
- Decrease distribution horizontal:水平等间距减小排列。
- Distribute vertical:纵向等间距排列。
- Increase distribution vertical:纵向等间距增加排列。
- Decrease distribution vertical:纵向等间距减小排列。

7. 组排列盒

组排列盒用于放置组元器件,该功能是 Ultiboard 14.0 的特色之一,如放置一组存储器芯片等。使用组排列盒时,要求用户首先创建组排列盒,然后在盒内放置元器件。

（1）单击菜单"Place"下的"Group Array Box"命令,在弹出的 Group Array properties 的对话框。根据对话框"Enter number of columns and rows"复选框是否选择,对话框显示内容有所不同,如图 11.17 所示。

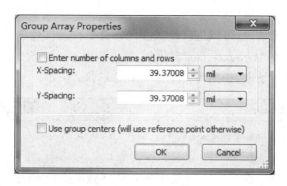

图 11.17　Group Array properties 对话框

（2）在图 11.17 所示的 Group Array properties 对话框中,通过 X-Spacing 和 Y-Spacing 文本框输入组排列盒单元格大小。如果勾选 Enter number of columns and rows 复选框,则通过图 11.18 所示的对话框输入组排列盒的 Columns(列数)和 Rows(行数)。

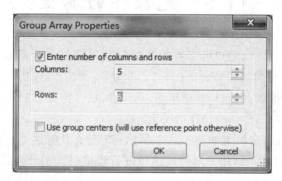

图 11.18　Group Array properties 对话框

（3）单击图 11.18 所示对话框中的"OK"按钮,可以看到光标上黏附着组排列盒的轮廓。

（4）移动光标到目标位置,单击鼠标左键确定组排列盒的第一个顶点,拖动光标绘制组排列盒,在适当位置单击鼠标左键,完成组排列盒的绘制,如图 11.19 所示。

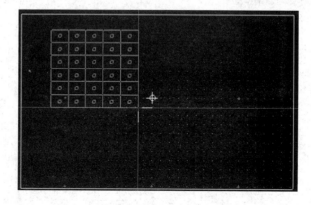

图 11.19　组排列盒的绘制

（5）接下来从左到右在组排列盒内放置元器件。选中并拖动元器件。当元器件靠近组排列盒时，会自动被吸附到组排列盒。

（6）用同样的方法放置其他元器件。

8. 反放置元器件

对于所有未锁定的元器件，可以进行反放置元器件操作。反放置元器件的操作方法如下：

单击菜单"Place"下的"Unplace parts"命令，弹出如图 11.20 所示的询问执行反放置命令后是否删除遗留的铜的对话框，根据需要单击"Yes"或"No"按钮。

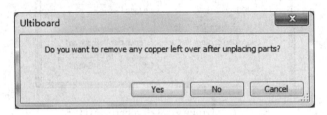

图 11.20　反放置元器件对话框

11.8　元器件的属性

放置在 PCB 上的元器件，用户可以查看和编辑其属性。移动光标到放置在 PCB 的元器件上，单击鼠标右键，执行弹出的"Properties"菜单命令，弹出 Part Properties 对话框。

Part Properties 对话框共有 4 个选项卡：Attributes（特征选项卡）、Position（位置选项卡）、Part（元器件选项卡）、3D Date（3D 选项卡）。

（1）Attributes（特征）选项卡如图 11.21 所示，该选项卡包含了元器件的标签、值和可见性的设计选项。根据设计需要，用户对特征选项进行添加、修改和删除。

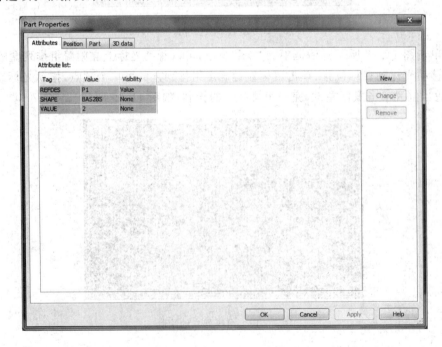

图 11.21　Attributes 选项卡

特征添加：单击"New"按钮，弹出 Select layer for attribute 对话框，提示用户选择添加的特征所在层，如图 11.22 所示。

图 11.22 Select layer for attribute

选择好后，单击"OK"按钮，弹出 Attributes 对话框，如图 11.23 所示，设定标签、值以及可见性等特征，单击"OK"按钮，可以看到新添加的特征出现在 Attributes 选项卡的特征列表栏中。

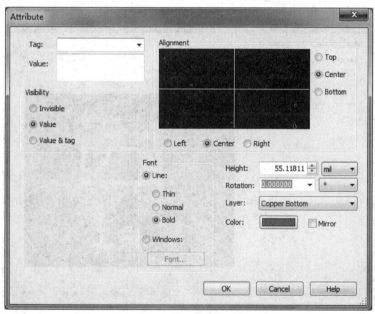

图 11.23 Attributes 对话框

特征修改和移除：在 Attribute 选项卡的特征列表栏中选择需要修改的特征选项，单击"Change"按钮，弹出 Attributes 对话框，对特征进行修改；单击"Remove"按钮，可以移除当前选择的特征选项。

（2）Position(位置)选项卡中可设置元器件在 PCB 中的坐标位置、角度等，如图 11.24 所示。

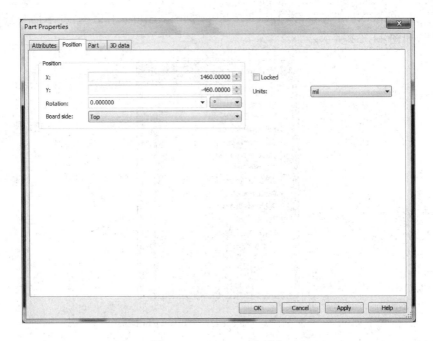

图 11.24　Position 选项卡

（3）Part(元器件)选项卡用于设置元器件的推挤空间大小、覆铜安全间距等,如图 11.25 所示。

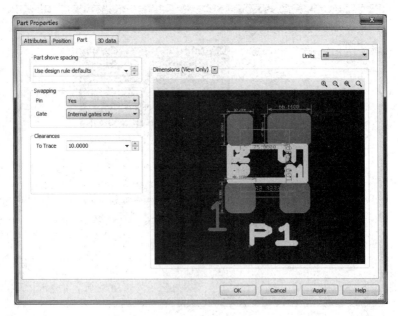

图 11.25　Part(元器件)选项卡

（4）3D Date(3D 数据)选项卡用于设置元器件三维图像的属性,如图 11.26 所示。当修改元器件的 3D 数据属性时,3D 元器件的外形可以通过预览区进行观察。设置选项包含 4 个方面内容的设置,分别是:"General"(常规设置)、"Material"(材质设置)、"Pins"(引脚设置)和"Cylider"(柱面设置)。

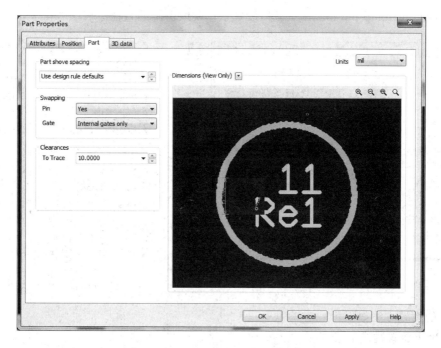

图 11.26　3D Date(3D 数据)选项卡

11.9　放置其他元器件

在 PCB 设计过程中,除了要放置基本元器件外,还需要放置安装孔、连接器等元器件。

1. 安装孔和连接器

安装孔和连接器的放置可以通过 Get a Part from the Database 对话框完成。在 PCB 空白区单击鼠标右键,在弹出的快捷键菜单中选择 Place->From Database,在选择数据可列表栏中的 Ultiboard Master 数据库,选择其中的 Through Hole Technology Parts 类,在该类中的 Connectors 子类和 holes 子类中分别选择需要的连接器和孔放置到 PCB 中。

另外,用户也可以在 PCB 空白区单击鼠标右键,从弹出的快捷菜单中执行菜单 Place->Holes 命令来放置孔,命令执行后弹出图 11.27 所示的 Advanced Hole Properties 对话框,通过该对话框设置孔的大小和形状等属性,然后单击"OK"按钮,此时光标上黏附着一个孔的形态,在目标位置单击鼠标左键放置孔。

2. 放置形态和图形

Ultiboard 14.0 允许用户在 PCB 设计过程中放置不同的形态和图形,根据用户所激活的不同层,可用的形态和图形会有所不同。

在形态和图形的放置过程中,可以在 Place 菜单中选择与形态有关的子菜单选项放置相应的形态和图形;也可以在 PCB 空白区单击鼠标右键,在弹出的快捷菜单中选择 Graphics 命令,在如图 11.28 所示的子菜单中选择需要的图形和形状放置到 PCB 中。

3. 放置跳线

单击菜单"Options"下的"Global options"命令,在弹出的对话框中选择 PCB Design 选项卡,通过"Default jump pin diameters"栏设置默认跳线引脚的直径。

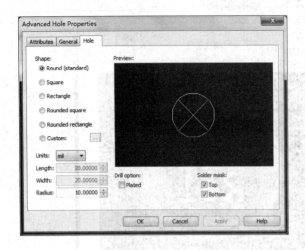

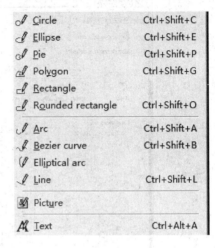

图 11.27　Advanced Hole Properties 对话框　　　　图 11.28　Shape 选项

跳线的设置方法如下：

（1）确定放置跳线铜层；

（2）单击菜单"Place"下的"Jumper"命令；

（3）移动光标到设计区,在目标位置单击鼠标左键放置跳线起点；

（4）移动光标到跳线终点位置单击鼠标左键完成跳线的放置,通过选中跳线后双击鼠标或者在右键中查看 Properties(属性)对话框对跳线的属性进行设置,如图 11.29 所示。

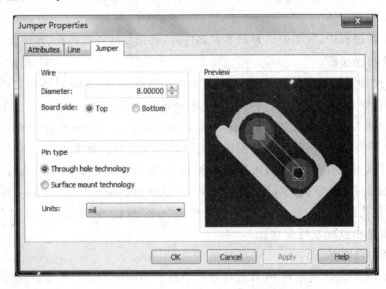

图 11.29　Jumper Properties 对话框

Jumper Properties 对话框有三个选项卡,分别说明如下所述。

- Attributes 选项卡:用于设置跳线的特征属性。
- Line 选项卡:用于设置跳线的起始坐标。
- Jumper 选项卡:用于设置跳线宽和引脚类型等。

4. 测试点

单击菜单"Options"下的"Global options"命令,在弹出的对话框中选择 PCB Design 选项卡,通过"Default test point pin diameters"栏设置默认跳线引脚的直径。

测试点的放置方法如下:

(1) 确定放置测试点的铜层;

(2) 单击菜单"Place"下的"Test Point"命令;

(3) 移动光标到测试区,在目标位置单击鼠标左键完成测试点的位置;

(4) 移动光标到测试点上,单击鼠标右侧,在弹出的快捷菜单中选择"Properties"命令,弹出 Test Point Properties 对话框,如图 11.30 所示,对测试点的属性进行设置。

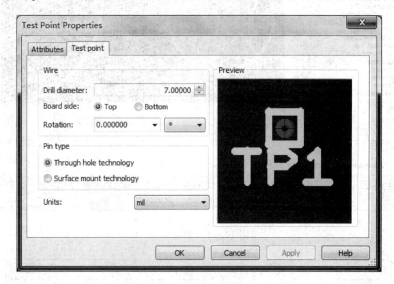

图 11.30 Test Point Properties 对话框

5. 测量标尺

测量标尺放在丝印层(顶层或底层)上,丝印层主要用于在印制电路板上印制元器件的流水号、生产编号、公司名称、测量标尺等。

测量标尺的放置方法如下:

(1) 确定当前选择层为丝印层,顶层(Silkscreen Top)或底层(Silkscreen Bottom)都可;

(2) 单击菜单"Place"下的"Dimension"命令,弹出测量标尺菜单选项;

(3) 根据需要选择相应的标尺命令,有 Standard dimensions(标准标尺)、Horizontal dimensions(水平标尺)Vertical dimensions(垂直标尺)标尺;

(4) 移动光标到设计区,可以看到光标上黏附着测量标尺的形态;

(5) 在测量标尺的起始位置,单击鼠标左键放置测量标尺的一个顶点;

(6) 移动光标到测量标尺结束位置单击鼠标左键放置测量标尺的终点;

(7) 移动光标改变测量标尺显示位置,单击鼠标左键完成测量标尺的位置,如图 11.31 所示;

(8) 如果需要修改测量标尺的属性,可以移动光标到放置的测量标尺上,单击鼠标右键,在弹出快捷菜单中选择"Properties"命令,弹出测量标尺属性对话框,通过对话框修改测量标尺的显示属性,如图 11.32 所示。

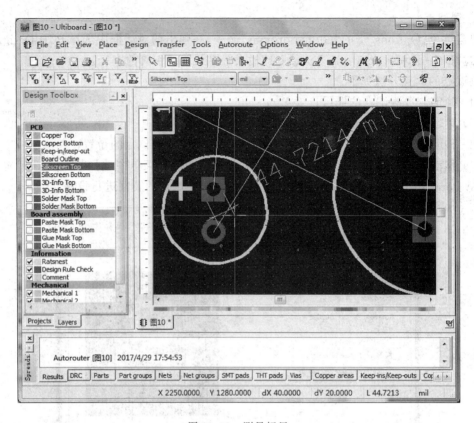

图 11.31　测量标尺

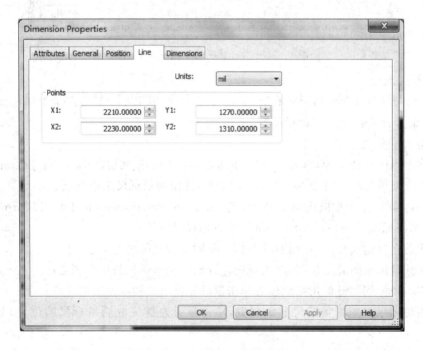

图 11.32　测量标尺属性对话框

11.10　编辑元器件封装

在 PCB 设计中,有时候需要对元器件的封装进行编辑。为此,Ultiboard 14.0 提供了 In Place Edit(就地编辑)功能。与其他的 PCB 设计软件相比,就地编辑是 Ultiboard 的一大特色,它允许用户就地添加、删除、移动焊盘等操作。

元器件就地编辑的方法如下所述。

(1) 首先选中需要编辑的元器件;

(2) 单击菜单"Edit"下的"In-Place Part Edit"命令,或者单击鼠标右键命令,可以看到选择的元器件高亮显示,其他元器件则变暗显示,如图 11.33 所示;

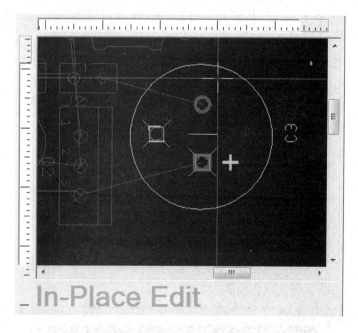

图 11.33　In-Place Part Edit

(3) 此时可以对所选择的元器件封装进行编辑,假定要删除一个引脚焊盘,则移动光标到该引脚焊盘上,单击鼠标右键,执行右键快捷菜单"Delete"命令,将该引脚焊盘删除;

(4) 如果需要添加一个引脚焊盘,则单击菜单"Place"下的"Pins"命令,弹出 Place Pins 对话框,设置引脚焊盘的属性;

(5) 单击 Place Pins 对话框中的"OK"按钮,可以看到光标上黏附着一个 SMD 引脚形状,在目标位置单击鼠标左键放置该引脚焊盘;

(6) 元器件外形的编辑同样非常容易实现,选择并删除元器件的上边缘,再绘制一段圆弧代替来改变元器件的外形;

(7) 对元器件的封装和外形编辑完毕后,单击菜单"Edit"下的"In-Place Part Edit"命令,退出元器件就地编辑操作。

11.11 创建新的元器件

Ultiboard 提供了众多的元器件封装,对于一般的设计来说足够了,但随着科技的不断发展和新的集成电路元器件的出现,有些元器件的封装可能不包含在 Ultiboard 系统自带的封装库中,这就需要用户自己动手创建一个新的元器件。创建元器件常用的方法有两种,通过数据库管理器创建元器件或者通过元器件向导创建一个新的元器件。

1. 通过数据库管理器创建元器件

(1) 单击菜单"Tools"下的"Database Manager"命令,弹出数据库管理器 Database Manager 对话框。

(2) 单击"Create new part"(新建元器件)按钮,弹出创建元器件类型 Select the part to create 对话框,如图 11.34 所示。

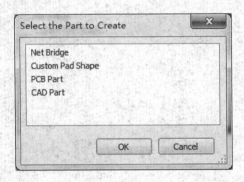

图 11.34 Select the part to create 对话框

(3) 选择创建一个"PCB part",单击"OK"按钮,切换到元器件封装编辑窗口,如图 11.35 所示。

图 11.35 元器件封装编辑窗口

（4）单击菜单"Place"下的"Pins"命令，弹出 Place Pins 对话框，通过对话框设置焊盘类型、钻孔大小、引脚的水平和垂直间距以及引脚数量，如图 11.36 所示。

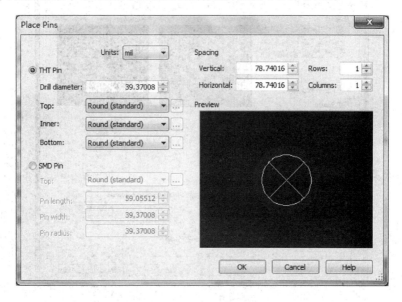

图 11.36　Place Pins 对话框

（5）单击"OK"按钮，可以看到光标上黏附着引脚的轮廓，在 Footprint edit mode 工作区适当位置单击鼠标左键，完成引脚的放置。

（6）对引脚放大显示，可以看到引脚内部的编号和尺寸标注，如图 11.37 所示。

图 11.37　引脚的放大显示

（7）在通常情况下，引脚焊盘形状为正方形，移动光标到"1"引脚上，单击鼠标右键，在弹出的快捷菜单中选择"Properties"命令，弹出 Through Hole Pin Properties 对话框，如图 11.38 所示，选择 Pad 选项卡，设置引脚"1"形状为 Square（正方形）。

（8）对元器件的外形进行绘制，最终所创建的元器件如图 11.39 所示。

（9）单击菜单"File"下的"Save to database as"命令，弹出 Insert the selected item(s)into the database 对话框，对元器件命名（名称必须唯一），单击"OK"按钮，完成创建元器件的保存。此时，系统还处于元器件编辑窗口，关闭该窗口即可。

（10）如果要将创建的元器件放置到 PCB 中，可以单击菜单"Place"下的"From Database"命令，弹出 Get a part from the database 对话框。设置元器件数据库为 User Database，在 Available Pairs 栏中找到步骤（9）所保存的元件即可。

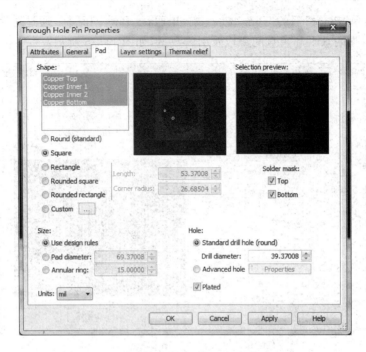

图 11.38　Through Hole Pin Properties 对话框

图 11.39　创建的元器件

2. 利用元器件向导创建元器件

除了利用数据库管理器创建元器件,用户还可以通过元器件向导创建元器件。

(1) 单击菜单"Tools"下的"Part Wizard"命令,弹出 Part Wizard-Step 1 of 7-Technology 对话框,在 Select technology 中选择元器件封装形式,有 THT 和 SMT 两种,如图 11.40 所示。

面板说明如下所述。

* THT(through hole):通孔式封装。
* SMT(surface mount):贴片式封装。

(2) 单击"next"按钮,在 Part Wizard-Step 2 of 7-Package Type 对话框中,选择元器件封装类型,通过预览区可以查看封装的样式,如选择 DIP,如图 11.41 所示。

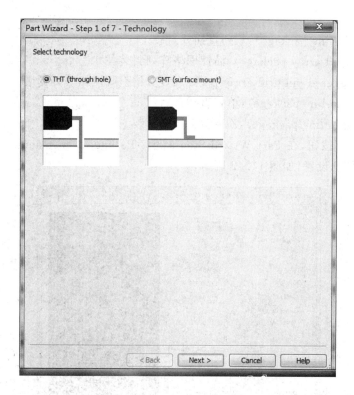

图 11.40　Part Wizard-Step 1 of 7-Technology 对话框

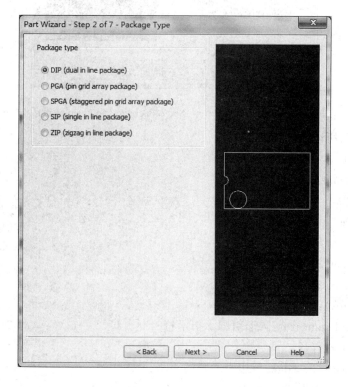

图 11.41　Part Wizard-Step 2 of 7-Package Type 对话框中

面板说明如下：

- DIP(dual in line package)：双列直插式封装。
- PGA(pin grid array package)：插针网格阵列封装技术。
- SPGA(staggered pin grid array package)：交错引脚网格阵列封装。
- SIP(single in line package)：单列直插式封装。
- ZIP(zigzag in line package)：Z 字型直插式封装。

（3）单击"next"按钮，在 Part Wizard-Step 3 of 7-Package Dimensions 对话框中，进行元器件的外形尺寸特征设置，如图 11.42 所示。

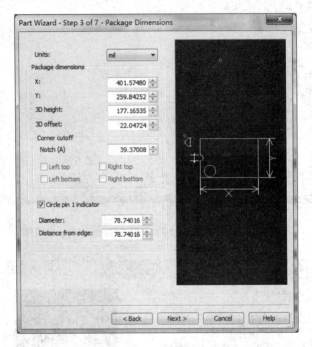

图 11.42　Part Wizard-Step 3 of 7-Package Dimensions 对话框

面板说明如下所述。

- Units：单位。
- Package Dimensions：封装尺寸。
  - X：X 轴。
  - Y：Y 轴。
  - 3D height：3D 高度。
  - 3D offset：3D 偏移。
  - Corner cutoff：切角。
  - Notch(A)：切口。
- Circle pin 1 indicator：圆形引脚 1 指示符。
  - Diameter：直径。
  - Distance from edge：与边沿之间的距离。

（4）单击"next"按钮，在 Part Wizard-Step 4 of 7-3D Color Setting 对话框中，进行元器件的 3D 颜色特征设置，如图 11.43 所示。

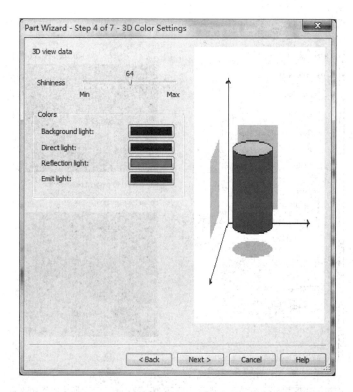

图 11.43　Part Wizard-Step 4 of 7-3D Color Setting 对话框

面板说明如下：
- Shininess：光泽度。
- Colors：颜色设置。
  - Background light：背景光。
  - Direct light：直射光。
  - Reflection light：反射光。
  - Emit light：放射光。

（5）单击"next"按钮，在 Part Wizard-Step 5 of 7-Pad Type and Dimensions 对话框中，进行元器件的钻孔大小、焊盘形状以及焊盘尺寸设置，如图 11.44 所示。

（6）单击"next"按钮，在 Part Wizard-Step 6 of 7-Pins 对话框中，进行元器件的引脚数据及距离等参数设置，如图 11.45 所示。

（7）单击"Next"按钮，在 Part Wizard-Step 7 of 7-Pad Numbering 对话框中，进行焊盘的数量和方向设置，如图 11.46 所示。

（8）单击"Finish"按钮后，会将刚才创建的元器件放置在 Untiboard 14.0 工作区中。

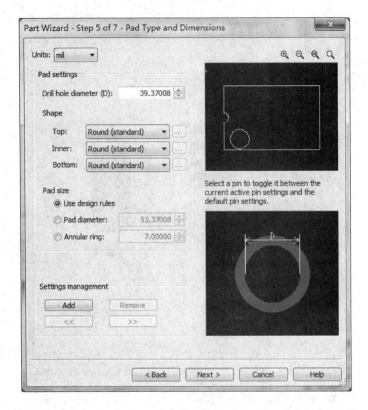

图 11.44 Part Wizard-Step 5 of 7-Pad Type and Dimensions 对话框

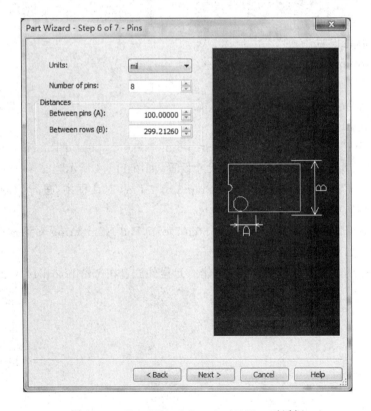

图 11.45 Part Wizard-Step 6 of 7-Pins 对话框

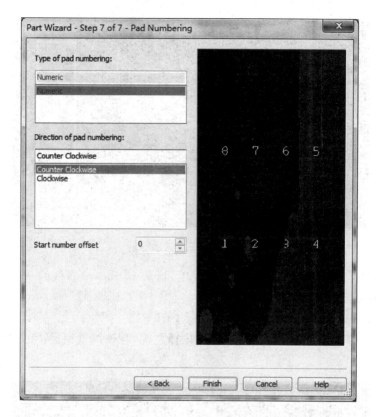

图 11.46　Part Wizard-Step 7 of 7-Pad Numbering 对话框

11.12　布　　线

PCB 中元器件间的引脚是靠铜模导线相连接的,在 PCB 中放置铜模导线的方法有如下三种。

1. Line(手工放置)

手工放置铜模导线的操作方法如下所述。

(1)通过工具栏设置在选择需要布线的层、布线的宽度及单位,如图 11.47 所示。

图 11.47　布线层、单位及宽度设置

(2)单击菜单"Place"下的"Line"命令,移动光标到需要布线的焊盘上,单击鼠标左键放置导线起点,此时与焊盘相连的鼠线高亮显示,如图 11.48 所示。

(3)移动光标开始绘制导线,根据鼠线的连接关系,确定绘制导线的终点焊盘,并单击鼠标左键完成导线的绘制。

(4)此时移动光标可以继续绘制导线,按 ESC 键就可以结束导线的绘制。

2. Follow Me(跟随布线)

当手工布线时,需要避开一些障碍,如其他的导线,使得手动布线有时候不方便,为此 Ul-

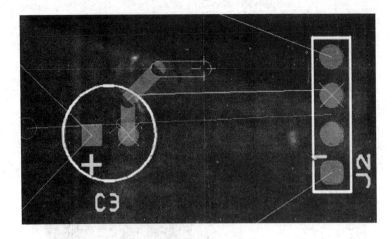

图 11.48　手工放置导线

tiboard 14.0 提供了 Follow Me Router 布线功能,这是 Ultiboard 布线的一个特色。

(1) 选择布线层。

(2) 单击 Follow Me 布线按钮,或者快捷键 Ctrl+T。

(3) 移动光标到需要的布线焊盘上,单击鼠标左键,与该焊盘相连接的鼠线会高亮显示,如图 11.49 所示。

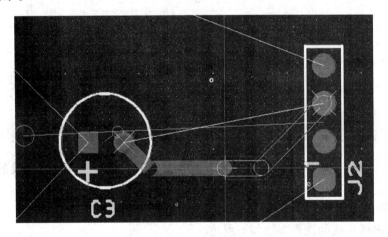

图 11.49　跟随布线

(4) 移动光标可以看到用鼠线连接的两焊盘间随光标移动自动绘制布线,移动光标过程中单击鼠标左键完成该段布线的绘制。

3. Connection Machine(连接机械布线)

连接机械布线是一种快速有效地对两个焊点间进行布线的方法,但机器连接布线不能一次完成多于两个焊盘的布线。

(1) 选择布线层。

(2) 单击工具栏上“Connection Machine”(连接机械布线)按钮,启动连接机械布线命令。

(3) 移动光标到连接两个焊盘间的鼠标上,单击鼠标左键选中该段鼠线,移动鼠标可以进行连接机械布线,如图 11.50 所示。

(4) 单击鼠标左键即可完成布线。

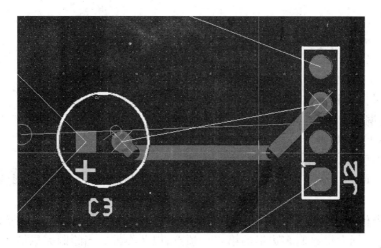

图 11.50　连接机械布线

11.13　放置总线

在 PCB 中放置总线进行布线的操作方法是 Ultiboard 14.0 布线的一个特色,在大规模电路 PCB 设计中非常实用,尤其是在进行存储器等电路时,可以大大提高布线效率。放置总线布线的方法如下所述。

(1) 选择布线层。

(2) 单击菜单"Place"下的"Bus"命令(快捷键命令为 Ctrl+B),光标上黏附着总线的形状。

(3) 依次单击需要通过总线布线的焊盘,然后拖动光标可以看到像总线一样进行布线,如图 11.51 所示。

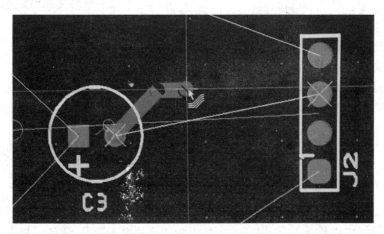

图 11.51　放置总线

(4) 双击鼠标左键可以完成一段总线布线的放置,最后分别完成布线的连接即可。

11.14 放置其他覆铜元器件

其他覆铜涉及覆铜的放置,电源层的放置及覆铜区的分割等。

1. 放置覆铜

放置覆铜的方法如下所述。

(1) 选择铜层,如 Copper Top 或 Copper Bottom。

(2) 单击菜单"Place"下的"Graphics"中的"Circle""Pie"等命令,光标上黏附着多边形的符号。

(3) 移动光标到适当位置单击鼠标左键绘制多边形的第一个顶点,移动光标绘制多边形第一条边,单击鼠标左键绘制多边形的第二个顶点,以此类推。当绘制完成最后一个顶点后单击绘制多边形起点,完成覆铜区的放置。

2. 放置电源层

电源层是覆盖整个平面的覆铜区域,放置电源层的方法如下所述。

(1) 选择放置电源层的 PCB 层。

(2) 单击菜单"Place"下的"Power plane"命令,弹出 Choose Net and Layer for Power plane 对话框,如图 11.52 所示。

图 11.52 Choose Net and Layer for Power plane 对话框

(3) 通过 Choose Net and Layer for Power plane 对话框设置放置电源层的网络名称,单击"OK"按钮完成电源层放置。

3. 分割覆铜

分割覆铜用于对覆铜或电源层进行分割,分割覆铜的方法如下:

(1) 单击菜单"Desgin"下的"Copper area splitter"命令;

(2) 移动光标到需要分割的覆铜上;

(3) 单击鼠标左键确定分割区域的起始点;

(4) 在覆铜上移动光标,绘制出一条分割线,单击鼠标左键完成分割;

(5) 单击鼠标右键退出"Copper area splitter"命令。

11.15 添加泪滴

泪滴是焊盘与导线之间的过渡区域,对电路板添加泪滴可以增强电路板覆铜导线的强度,特别是当铜模导线的线径很细时,铜模导线和焊盘的连接极易断开,通过添加泪滴的形式可以改善这一情况。

泪滴的添加方法如下所述。

(1) 单击菜单"Design"下的"Add teardrops"命令,弹出 Teardrops 对话框,如图 11.53 所示,用于设置泪滴的属性。

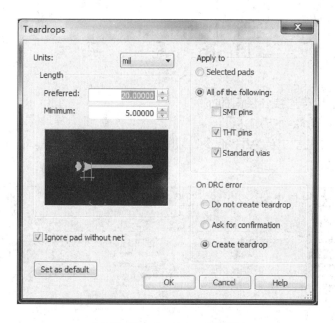

图 11.53　Teardrops 对话框

Teardrops 对话框中参数说明如下所述。

- Unit：设置泪滴长度单位。
- Length：设置泪滴的"Preferred"（首选值）和"Minium"（最小值），当设置值改变时，可以通过预览区域观察泪滴形状。
- Ignore pad withoud net：设置是否忽略没有连接到网络上的焊盘。
- Apply to：设置泪滴的使用焊盘类型。
- On DRC error：设置当发生 DRC 错误时的动作。

（2）按图 11.53 所示进行设置，单击"OK"按钮，完成泪滴的添加，焊盘添加泪滴前后对比如图 11.54 所示。

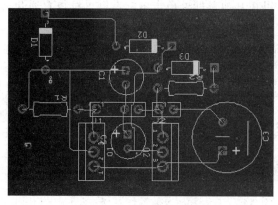

(a) 焊盘上未添加泪滴效果图

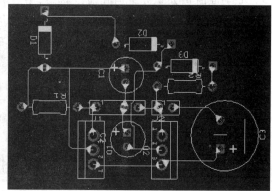

(b) 焊盘上添加泪滴效果图

图 11.54　焊盘上添加泪滴

（3）如果需要删除泪滴，则单击菜单"Edit"下的"Copper Delete""All Teardrops"命令即可。

11.16 通　　孔

通孔在 PCB 中用于连接各层间的布线。

放置通孔的操作方法如下所述。

（1）单击菜单"Place"下的"Via"命令，弹出通孔使用层 Select the lamination for via 对话框，如图 11.55 所示。

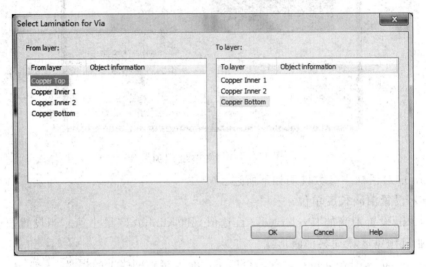

图 11.55　Select the lamination for via 对话框

（2）对话框列出了当前 PCB 中所有可用的层。

（3）设置通孔的起始层（From Layer）和结束层（To Layer）。

（4）单击"OK"按钮，移动光标到目标位置单击鼠标左键放置一个通孔。

（5）此时仍处于放置通孔命令状态，用户可以在其他目标处单击鼠标左键继续放置通孔，也可以单击鼠标右键结束放置通孔命令。

（6）移动光标到放置的通孔上，单击鼠标右键，在弹出的快捷菜单中选择"Properties"命令，弹出通孔属性对话框，设置通孔的属性。

第12章 Ultiboard 14.0 布局与布线

早期的 PCB 设计都是通过手工布线来完成 PCB 的设计,随着计算机软件技术的更新,现在可以通过软件来实现快速的自动布线,一般只对特殊要求的模拟电路和电路结构比较简单时才使用手工布线,电路结构复杂时,基本采用自动布线的方法完成布线,或者当自动布线无法完成时,用手工布线和自动布线相结合的办法来完成 PCB 的最终布线。

本章主要介绍自动布局与自动布线的方法,并通过 PCB 设计实例简单介绍 PCB 的设计方法。通过本章的学习,读者应该对 PCB 的设计方法有所熟悉,以便为将来的进一步设计打下基础。

12.1 Ultiboard 14.0 手工布线

下面以低频功率放大电路为例来说明 Ultiboard 14.0 手工布线。

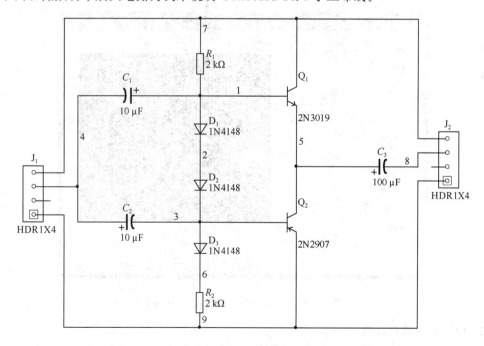

图 12.1 低频功率放大电路

1. 定义电路板尺寸

手工布线时,电路板一般层数不会太多,为便于设计和测试,通常尺寸较大。电路板尺寸利用电路板设计向导来来完成。

(1) 单击在菜单"Tools"下的"Board Wizard",在弹出的电路板板层设置(Board Technology)对话框单击"Change the layer technology"复选框,然后在 Technology 下选择 Double-sided(双面板),单击"Next"按钮,如图 12.2 所示。

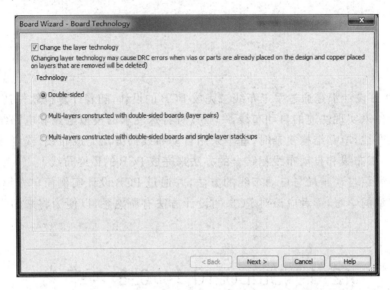

图 12.2　Board Wizard - Board Technology

(2) 在 Board Wizard-Shape of Board 中设置电路板尺寸和外形,如图 12.3 所示。

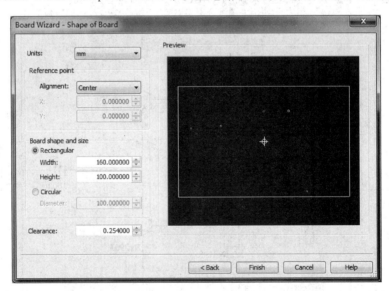

图 12.3　Board Wizard-Shape of Board

2. 放置固定螺孔位置

为了在完成 PCB 设置后便于进行元器件安装,通常要将 PCB 悬空放置,需要在 PCB 四角附近打四个孔用螺钉固定 4 个柱子。

单击菜单"Place"下的"Hole"命令,在弹出的 Advanced Hole Properties 对话框中 Hole 选项卡中做如图 12.4 所示的参数设置。

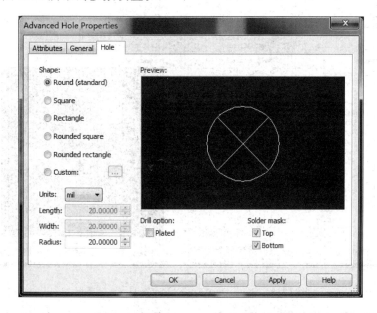

图 12.4　Advanced Hole Properties 对话框

单击"OK"按钮后,一个孔形状的图案随光标移动,在电路板的四个角放置四个孔后,按 ESC 键退出放置。

3. 元件封装的提取与放置

由于低频功率放大电路比较简单,因此 PCB 的布局可以根据电路原理图布局进行放置, 各元器件封装如表 12.1 所示。

表 12.1　单管共射放大电路元件封装列表

元件	参数或型号	封装型号
C_1	100 μF	CAPPR500-1250X2500
C_2	10 μF	CAPPR250-630X1120
C_3	10 μF	CAPPR250-630X1120
D_1	1N4148	DO-35
D_2	1N4148	DO-35
D_3	1N4148	DO-35
J_1	HDR1X4	HDR1X4
J_2	HDR1X2	HDR1X2
Q_1	2N3019	TO-220
Q_2	2N2907	TO-220
R_1	2 kΩ	R0207R10
R_2	2 kΩ	R0207R10

元器件封装提出及放置步骤如下所述。

(1) 单击菜单"Place"下的"From Database"命令,打开 Get a Part From the Database 对

话框,如图 12.5 所示,用户可以通过在 Ultiboard Master 寻找自己所需要封装元器件,当然也可以在 Available parts 中直接输入元件封装型号来快速查找所需要的封装元件。

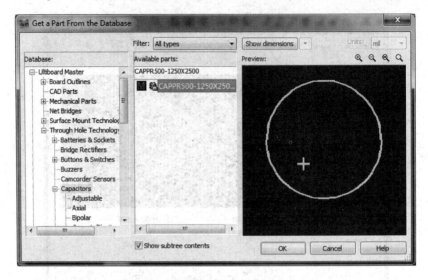

图 12.5　Get a Part From the Database 对话框

（2）单击"OK"按钮后,会弹出 Enter Reference Reference Designation for Part 对话框,如图 12.6 所示,此时可设置封装元件 CAPPR500-1250X2500 的 FefDes 及其 Value 值。

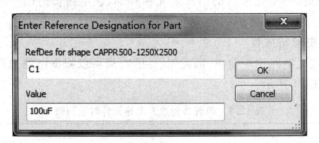

图 12.6　Enter Reference Reference Designation for Part 对话框

（3）单击"OK"按钮后,这时封装元件将随着光标移动,在需要放置的地方单击鼠标,这时相应的元件就放置在 Ultiboard 14.0 的工作区,同时又会弹出图 12.6,可再放置下一个 CAP-PR500-1250X2500,如果电路中不再需要些封装元器件,可单击"Cancel"按钮,会自动返回图 12.5 Get a Part From the Database 对话框,进行一下个封装元件的放置。

（4）继续放置所有元件,直到完成所有元件的放置。

（5）调整元件的放置方向和元件标注的位置,最后得到最终的元件布局效果,如图 12.7 所示。

单击菜单"Place"下的"From Database"命令,打开 Get a Part From the Database 对话框,如图 12.5 所示,用户可以通过在 Ultiboard Master 寻找自己所需要封装元件,当然也可以在 Available parts 中直接输入元件封装型号来快速查找所需要的封装元件。

4. 电源端放置

实验板上的电源、输入/输出的接线端可以用 Connector（连接器）来代替,如 J1（HDR1X4）、J2（HDR1X2）,当然也可以用通孔来预留。

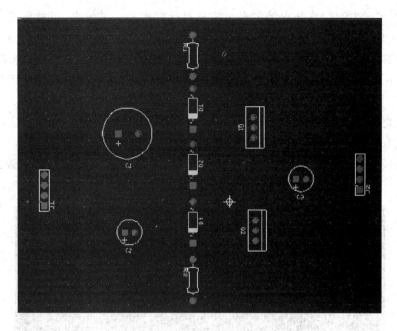

图 12.7　元件布局效果

5. 网络表编辑

在布线时,为了便于检查布线错误,需要借助于网络表进行检查。网络表实际上就是在原理图中与各节点连接的元件引脚的连接表,使用"Tools"菜单下的"Netlist Editor"(网络编辑器)来编辑,具体步骤如下所述。

(1) 单击"Tools"菜单下的"Netlist Editor"命令,会弹出网络编辑器对话框,如图 12.8 所示。

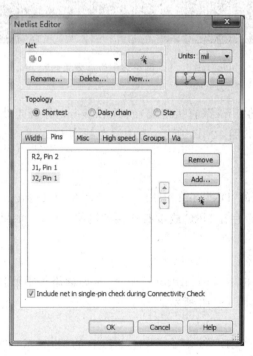

图 12.8　Netlist Editor

（2）单击"New"按钮，在弹出的节点名输出对话框中输入节点名，可按照图 12.1 低频功率放大电路中所示的网络节点名来命名，如 0 节点。

（3）设置好节点名后，添加元件引脚，如图 12.8 所示，用户可以通过 Add 来选择元件的引脚，这种方法不是太直观；另外一种方法是通过单击"   "来直接选择图中的元件引脚，此方法简洁明了。

（4）设置好节点后，考虑到实验板的铜膜直线宽度太细，可以通过 Width 选项卡中的 Default trace width 来设置铜膜宽度，在此设置为 40。

（5）编辑所有节点，并设置对应节点铜膜宽度，最终完成网络表编辑后效果如图 12.9 所示。

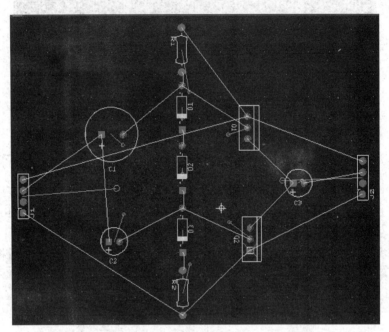

图 12.9　网络表编辑后效果图

6. 手工布线

使用菜单"Place"下的"Line"（直接走线）或 Follow-me（跟随走线）命令连接各节点的元件引脚，手工布线后的效果如图 12.10 所示，图中绿色线为 Copper Top 层走线，红色为 Copper Bottom 层走线。

7. DRC 检查

单击"Design"菜单下的"DRC and Nelist check"命令和"Designed"菜单下的 Connectivity check 命令，检查 PCB 是否存在 DRC 或没有连接的网络等错误，如果有则进行修改，检查结果如图 12.11 所示。

8. 添加泪滴

单击"Design"菜单下的"Add teardrops"命令，对焊盘添加泪滴，以增加焊盘的机械强度，添加泪滴后的电路效果如图 12.12 所示。

9. 查看 3D 视图

单击"Tools"菜单下的"3D View"命令，查看 PCB 的 3D 显示，如图 12.13 所示。

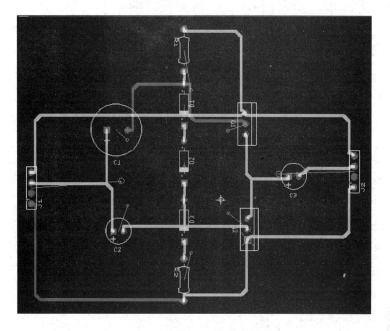

图 12.10　手工布线效果图

图 12.11　Nelist and DRC check 和 Connective check 结果

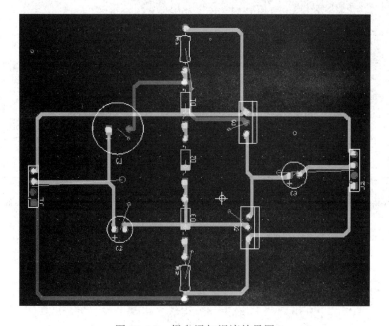

图 12.12　焊盘添加泪滴效果图

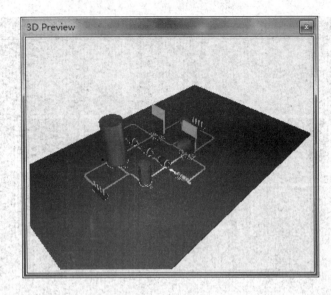

图 12.13　3D View 视图

10. 输出

单击"File"菜单下的"Export"命令,弹出 Export 对话框,如图 12.14 所示,通过对话框设置输出选项,进行不同格式的文件的设置和输出。

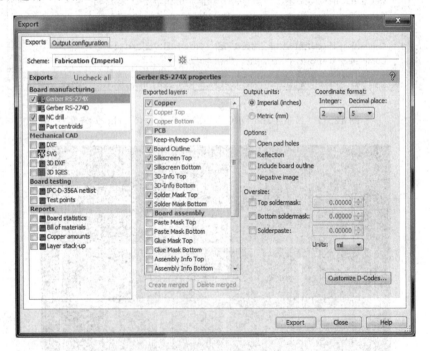

图 12.14　Export 对话框

12.2　Ultiboard 14.0 自动布线

由 Ultiboard 14.0 手工布线可以看出,布线过程中的网络表定义实际上是根据原理图来定义各节点的引脚,布线的过程是在网络表的引导下进行电气连接的过程,这个过程实际上是规范的,可以通过软件自动实现;另外,元件布局的合理性也可以通过软件的方法来实现自动放置,这样就可以大大降低 PCB 制作的复杂度,提高 PCB 制作效率。

Ultiboard 14.0 提供了 PCB 自动布局和自动布线功能,利用 Ultiboard 14.0 提供的自动布局和自动布线功能,可以提高 PCB 设计效率,减轻设计者的工作量。

下面以图 12.15 所示的单管共射放大电路为例来说明 Ultiboard 14.0 自动布局和自动布线。

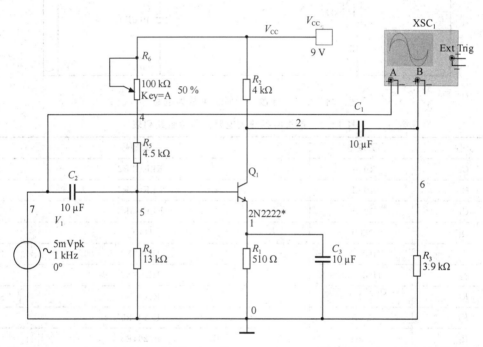

图 12.15　单管共射放大电路

1. 原理图绘制

在 Multisim 14.0 下对图 12.15 所示电路进行设计与仿真。

2. 修改电路

由于图 12.15 所示单管共射放大电路中,有交流电路和直流电源,另外还有示波器,在实际 PCB 制作时,显示无法对电源和示波器进行封装,因此添加连接器,留出接口即可。修改后的电路如图 12.16 所示。

3. 元器件封装

在 Multisim 14.0 下对图 12.16 所示电路中未封装的元器件进行封装,封装列表 12.2 单管共射放大电路元器件封装列表所示。

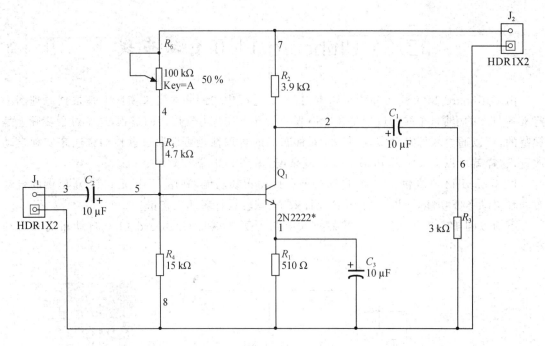

图 12.16　修改后单管共射放大电路

表 12.2　单管共射放大电路元器件封装列表

元件	参数或型号	封装型号
C_1	10 μF	ELKO5R2
C_2	10 μF	ELKO5R2
C_3	10 μF	ELKO5R2
Q_1	2N3019	TO-18
J_1	HDR1X2	HDR1X2
J_2	HDR1X2	HDR1X2
R_1	510 Ω	R0204R5
R_2	2 kΩ	R0204R5
R_3	2 kΩ	R0204R5
R_4	2 kΩ	R0204R5
R_5	2 kΩ	R0204R5
R_6	2 kΩ	TRPOT3269P

4. 网络表导出

原理图设计软件都可以将原理图导出为网络表文件，供 PCB 设计软件进行 PCB 布线。Multisim 14.0 提供了种方法将网络表导出给 Ultiboard 14.0：直接导出并启动 Ultiboard 14.0；导出为网络表文件并由 Ultiboard 14.0 导入使用。

(1) 单击"Transfer"菜单下的"Transfer to Ultiboard"中的"Transfer to Ultiboard 14.0"命令，会弹出 Save as 对话框，对当前的文件输出为 *.ewnet 文件，命名保存后会弹出 Import Netlist 对话框，进行设置后单击"OK"按钮，就会打开 Ultiboard 14.0，并将刚才保存的 ewnet 文件导入 Ultiboard 14.0。

（2）单击"Transfer"菜单下的"Forward annotated to Ultiboard"中的"Forward annotated to Ultiboard 14.0"命令,会弹出 Save as 对话框,对当前的文件输出为 * .ewnet 文件,文件保存类型为 Ultiboard 14,命名保存,在计算机上启动 Ultiboard 14.0,可将刚才保存的 ewnet 文件通过 Ultiboard 14.0 的菜单 File 下的 Open 命令打开。

在此采用方法（2）,将图 12.16 所示电路保存为"图 12.16 单管共射放大电路.ewnet"。

5. 电路板设置

启动 Ultiboard 14.0,新建一个项目,单击"Tools"菜单下的"Board Wizard"命令,在弹出的电路板板层设置（Board Technology）对话框单击"Change the layer technology",然后在 Technology 下选择 Double-sided（双面板）,单击 Next 按钮。在 Board Wizard-Shape of Board 中设置电路板尺寸和外形,如图 12.17 所示,单击"Finish"按钮后结束电路板设置。

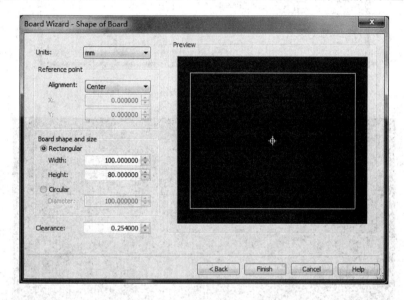

图 12.17　Board Wizard-Shape of Board

6. 放置固定螺孔位置

单击"Place"菜单下的"Hole"命令,在弹出的 Advanced Hole Properties 对话框中 Hole 选项卡中做如图 12.18 的参数设置。

单击"OK"按钮后,一个孔形状的图案随光标移动,在电路板的四个角放置四个孔后,按 ESC 按钮退出放置。

7. 打开网络表文件

通过 Ultiboard 14.0 的菜单 File 下的 Open 命令打开"图 12.16 单管共射放大电路.ewnet",在弹出的 Import Netlist 中可以设置每个节点的状态,在此默认后单击"OK"按钮,Ultiboard 14.0 显示如图 12.19 所示。

8. 自动布局

在自动布局之前,由于 J_1 和 J_2 是连接器,为接电源接口,因此将其事先放置在电路板左右两边,并对其进行锁定。然后单击菜单"Autoroute"下的"Autoplace parts"命令,开始自动布局,布局效果如图 12.20 所示。

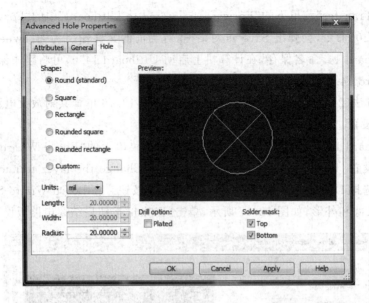

图 12.18　Advanced Hole Properties 对话框

图 12.19　打开网络表文件

9. DRC 检查

单击"Design"菜单下的"DRC and Nelist check"命令和"Designed"菜单下的"Connectivity check"命令，检查 PCB 是否存在 DRC 或没有连接的网络等错误，如果有则进行修改。

10. 自动布线

单击"Autoroute"菜单下的"Start/resume autorouter"命令，得到自动布线效果图，如图 12.21 所示。

11. 添加泪滴

单击"Design"菜单下的"Add teardrops"命令，对焊盘添加泪滴，以增加焊盘的机械强度，添加泪滴后的电路效果如图 12.22 所示。

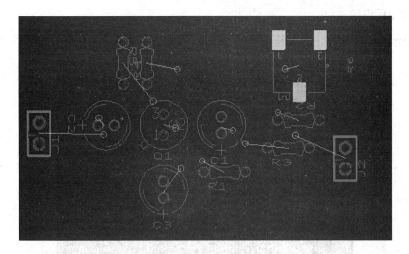

图 12.20　自动布局效果图

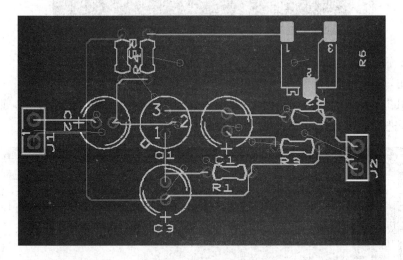

图 12.21　自动布线效果图

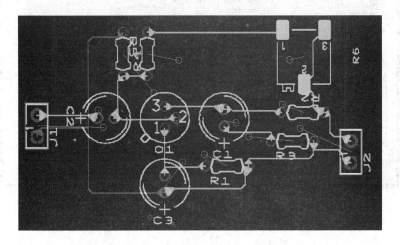

图 12.22　焊盘添加泪滴效果图

12. 查看 3D 视图

单击"Tools"菜单下的"3D View"命令,查看 PCB 的 3D 显示,如图 12.23 所示。

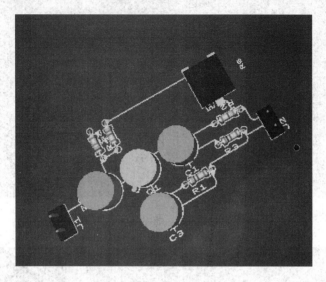

图 12.23　3D View 视图

13. 输出

单击"File"菜单下的"Export"命令,弹出 Export 对话框,如图 12.24 所示,通过对话框设置输出选项,进行不同格式文件的设置和输出。

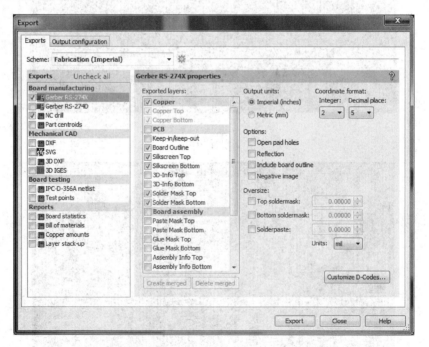

图 12.24　Export 对话框